京津冀城市轨道交通高质量发展创新与实践（2024）

京津冀城市轨道交通联合技术中心　组织编写

马运康　刘魁刚　付朝立　张耀东　徐　凌　主　编

中国建筑工业出版社

图书在版编目（CIP）数据

京津冀城市轨道交通高质量发展创新与实践. 2024 /
京津冀城市轨道交通联合技术中心组织编写；马运康等
主编. -- 北京：中国建筑工业出版社，2024. 11.
ISBN 978-7-112-30596-4

Ⅰ. U239.5

中国国家版本馆 CIP 数据核字第 2024JB3054 号

责任编辑：李笑然
责任校对：赵　力

京津冀城市轨道交通高质量发展创新与实践（2024）

京津冀城市轨道交通联合技术中心　组织编写

马运康　刘魁刚　付朝立　张耀东　徐　凌　主　　编

*

中国建筑工业出版社出版、发行（北京海淀三里河路 9 号）

各地新华书店、建筑书店经销

北京红光制版公司制版

建工社（河北）印刷有限公司印刷

*

开本：787 毫米×1092 毫米　1/16　印张：18　字数：448 千字

2024 年 11 月第一版　　2024 年 11 月第一次印刷

定价：**76.00** 元

ISBN 978-7-112-30596-4

（43789）

编写委员会

主　　编：马运康　刘魁刚　付朝立　张耀东　徐　凌

副 主 编：赵树林　王道敏　王　霆　杨俊玲　陈国清　朱敢平　李向辉
　　　　　钱广民　张全秀　李建加　李栋学　刘　峰　庄建杰　张继菁
　　　　　郝志宏

参编人员：（按姓氏笔画排序）

于海霞	马　屾	马小轩	马识途	王　超	王　鹏	王　霆
王书雄	王会发	王宇昂	王体广	王宏伟	王洪超	王银平
牛　超	尹成虎	邓　梁	左　晓	叶新丰	申少雄	田腾跃
田韶英	史　坤	付　伟	代军峰	吕金峰	朱胜利	乔　峰
任　青	刘　东	刘　刚	刘　欣	刘　峥	刘　泉	刘　颖
刘　磊	刘子嫣	刘文超	刘军舰	刘尚伟	刘明辉	刘春洋
闫　昕	孙　勇	孙　瑞	孙长军	孙晋敏	芮亚杰	杜金娟
李　明	李　雪	李　猛	李　靖	李　瑶	李力亨	李子璇
李志远	李劲松	李松梅	李彦朋	李振东	李晓宁	李笑春
李逸晨	杨俊义	杨新文	吴　举	吴秋颜	吴精义	邱　蓉
何　炬	何海健	余　鹏	宋　爽	宋彦杰	张　红	张　凯
张　萌	张　猛	张　慧	张小磊	张玉芳	张宁忠	张亚东
张亚涛	张安琪	张畅飞	张岩岩	张金权	张庚申	张衍鹏
张晓飞	张耀跃	陆海宏	陈　滔	陈明岳	陈晓帆	陈海峰
陈梦洵	范　磊	岳　彬	岳晓辉	周　杰	周　胜	周子朝
周海军	单　毅	赵　兴	赵人杰	赵智涛	赵路辉	赵疆昀
胡家鹏	段博韬	侯冬松	姜　彬	娄海成	贾世迎	钱广民

倪庆博　徐志森　殷　波　殷湘舰　高宇轩　高艋艺　郭　鑫
桑学文　黄齐武　梅　棋　曹大伟　龚洁英　常　利　崔　潇
康文正　康雪军　逯建栋　董少军　韩　阳　韩伟彬　焦进昭
靳亚平　雷方舟　解亚雄　靖　娜　窦　鹏　熊田芳　薛　菁
霍云峰　霍立国

专家顾问：（按姓氏笔画排序）

王清永　白　楠　刘天正　李　毅　罗富荣　金　淮　周　伟
赵鹏林　韩春素　鲍立楠

4

编　写　分　工

章　名	编写单位	编写人员		
第1篇　规划设计篇				
第1章	河北雄安轨道快线有限责任公司	周子朝	赵　兴	
第2章	河北雄安轨道快线有限责任公司	张　猛		
第3章	北京市轨道交通设计研究院有限公司	段博韬	李　明	
第4章	北京市轨道交通设计研究院有限公司	王　超	张庚申	刘军舰
第5章	北京市轨道交通设计研究院有限公司	梅　棋 任　青	刘　欣	胡家鹏
第6章	天津轨道交通集团有限公司	乔　峰 张　慧	闫　昕	王宏伟
第7章	石家庄市轨道交通集团有限责任公司	陆海宏		
第8章	河北雄安轨道快线有限责任公司	赵　兴 芮亚杰	周子朝	韩伟彬
第9章	北京市轨道交通设计研究院有限公司	马小轩 徐志森	陈明岳	李　瑶
第2篇　施工篇				
第10章	北京市轨道交通建设管理有限公司	叶新丰 李振东	王　霆 余　鹏	赵智涛
第11章	北京市轨道交通建设管理有限公司	叶新丰 李振东 李彦朋	张宁忠 龚洁英	吴精义 刘尚伟
第12章	天津市地下铁道集团有限公司	王书雄 岳　彬 周　胜	刘　泉 宋彦杰	逯建栋 熊田芳
第13章	河北雄安轨道快线有限责任公司	孙　勇	娄海成	
第14章	石家庄市轨道交通集团有限责任公司	靳亚平	张安琪	

序

2014年，以习近平同志为核心的党中央作出了京津冀协同发展重大战略部署。十年来，京津冀三地轨道交通建设者贯彻落实习近平总书记关于京津冀协同发展重要讲话和重要指示批示精神，打通"大动脉"，畅通"微循环"，京雄城际、京唐城际、京滨城际、津兴城际等多条铁路建成通车，以北京、天津为核心枢纽，贯通连接河北各地市的铁路网基本建成，京津石"四网融合"实践不断深入，京津冀主要城市1小时至1.5小时交通圈基本形成，京津雄核心区实现半小时通达，日益织密的轨道交通将进一步重塑京津冀时空距离。

京津冀城市轨道交通联合技术中心成立以来，发挥桥梁和纽带作用，聚焦区域、行业共同关心的关键问题与发展方向，整合共享三地四城技术资源，合作研究攻关，成为积极交流、常态互动、分享经验、共谋发展的技术研究与应用平台，坚持系统谋划，促进技术创新有机衔接，加强标准规则协同，"轨道上的京津冀"网络化效能日益显现。

京津石雄四城轨道交通建设单位主动发挥自身优势，深入推进智能建造、智慧运维、绿色低碳、减振降噪、多元融合等关键技术研究，在软土地区工程建设、智能运行、车辆永磁同步牵引等先进技术应用、标准体系建设方面取得积极突破，为京津冀城市轨道交通融合发展提供了强大的技术支撑，也为全国城市轨道交通高质量发展提供了宝贵的经验和借鉴。

津静市郊铁路在国内首次实现市域（郊）铁路与地铁同步建成并贯通运营，探索形成了正线停车与灵活编组相融合的智能运营组织技术，研制了国内首套基于能量路由器和协调控制的柔性牵引供电系统，列入城轨协会首批绿智融合示范工程。"新一代网络化智能调度和智能列车运控系统"研究攻克了支持网络化运行及动态调整的智能调度、基于主动感知运行的虚拟编组两个关键技术，构建了智能列车一体化平台、基于工业互联网的基础平台两个核心平台，搭建了一个综合试验验证管理平台，完成了在北京11号线和北京19号线工程示范，实现了关键技术从0到1的跨越。在建京雄快线，首次采用最高运行速度200km/h的CBTC全自动运行系统，兼具城际铁路、市域（郊）铁路、城市轨道交通技术特征，是一条创新线、示范线，解决了国内都市圈轨道交通的痛点和难点，在行政审批、运营管理、投融资、技术标准等方面对都市圈轨道交通建设具有先行先试的示范引领作用。石家庄市轨道交通集团有限责任公司聚焦建设轨道交通全生命周期的智慧管理体系，以线网云平台、大数据平台为基础，以智慧赋能、绿色发展为抓手，深度构建涵盖轨道交通全生命周期的智慧、绿色发展体系，建设高效、低碳、安全、绿色的智慧型城市轨道交通，探索和践行更优质的管理理念，形成了绿智融合发展的"石家庄方案"。

结合近期以来的工作创新实践，京津冀三地轨道交通从业者从规划设计、施工、新技术、运维改造等方面进行了系统总结和深入剖析，形成这本专著，共4篇30章。专家委员会主任金淮同志及编审团队精益求精、认真审阅，逐篇提出修改意见，参编同志精心修改、反复打磨，力求将最真实、最富有价值的技术成果呈现在广大读者面前。希望这本专著能为广大读者提供有益的参考与借鉴，并为轨道交通行业的健康可持续发展起到积极促进作用。

守正创新担使命，奋楫笃行谱新篇。党的二十届三中全会的召开为京津冀城市轨道交通高质量发展进一步指明了方向。站在新的起点，京津冀城市轨道交通联合技术中心各成员单位将围绕新目标、新任务，密切协同合作，不断探索新技术、新模式，在满足人民群众日益增长的美好出行需求的同时，探索出一条具有自我造血功能的城轨交通可持续发展之路。三地将更加注重轨道交通与城市功能的融合，促进城市健康发展和空间结构优化，引领支撑产业集聚发展，提升城市品质和发展活力。相信在各方的共同努力下，京津冀城市轨道交通必将迎来更加辉煌的明天，为京津冀协同发展和交通强国建设作出更大的贡献。

2024 年 10 月

前　言

京津冀协同发展战略自2014年2月提出以来，已历经十年。在这十年间，轨道交通的发展成为了京津冀协同发展的重要组成部分，极大地促进了区域内的互联互通和一体化进程。京津冀城市轨道交通联合技术中心在三地主要的城市轨道交通建设单位的倡议下于2016年正式成立，技术中心自成立后遵循新时代高质量发展要求，发挥服务、协调、指导和桥梁的作用，聚焦京津冀三地城市轨道交通的共性问题，围绕建设综合、绿色、安全、智能地铁开展关键技术研究和实践探索工作。

为进一步推进三地城市轨道交通高质量发展，技术中心各成员单位共同努力，收集总结了近年来在高质量发展方面取得的典型成果，并编制完成《京津冀城市轨道交通高质量发展创新与实践（2024）》。

本书共分为4篇30章，第1篇是规划设计篇，介绍了城市轨道交通系统的规划、设计原则以及在实践中的具体应用；第2篇是施工篇，探讨了城市轨道交通施工实践中遇到的困难和解决方案；第3篇是新技术篇，梳理了城市轨道交通领域最新的科技创新成果；第4篇是运维改造篇，分析了如何通过升级改造提升城市轨道交通系统的服务质量和运行效率。本书将有助于读者了解京津冀地区城市轨道交通技术发展的成就、面临的机遇、挑战和未来发展方向。

在本书的编写过程中，技术中心各成员单位及行业专家给予了大力支持，各章节主编单位及编写人员付出了辛勤汗水，在此表示衷心感谢！希望本书的出版能加强行业沟通交流，促进各方学习借鉴，同时能够为读者提供启发和思考，成为读者的重要参考资料。

由于时间紧张和编写水平有限，本书难免存在疏漏之处，欢迎各位读者提出宝贵意见和建议。

目　录

第1篇　规划设计篇

第2篇 施工篇

第 3 篇　新技术篇

第4篇 运维改造篇

第 1 篇　规划设计篇

第1章　区域多制式轨道交通协同布局发展研究

1.1　区域多制式轨道交通概念

区域多制式轨道交通指的是在一个城市群或都市圈区域范围内，由多种制式轨道交通组合而成的复合网络，包含铁路、轨道快线、地铁、轻轨、磁悬浮、有轨电车等多种制式的轨道交通子系统，各子系统功能互补，构成多元化的复合网络结构。

区域内轨道交通可以分为三层，即城际轨道交通、市域（郊）轨道交通和中心城区轨道交通，其功能定位详见表1-1。其中，城际轨道交通主要服务于跨区域、跨城市中长途客流，快速通达区域外重要城市，便捷联系区域各个城市之间的客流需求，包括区域内的国家干线铁路和城际铁路，具有大运量、快速化特征。市域（郊）轨道交通主要满足城市群范围内中心城区与周边卫星城区的通勤、生活、公务等多种交通需求，包括市域（郊）铁路、市域快速轨道交通等，具有站间距大、旅行速度快、停站少等特征，是中心城区轨道交通的延伸、城际轨道交通网络的补充。中心城区轨道交通主要满足城市内部出行需求，衔接多种类型的城市功能中心，重点覆盖中心城区内部的主要功能区以及主要客流集散点，包括地铁、轻轨、单轨、磁悬浮、有轨电车等，具有站间距小、高密度、公交化等特征。

区域多制式轨道交通的功能定位　　　　　　　　　　　　　　　　　表1-1

层次划分	构成	功能定位	服务范围	客流特点
城际轨道交通	国铁干线	承担跨区域、跨城市的"站到站"中长途客货运输	全国	公务、商务、返乡、务工需求
	城际铁路		城市群内	通勤、公务、商务需求
市域（郊）轨道交通	市域（郊）铁路、市域快轨、都市快轨等	承担特大城市郊区和周边新城、城镇与中心城区的"站到站"旅客运输	特大城市市域（都市圈）范围内	通勤、生活、公务需求
中心城区轨道交通	地铁、轻轨、单轨、磁悬浮、有轨电车等	承担中心城区内部的"门到门"旅客运输，衔接多种类城市功能中心，为区域、市域线路提供客流集散服务	中心城区及外围组团	生活、通勤需求

1.2　影响区域多制式轨道交通布局的因素分析

随着经济社会的快速发展、区域经济一体化和城市化进程的加快，城市群、都市圈的发展与区域多制式轨道交通运输系统的规划和建设密切相关，区域可持续发展离不开层次丰富、布局合理、相互协调的区域多制式轨道交通系统。

1.2.1　区域总体规划

区域多制式轨道交通布局不仅应与城市总体规划密切结合，充分考虑城市功能以及未来的城市空间发展格局，与城市居民区分布、生产力布局以及发展趋势相协调，也要满足区域总体规划，衔接区域内各城市轨道交通枢纽，带动区域内各城市协同发展。

1.2.2　区域空间结构形态

区域空间结构形态在全局高度上决定了区域交通需求的宏观格局。区域空间结构形态的不同，将导致轨道交通布局展现出空间形态上的明显差异。区域内中心城市的分布形式影响着轨道交通线网架构布局，例如，中心组团式城市之间轨道交通多为放射状架构，带状式城市之间经常为网状架构，分散组团式城市之间多为环状或放射状架构。

1.2.3　区域社会经济发展水平

区域社会经济发展水平和人民生活水平影响着区域内居民的出行习惯以及出行方式的选择，进而影响轨道交通客流的流量、流向、出行需求、发展需要等，制约着轨道交通布局。此外，由于轨道交通建设需要较大投资，区域社会经济发展水平同样制约着区域轨道交通的规模大小和建设时序。

1.2.4　区域自然地理条件

区域自然地理条件包括地质、地形、地貌、气候、水文等，影响着轨道交通线路的设计与建设，进而对轨道交通网络的结构和分布格局产生影响。区域轨道交通布局同样受到区域人文地理条件的制约，必须遵守国家对历史文物、自然风景区等方面的保护性法规，当线路和站点的选址与之相交叉时必须避让。

1.2.5　区域交通需求

区域交通需求是区域内居民对交通基础设施的需要程度，其大小分布特征是决定轨道交通布局规模最直接和最具有决定性意义的因素。区域交通需求的分布与区域开发轴线有关，区域在进行总体规划时，一般划分有优先开发轴、重要开发轴、次要开发轴等，为生产力布局、土地开发等提供不同的政策先导，同时也是未来客流生成的主要轴线。

1.2.6　客流集散点的分布

客流集散点，即主要的客流发生源和吸引源，是区域轨道交通线网规划中各条线路设站的基本点。区域内客流的发生源和吸引源构成了区域客流的集散点集合，集散点集合按照客流性质可以分为交通枢纽点、文化商业点以及大型居民区、企业和卫星组团城镇等。主要客流集散点即经济核心区、综合交通枢纽以及大型工矿企业点的确定有助于明确区域轨道交通线路骨架和线路具体走向。

1.2.7 不同制式轨道交通的衔接与配合

"多网融合"的背景为多制式轨道交通的发展提出了更高的要求,为了发挥多层次、多制式轨道交通的组合效益,提升复合网络整体效能,提升旅客出行体验,满足旅客高品质多样化的出行需求,需要不同制式轨道交通的有效衔接与配合,对区域多制式轨道交通协同布局提出了更高的要求。

1.3 区域多制式轨道交通布局对旅客出行和交通网络整体运能的影响分析

1.3.1 对旅客出行的影响分析

通过对旅客出行的心理分析以及特征分析,区域多制式轨道交通布局对旅客出行的影响主要体现在出行时间和出行费用两方面。

1. 出行时间

出行时间考虑区域内全过程出行,包括在不同轨道交通制式出发车站、乘车和到达车站所花费时间之和以及换乘时间。区域内出行时间不仅与出行距离有关,还受出行方式选择的影响。不同的交通方式有不同的交通特性,其线路距离、运行速度、进出站时间、等待时间各不相同。此外,轨道交通网络的通达性也影响着出行时间的长短。当各种轨道交通线网布局合理完善,轨道交通枢纽布局协同配合,各轨道交通方式衔接高效、换乘方便时,轨道交通网络具有较高的便捷性,旅客出行时间也会较短。

2. 出行费用

出行费用考虑区域内全过程出行,指旅客在出行过程中为运输服务所支付的费用,其与列车等级、运输里程、座位席别等有关。不同的轨道交通制式采用不同的计价方式,通常来说,分为通用票价和按里程计价两种。通用票价是指全程采用统一票价,则旅客在出行过程中所支付的费用,不随乘坐站数、乘坐里程而变化,例如有轨电车、部分市域铁路采用此种计价方式。按里程计价是指以起步价可乘坐一定里程范围,之后按照递远递减的原则进行计价,旅客在出行过程中所支付的费用,与乘坐里程、票价率相关,大多地铁、国铁、城际铁路均采用此种计价方式。轨道交通布局的优劣影响着旅客在出行途中是否会增加其他环节,付出多余的费用,例如使用出租车从一种轨道交通方式的到达站去往另一种交通方式的出发站等。

1.3.2 对交通网络整体运能的影响分析

科学合理的区域多制式轨道交通布局可以增强区域公共交通服务水平,提高旅客出行的便捷性,从而增加旅客出行选择轨道交通的偏好性,提高复合网络的整体运能,获得较好的经济效益。此外,区域内多个轨道交通枢纽之间的协同布局可以合理协调分配运能,使得各种轨道交通方式的供给能力与旅客换乘需求达到平衡,并留有一定余地应对枢纽内客流异常变动,避免了运营过程中运能过大而造成运能浪费,也不会造成运能供不应求的局面。

1.4　雄安新区多制式轨道交通协同布局研究

雄安新区地处北京、天津、保定腹地，区位优势明显、交通便捷顺畅、生态环境优良、资源环境承载能力较强。设立雄安新区，对于贯彻落实京津冀协同发展战略，集中疏解北京非首都功能，调整优化京津冀城市布局和空间结构，具有重大现实意义和深远历史意义。

根据国内外城市群、都市圈轨道交通发展经验，各大都市圈的城际轨道交通、市域（郊）轨道交通和中心城区轨道交通在区域内形成了一体化网络。轨道交通一体化是区域一体化发展的支撑和趋势，雄安新区轨道交通协同发展立足于自身特点和发展方向，构建多制式轨道交通一体化发展网络，提升区域内便捷联系。

按照网络化布局、智能化管理、一体化服务要求，雄安新区加快建立连接与京津及周边其他城市、北京新机场之间的轨道交通网络以及规划建设运行高效的城市轨道交通网络。按照区域内轨道交通分类，一是优化建设城际轨道交通，构建"四纵两横"区域高速铁路交通网络，重点加强雄安新区和北京、天津、石家庄等城市的联系。其中，"四纵"为京广高铁、京港台高铁京雄—雄商段、京雄—石雄城际、雄安新区至北京大兴国际机场快线（以下简称"京雄快线"），"两横"为津保铁路、津雄城际—京昆高铁雄忻段，实现雄安新区高效融入"轨道上的京津冀"。二是规划建设市域（郊）轨道交通，预留市域、区域轨道交通通道走廊空间，通过"一干多支"轨道交通快线向雄安新区周边白沟、霸州、徐水等城镇辐射。三是规划建设中心城区轨道交通，按照网络化、多模式、集约型的原则，以起步区和外围组团为主体布局轨道交通网络，规划"一轴三放射"轨道交通普线，实现起步区与外围组团、城镇的便捷联系。

在建京雄快线全长 86.26km，设站 8 座，经过雄安新区、廊坊、北京等行政区域，最高运行速度为地下段 160km/h、高架段 200km/h。京雄快线既是区域内"四纵两横"的"一纵"，也是"一干多支"轨道交通快线网的主要组成部分，兼具城际铁路与城市轨道交通运营特点，在《河北雄安新区规划纲要》中定位为区域高速铁路交通网络，在《河北雄安新区总体规划》中定位为区域轨道交通网络，在《河北雄安新区综合交通规划》中定位为城市轨道交通快线，既服务于雄安新区对外联系，为乘客提供换乘便捷、无缝衔接北京市区轨网的同城化轨道交通服务，也是构筑雄安新区城市发展核心骨架、促进各组团间互联互通的通道。京雄快线对于实现京雄一小时通勤圈、增强雄安新区对北京非首都功能疏解的吸引力和承载力具有重要意义，并且京雄快线及其支线通过与周边地区交通基础设施互联互通，发挥了雄安新区对周边地区创新发展和就业创业的辐射带动作用。

雄安新区通过对多制式轨道交通的协同布局规划，可充分发挥各种轨道交通系统的优势，提高综合运输组织效率，提升乘客出行体验，对城市群、都市圈范围内多制式轨道交通协同布局提供经验与参考。

1.5　结语

我国城镇化水平的提升、区域协同发展的需要以及区域旅客多层次、多样化的出行需求，都要求区域内不同层级轨道交通优势互补、有效衔接、互联互通、协同布局。研究区域轨道交通协同布局规划，使得区域内多层次、多制式轨道交通系统复合形成一个有机整体，可充分利用轨道交通复合网络资源，提升轨道交通网络总体运能和运营效率，实现资源协同配置和设施设备互联互通。

第 2 章 都市圈轨道交通物流可行性探究

2.1 引言

随着新型城镇化进程的不断推进，我国区域中心城市开始进入都市圈发展新阶段，各大中心城市纷纷提出加速培育都市圈战略。2023 年 6 月 24 日，苏州地铁 11 号线开通运营，与上海轨道交通 11 号线成功实现换乘；2023 年 6 月 28 日，长株潭城际轨道交通西环线一期工程正式开通运营，并与长沙地铁 3 号线实现无缝换乘，长沙、湘潭首次实现地铁系统跨城市互联互通。但都市圈轨道建设成本、运营成本高昂，其属于公共事业，收费标准又要受政府管控。因此从某种意义上来说都市圈轨道交通仅仅依靠运营来实现盈利困难较大，对多种经营方式加以运用，来降低轨道交通运营造成的损失是一种常见的获益手段。

与此同时，随着我国产业结构的升级及生活方式的变化，小批量、多频次物流快速增加，围绕着物流业开展降本增效新模式研究势在必行。借助轨道交通系统进行物流运输逐渐被关注，且国内外围绕轨道交通物流已经开展了大量的研究和工程实践。基于地面轻轨的城市货运系统已经在德国、波兰、奥地利等国家成功试点，结合轨道交通的客运、货运调度技术已经具备基础。

本章提出经济都市圈轨道交通的概念，从人工、能耗、设备维护、运营管理、资本等各方面分析其成本，从客流出发分析其运力余量。结合雄安新区至北京大兴国际机场快线项目，探究都市圈轨道交通物流的可行性，在保持客运功能的基础上对轨道交通进行局部整改从而实现轨道交通物流运输。

2.2 都市圈轨道交通物流特点

（1）运量大、速度快。轨道交通可以尽量缩短货物在途时间，减少不必要的时间浪费，以使运输效率大大提高。轨道交通运输能力为汽车运输能力的 2.5～14 倍之多。通常而言，物流公司所关注的运输费用，大都是由于货物堆积和运输耗时所造成的储存费用。基于上述特点，轨道交通运输可以提高单程运力，使货物物流费用大大降低，从而取得良好经济效益。

（2）准点率高。轨道交通运输效率高，不受地面其他交通工具和行人干扰，非特殊情况下不会发生延误，可以在物流运输中发挥极高价值。

（3）能耗低，降低环境污染。我国城市轨道交通的能耗仅占公路交通能耗的 15%～40%，能够满足绿色环保需求。2019 年柴油货车排放一氧化碳、碳氢化合物、氮氧化物、颗粒物的质量分数分别占汽车排放总量的 29.7%、26.3%、83.5%、90.1%，货车是颗粒物和氮氧化物的主要贡献者。将轨道交通引入物流运输系统，不仅能够提高系统内效率，还能够有效缓解城市交通运输压力，并在一定程度上减少污染。

（4）运输线路信息完善。轨道交通的正常运转建立在信息通畅的基础上，运输线路的全过程配备了完善的信息系统，这就为现代物流提供了必要的条件。特别是电子商务日益发达的今天，轨道交通完善的信息系统对于物流业具有十分重要的意义。

（5）物流受客流影响较大。都市圈轨道交通物流首先要保证乘客乘坐体验，为此物流只能避开高峰时段，其运营时间受到一定限制。另外根据轨道交通运力余量的不同，物流体量也受到一定限制。

许多地铁公司已经认识到轨道交通物流蕴含的巨大潜力，并开展了大量的研究与实践。深圳市地铁集团有限公司针对轨道交通物流制定了"规范标准、跑通模式""宣传造势、丰富场景""科技赋能、全面推广"的三步走实施策略。2021年10月21日，深圳市地铁集团有限公司在全国率先试行"地铁行李驿站"服务，也是深圳地铁首次试水平峰时段货运物流服务。工作人员将上门收取的乘客行李放置在深圳地铁联程联运点，再通过地铁网络的运力余量为航空乘客提供行李配送业务，降低了公路货物压力，避免了拥堵，实现了平峰时段地铁运能资源利用的最大化。2023年11月29日，深圳地铁针对碧海湾站进行的既有资源适应性改造已经开通试运行，运输件量为每天2800~3000件，后续增加配送车辆后可实现每日3万票的运输规模。广州地铁集团有限公司针对轨道交通物流也进行了实践，2022年7月20日，广州地铁18号线首趟市域快轨货运列车成功试点运行，充分利用了城市轨道交通夜间和闲时运力资源，为后续常态化运营打下了坚实的基础。

2.3 都市圈轨道交通物流运输模式

都市圈轨道交通物流运输模式可以分为组织货运专列、不组织货运专列两大类。

2.3.1 组织货运专列

（1）集中开行货列模式：利用夜间非运营时段开行货运列车。优势在于货运列车有完全独立的运行时段，货运列车在站停站作业时间不受客运列车影响，有充足的装卸和中转作业时间，在货源充足的条件下，可保证列车的满载率。同时物流运输不会干扰到客运作业，对乘客出行无影响。

（2）客货列车交替混跑模式：在保证非高峰时期开行客运列车密度不变的情况下，在平峰时段利用剩余能力开行货运列车。该运输组织模式优势在于可供货列开行时间范围广，物流输送能力较大。但由于平峰时期列车总数增加，会使非高峰期列车运行图的稳定性降低，对客运列车的正常运行产生一定干扰。

2.3.2 不组织货运专列

（1）客车带货模式：该种运输组织模式在列车车厢内设置少量专用的物流空间，在轨道交通平峰期列车正常运行与停站情况下捎带货物，仅适用于少量零散轻小型货物。

（2）客货混编模式：这种运输组织模式的货运空间以车厢为单位。可分为2种列车编组情况，一种是在车站有条件的情况下扩大列车编组，如在原有6节编组列车两端分别加挂一节货车，形成"6＋2"编组模式；或保持6节编组不变，平峰时期头尾车厢用于物流运输。该方案的优势在于无客货混行问题，运输能力大于客车带货模式。

本章将不同物流模式下对乘客出行影响、运货能力、可供列车开行时间范围、运营成本分为四级，由高到低依次为Ⅳ、Ⅲ、Ⅱ、Ⅰ，不同轨道交通物流模式对比详见表 2-1。

不同轨道交通物流模式对比　　　　　　　　　　　　　　表 2-1

物流模式		对乘客出行影响	运货能力	可供列车开行时间范围	运营成本
组织货运专列	集中开行货列	Ⅰ	Ⅳ	Ⅰ	Ⅳ
	客货列车交替混跑	Ⅱ	Ⅲ	Ⅱ	Ⅲ
不组织货运专列	客车带货	Ⅳ	Ⅱ	Ⅲ	Ⅱ
	客货混编	Ⅲ	Ⅰ	Ⅳ	Ⅰ

2.4　都市圈轨道交通客流分析及物流预测

2.4.1　客流分析

都市圈轨道交通连接两座城市，其客流具有非常明显的两地通勤的特征。以雄安新区至北京大兴国际机场快线（以下简称"京雄快线"）为例，该项目自雄安新区启动区城市航站楼，经廊坊市接入北京大兴国际机场，与既有北京大兴机场线衔接并贯通运营，同时线路预留远期接入机场南航站楼条件，京雄快线初、近、远期客流组成预测详见表 2-2。

京雄快线初、近、远期客流组成预测表　　　　　　　　　表 2-2

客流类型	初期 2029 年开通后第 3 年		近期 2036 年开通后第 10 年		远期 2051 年开通后第 25 年	
	客运量（万人次/d）	占比	客运量（万人次/d）	占比	客运量（万人次/d）	占比
服务与北京联系	2.73	30.40%	6.69	31.1%	9.32	30.73%
服务与大兴机场联系	1.77	19.71%	3.96	18.4%	5.52	18.21%
服务雄安新区协调区	0.63	7.02%	1.44	6.7%	2.03	6.70%
服务雄安新区内部	3.85	42.87%	9.43	43.8%	13.45	44.36%
合计	8.98	100%	21.52	100%	30.32	100%

服务与北京联系客流具有较强的潮汐性、高峰小时特点，运距最长可达 80km 以上，客流弹性相对大。服务与大兴机场联系客流高峰小时特征不突出，无明显潮汐特点，客流时间分布主要受机场航班安排影响，并受天气、会展、节假日等因素影响较多。服务雄安新区协调区出行客流通勤比例相对较低，以商务、公务、旅游探亲出行为主，潮汐特征相对较弱，客流全日分布相对较为平均，出行距离相对较长。服务雄安新区内部出行客流，有一定的通勤比例，高峰特性明显，潮汐性相对较强。

从初、近、远期客流组成预测表可以看出，京雄快线有 30% 客流与北京联系，由于这类客流具有较强的潮汐性、高峰小时特点，轨道交通物流满足组织客运专列的条件，可以选择某一时间段单独运货，或在平峰时段利用剩余能力开行货运列车。

2.4.2　物流预测

都市圈轨道交通物流不止满足线路两端货物运输需要，同样可以满足物流中心货物通行需要。京雄快线项目途径河北省廊坊市，在廊坊市霸州、永清设立两座高架车站。地处北京、天津和雄安新区"黄金三角"核心腹地的廊坊毗邻京津，是首都通勤圈、产业圈的重要组成部分，拥有 7 个超百亿元的特色产业集群，发展现代商贸物流产业潜力巨大。廊坊作为北方商贸物流集散的重要枢纽，已经汇聚了包括"三通一达"在内的八家物流龙头的北方总部或区域分拨中心，成为河北省区域性分拨中心及区域快递总部最多的城市。

京雄快线依靠这些物流集散地，可发掘的物流资源非常丰富，开展轨道交通物流业务具备得天独厚的优势。全国各地发往物流集散地的货物可以借助京雄快线运抵物流集散地，同样物流集散地的货物可以借助京雄快线运抵北京、雄安等地。对于物流有高要求的货物，可以通过京雄快线快速、准时地送抵用户手中。

2.5　轨道交通物流成本计算

轨道交通物流具体采用哪种模式，一方面考虑客流服务品质要求，另一方面考虑不通过模式下的成本与收益。

轨道交通运营成本主要分为以下五个部分：①人工成本、②能耗成本、③设备维护成本、④运营管理成本、⑤资本成本。从轨道交通运营成本与运营工作量的关系分析，运营成本可以分为以下两个部分：固定成本及变动成本。

2.5.1　固定成本分析

固定成本是指运营过程中短期内不随运营工作量变化而相对固定的费用支出，如计时工资及工资附加费、生产消耗费、企业管理费以及线路、车站信号和牵引供电设备的折旧费和维修保养费等。

对于组织客运专列的物流模式，其对应的生产消耗费会有增加，最明显的是增加车辆维修成本。参考北京地铁 1、2 号线运营成本分析，车辆修理费用一般占整条线路运营费用的比例不超过 3%，其他修理费用一般占整条线路运营费用的比例不超过 7%。而工资和管理费用所占比例超过 50%，增加货运专列对这部分的成本增加相对不明显。

而对于不组织客运专列的物流模式，对整个固定成本的增加则更不明显。

2.5.2　变动成本分析

变动成本是指运营成本中随工作量变化而变化的费用支出，如牵引用电费、按列车公里发放的工资附加费等。增加货运专列的变动成本，会随着货运专列运行里程数的增加而等比例增加。不增加货运专列的变动成本，由于货物随客运列车走，其运营工作量没办法用运营里程数进行评估。客车带货、客货混编都会引起牵引电费的增加，而客货混编因为增加了货运车厢，对于牵引电费的影响则更明显。整个轨道交通项目电力费用能占到项目运营成本的 10%～15%。

2.5.3　社会效益分析

对于轨道交通物流是否能落地，不能只计算经济效益，同时还要计算社会效益。轨道交通通过电力牵引，是一种绿色交通工具，对城市环境的污染及排放的有害气体均少于其他交通方式，有利于改善城市环境。同时，由于轨道交通是在专用轨道上运行，因此有利于减少交通事故的发生，改善城市的交通结构，优化城市结构，缓解交通压力。

2.6　结语

轨道交通物流具有运量大、速度快、准点率高、低碳环保等优势，都市圈轨道交通组织货物快速运输具有可行性。具体采用集中开行货列、客货列车交替混跑、客车带货、客货混编的哪种物流模式要根据整个轨道交通运营成本和物流收益预期具体分析，同时要考虑轨道交通物流带来的社会价值。但是，开通轨道交通物流的前提是保证乘客乘车体验，部分影响乘客使用体验的轨道交通物流模式要慎重选择。

第 3 章 城市轨道交通郊区线路提速思路探讨
——以北京房山线为例

3.1 引言

目前，北京约 1/2 的人口生活在 15km 圈层（相当于五环）以内，随着中心城区人口不断向外疏解，预计将来生活在 15km 圈层以外的人口数量将会有比较大的增长（参考东京，目前 3/4 人口居住在 15km 圈层以外），城市通勤圈将进一步扩大，单纯依靠快速路解决城市通勤问题将难以为继，需要依靠轨道交通（包括轨道快线、市郊铁路和国铁），补齐短板提高出行效率。相对而言，东京的轨道交通层次丰富，地铁、私铁、JR 线、新干线均可为城市通勤提供服务，而北京的轨道交通层次较为单一，目前主要由普速地铁提供通勤服务，快线开通线路数尚较少，乘客出行效率有待提高，可以通过新建轨道快线、统筹利用既有铁路资源、发掘既有线潜力等多种方式，为城市通勤提供针对性、差异化的服务，使轨道交通成为支撑城市发展、支持非首都功能疏解的重要举措。

3.2 北京郊区线现状通勤时间及运营旅速分析

3.2.1 通勤时间

北京市平均通勤时间约为 47min，大于 60min 的占比超过 26%，六环内轨道交通平均出行时间是小汽车的 1.6 倍，达 75min。北京郊区线平均运距为 11.55km，长距离出行占比高，其中房山线平均运距最高，达到约 15.33km。早高峰时段（6:30—9:30）长距离出行量（在轨时间超过 45min）占轨道交通总出行量比例约为 33%，早高峰时段新城至中心城平均在轨时间约为 58.3min，如图 3-1 所示。

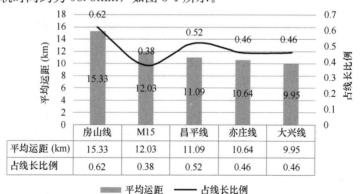

	房山线	M15	昌平线	亦庄线	大兴线
平均运距 (km)	15.33	12.03	11.09	10.64	9.95
占线长比例	0.62	0.38	0.52	0.46	0.46

■ 平均运距 —— 占线长比例

图 3-1 北京市外围郊区线平均运距示意图

3.2.2　运营旅速

通过实际运营数据对比分析，各郊区线旅速指标见表 3-1。

郊区 5 条线路现状旅速统计表　　　　　　　　　　　　表 3-1

线路	设计最高运行速度（km/h）	设计旅速（km/h）	现状进城方向平日旅速（km/h）	列车种类	列车定员	最高满载率
M15	100	55	41.6	6B（4M2T）	1460	79%
昌平线	100	50	48.8	6B（4M2T）	1460	76%
房山线	100	50	43.5	6B（4M2T）	1460	61%
亦庄线	80	40	40	6B（3M3T）	1460	57%
燕房线	初、近期80，远期100	41	37.13	4B（2M2T）	960	25%

对以上五条线的旅速进行分析，设计最高运行速度为 80km/h 的线路实际旅速能达到 35km/h，设计最高运行速度为 100km/h 的线路实际旅速能达到 45km/h，可以判断为旅速基本达标。由表 3-1 可见，M15、房山线的旅速较低。

从以上分析可以看出，北京轨道交通郊区线普遍存在平均运距长、出行时耗高的问题，有必要开展提速改造的研究。从实施条件来看，由于郊区线部分区段站间距较大，部分区段为高架敷设，提速改造具备较好条件，因此可立足于充分利用线路既有配线，通过运营组织优化、信号系统改造、增购高速车辆等措施，实现外围郊区线旅行速度的提升。本章重点对房山线提速方案进行研究。

3.3　既有线提速优化研究

3.3.1　提速需求

本次提速研究重点在于提升既有外围郊区线运营速度，实现进城方向客流快速通达。通过运营组织优化、信号系统改造、增购高速车辆等措施，实现外围进城效率提升。郊区线路部分区段站间距较大、部分区段为高架敷设，提速改造具备较好条件。

3.3.2　提速改造原则

为保证既有线的正常运营安全，对于既有线提速改造，应遵循一定的原则：

（1）保障现状运营，尽可能减少中断运营的改造时间。

（2）提速改造应在保证运能的前提下，尽量减少对运能水平的影响，服务水平不应出现大幅下降。

（3）提速的同时考虑成本代价，实现降本增效。

3.3.3　提速方案思路

可以从缩短区间运行时间和缩短站停时间两大方面进行考虑，分析列车运行全过程，从中探寻提速的思路。

提速改造思路如图 3-2 所示。包括信号系统挖潜、车辆动力层面、快慢车运行、站停时间优化四个方面。

快慢车运行包括：（1）进行客流层面车站初筛（越行或甩站车站）；（2）进行车站配线形式初筛，筛选出现状配线满足越行条件的车站；（3）判断筛选出车站配线设置条件；（4）根据客流数据确定快慢车开行对数及比例；（5）结合运行图铺画，最终确定越行站，校核能力。

对于站停时间优化，建议针对非换乘站、中间站现状站停时间，结合进出站客流，优化站停时间。

信号系统挖潜、提高车辆动拖比可以提升区间运行速度，更好地发挥列车加减速性能。

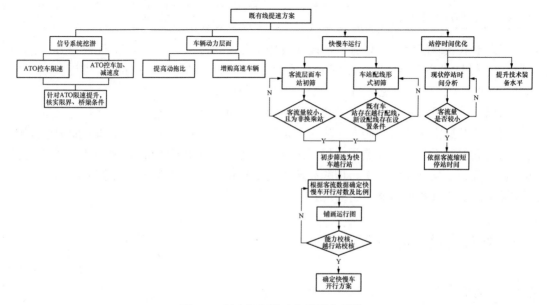

图 3-2　行车组织提速方案研究思路

3.3.4　快慢车模式

在能力折损小的情况下，可考虑组织快慢车运行。快慢车运行模式目前主要采用跳站运行和快车越行两种方式。

1. 跳站运行

在客流量小的车站采用快车通过不停站方案，提高快车运行速度，同时开行站站停列车，提高出行覆盖率，增强服务频率。原则上快车不应在换乘站甩站通过。

2. 快车越行

在快慢车避让点设置越行线，慢车需停车待避，快车在越行线越行慢车，可能会增加慢车旅行时间。针对上述情况，可以利用现有停车线进行避让，在既有线路不具备越行条件的情况下，需增设越行线。针对需增设越行线的提速方式，需要考虑以下几个方面：

（1）关于增设越行线：在既有线上增设越行线的方式来开行快慢车，改造代价太大，要停运，且会降低慢车旅行速度。对于采用增设越行线的提速方式需进行详细的技术经济比选。

（2）关于慢车避让点：在车站端部既有停车线上进行慢车避让。涉及快车越行慢车，建议慢车选在现状已有越行条件车站的站台区域停车线待避。考虑到乘客心理感受，不建议采用区间停车线待避。

（3）提高列车过站速度：在不改造或者小改的前提下，争取提高过站速度。在现行国家标准《地铁设计规范》GB 50157—2013 中，越站列车通过站台运行速度不宜大于60km/h。现行《地铁限界标准》CJJ/T 96—2108 规定，停站进出站端速度不应超过70km/h，越行过站速度不应大于相邻区间速度。结合现行《地铁限界标准》CJJ/T 96—2108 对于站台限速的提升，可以校核车辆动态包络线，研究提高站台限速的可行性。

（4）按时刻表定点发车：对于远郊区乘客，培养按照时刻表出行的习惯。结合客流OD情况，定点发直达快车。

3. 快慢车运行实施效果分析

通过列车牵引计算仿真模拟，越行一站节约时间约 60～70s。

3.3.5　站停运行时间优化

1. 现状站停时间分析

在现行国家标准《地铁设计规范》GB 50157—2013 中，对停站时间的设计有如下说明，有站台门的车站，列车开关门时间不宜大于 17s，乘客比较拥挤的车站不宜大于 19s。在现行北京市地方标准《城市轨道交通工程设计规范》DB11/995—2013 中，对停站时间的设计要求更加详尽，要求列车停站时间不宜小于 30s，换乘站的停站时间应在计算值的基础上适当增大。

2. 站停时间优化

梳理开关门的机械控制时间、列车控制联动时间以及相关的控制系统检查时间，尽量争取压缩停站的开关门时间。提升技术装备水平，提高列车起停、车门、屏蔽门开关控制系统的准确度及响应时间，精度越高、响应时间越短，对缩短站停时间越有利。可以考虑缩短客流量较小车站的站停时间，适当压缩上下客时间，培养乘客文明乘车。

3.3.6　信号系统挖潜

1. ATO 控车限速

梳理既有线列车最大限速的取值。对于 2017 年《城市轨道交通列车运行速度控制导则》发布之前所设计的许多线路，设计阶段未考虑信号厂家对于列车运行最高限制速度的要求，将列车最高运行速度作为了列车运行的顶棚速度，不同的信号厂家，对此会往下压减最高运行速度。例如，设计最高运行速度为 80km/h 的线路，由于专业接口之间的偏差，造成信号专业综合线路允许最高运行速度、车辆最高运行速度和运营条件确定的列车运行可达到的最高速度只有 75km/h，甚至更低为 72km/h。这是由于早期各专业设计之间对于最高运行速度理解不同所造成的。现在业内统一了认识，共同编制了《城市轨道交通列车运行速度控制导则》，列车最高运行的 ATO 速度，即为信号厂商允许的最高速度，如图 3-3 所示。

所以综上，较早时期设计的线路在设计阶段可能没考虑列车运行最高限制速度的要求。造成实际列车运行速度较最高运行速度下浮 10km/h 左右。每个区间都有一定折减，各区间累加效果影响列车实际速度。

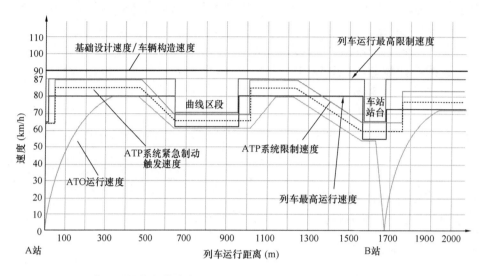

图 3-3 信号系统控制模式曲线示意图（以列车最高运行速度 80km/h 为例）

2. ATO 控车加、减速度

梳理既有线列车 ATO 的加、减速度。信号厂商对于列车加速启动阶段和制动减速阶段的加、减速度会打折扣，尤其是制动过程中的减速度折减更大（约为 0.6m/s²），不能充分发挥列车性能。建议与信号厂商积极沟通，提高加速和制动过程的加、减速度。

3. 核实限界、桥梁等提速可行性

梳理提速区段的曲线允许最高速度，核算限界设计是否满足提速要求。高架段的提速，还需进行桥梁在高速下的动态荷载验算。

3.3.7 提高动拖比、增购高速车辆

从列车动拖比看，M15（4M2T）、昌平线（4M2T）、房山线（4M2T）的列车动拖比均为 2∶1，只有亦庄线 6B（3M3T）、燕房线 4B（2M2T）的列车动拖比为 1∶1，亦庄线、燕房线的列车动拖比欠佳。可以在线路条件不变的情况下，换用较好动拖比的列车做详细的牵引计算，分析优化效果。如果能较大程度地提升旅行速度，则可以考虑增购动拖比较大的列车。

3.4 房山线行车组织优化方案

3.4.1 现状介绍

北京地铁房山线全长 32.0km，其中地下线长 7.6km，高架线长 23.8km，过渡段地面线长 0.6km；共设 16 座车站，其中地下站 6 座、高架站 10 座；拥有 1 座阎村车辆段；列车采用 6 节编组 B 型列车。

房山线现状工作日客运量为 20.1 万人次。早高峰长阳进站量最大，达 1.2 万人次。高峰小时最大断面客流为 2.64 万人次，发生在上行大葆台—郭公庄，满载率为 61%（2分间隔，6B 编组），平均进城乘车时间超过 43min。

燕房线提速改造蛙跳式开行方案如图 3-4 所示。

图 3-4　燕房线提速改造蛙跳式开行方案

3.4.2　提速思路分析

本章重点结合提速改造需求、客流条件、换乘需求及配线条件，研究快慢车开行方案，以此来提升旅行速度。因阎村东、郭公庄、首经贸三站为换乘站，因此快车在此三站均停站。快车越行可考虑在客流相对较小的苏庄、良乡南关、良乡大学城北、广阳城、大葆台、白盆窑、花乡东桥站。既有车站篱笆房站、稻田站配线满足越行条件，慢车待避考虑在既有篱笆房、稻田站利用既有停车线待避。房山线工作日早高峰进出站客流情况见表 3-2。房山线全线配线如图 3-5 所示，其他车站暂不考虑新设越行线。

<table>
<tr><td colspan="2" align="center">房山线工作日早高峰进出站客流情况</td><td colspan="3" align="right">表 3-2</td></tr>
<tr><td>线路</td><td>车站</td><td>进站量（人次）</td><td>出站量（人次）</td><td>进出站量（人次）</td></tr>
<tr><td rowspan="16">房山线</td><td>阎村东</td><td>871</td><td>111</td><td>982</td></tr>
<tr><td>苏庄</td><td>2693</td><td>836</td><td>3529</td></tr>
<tr><td>良乡南关</td><td>3364</td><td>490</td><td>3854</td></tr>
<tr><td>良乡大学城西</td><td>5200</td><td>312</td><td>5512</td></tr>
<tr><td>良乡大学城</td><td>4472</td><td>422</td><td>4894</td></tr>
<tr><td>良乡大学城北</td><td>2596</td><td>584</td><td>3180</td></tr>
<tr><td>广阳城</td><td>3454</td><td>673</td><td>4127</td></tr>
<tr><td>篱笆房</td><td>6888</td><td>424</td><td>7312</td></tr>
<tr><td>长阳</td><td>12875</td><td>847</td><td>13722</td></tr>
<tr><td>稻田</td><td>6256</td><td>332</td><td>6588</td></tr>
<tr><td>大葆台</td><td>1637</td><td>2854</td><td>4491</td></tr>
<tr><td>郭公庄</td><td>532</td><td>1639</td><td>2171</td></tr>
<tr><td>白盆窑</td><td>2022</td><td>988</td><td>3010</td></tr>
<tr><td>花乡东桥</td><td>358</td><td>1175</td><td>1533</td></tr>
<tr><td>首经贸</td><td>219</td><td>355</td><td>574</td></tr>
<tr><td>东管头南</td><td>165</td><td>715</td><td>880</td></tr>
</table>

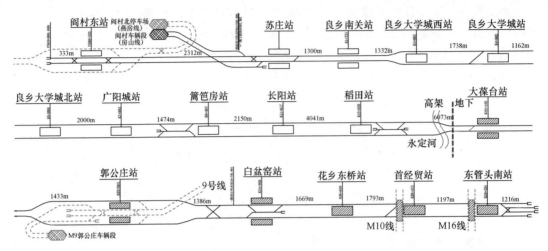

图 3-5　房山线全线配线

3.4.3　提速方案

同时组织快慢车运行及大小交路套跑模式。(1)大站快车：按 3 列/h 开行；在苏庄、良乡南关等 7 座车站甩站。(2)大小交路套跑：大交路为阎村东—东管头南，小交路为篱笆房—郭公庄，房山线提速改造快慢车开行方案如图 3-6 所示。

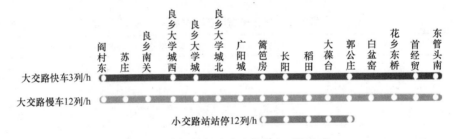

图 3-6　房山线提速改造快慢车开行方案

3.4.4　效果评价

根据客流情况预测，受益乘客约 0.27 万人次；旅行时间全程节省约 7min。快车折损高峰运力，高峰小时最大满载率由 61% 上升至 68%，房山线提速改造方案效果对比见表 3-3。

房山线提速改造方案效果对比　　　　　　　　　　　　　　　　　　表 3-3

列车类型	小时开行对数	停靠站数量	旅行时间
普通车	大交路 12 列/h 小交路 12 列/h	16（大交路）	43min23s
快车	3 列/h	9	36min20s
快车优势	—	少停 7 站	节省约 7min

3.5　结语

考虑到新城郊区线提速改造的复杂性，建议在明确提速改造的大方向后，对各条线路有针对性地进行提速改造专题研究，同时联合运营公司、信号设备供应商、屏蔽门供应商等，共同研究提速方案。同时在客运组织管理上，建议培养远郊区需快速出行的乘客按时刻表选择大站快车的习惯。

本章结合现状运营数据，对郊区线挖潜提速需求进行了详细分析，从运营组织优化方面提出了改进措施，实现了外围郊区线旅行速度的提升，列车运行仿真结果表明效果明显。

第4章 京津冀地区地铁人防工程兼顾应急防淹设计研究

4.1 引言

4.1.1 研究背景

过去几十年的城市化进程中，城市内涝成为一种新的城市病。随着我国城市经济和人口规模的不断扩大，城市内涝所造成的社会经济损失也愈加明显。根据水利部历年《中国水旱灾害统计公报》的数据，2006—2017年全国平均每年有157座县级以上城市进水受淹或发生内涝。进入夏季主汛期后，我国部分城市受暴雨和恶劣天气影响洪涝灾害频发，作为城市交通大动脉的地铁工程成为城市内涝直接承受者。近年来，广州、北京、郑州等地由强降雨导致的地铁站被淹和停运事件，凸显地铁安全的极端重要性。

2021年7月18日5时30分至11时许，北京市内因突发强降雨导致多处地面出现大面积积水区域。石景山区金安桥下积水灌满桥洞，路口处的积水已经淹没到排水工人的腰部位置。北京地铁6号线金安桥站因积水严重封闭（图4-1）。现场视频显示，地铁站内雨水沿着楼梯和自动扶梯往下蔓延，金安桥站已经成为"水帘洞"。站台上的积水已没过脚踝，数名乘客挽着裤腿蹚水前行。

2021年7月20日，郑州市突降罕见特大暴雨，造成郑州地铁5号线五龙口停车场及其周边区域发生严重积水现象，18时许，积水冲垮出入场线挡水墙进入正线区间，造成郑州地铁5号线一列车在沙口路站—海滩寺站区间内迫停，500余名乘客被困（图4-2）。7月21日凌晨3点50分，现场共疏散500余人，14人经抢救无效死亡，5人受伤。

图4-1 暴雨涌入北京地铁6号线金安桥站

图4-2 暴雨涌入郑州地铁5号线隧道

4.1.2 国内地铁应对防淹现状

面对极端天气频发多发态势，城市轨道交通安全运行风险加大，目前国内各城市地铁运营公司应对防淹工作通常采取的措施有：加强气象预警和雨情监测，密切监视地铁线路、车站和车辆等设施的水位和降雨情况，及时发现异常情况；强化制度保障，建立健全防汛指挥体系，层层压紧压实防汛责任；加强防汛排水设备设施维护保养和防汛应急抢险物资储备；强化协同联动与应急演练，完善专项应急预案，明确各项防汛预防行动和工作标准等。

上述在运营层面采取的若干措施，对于筑牢地铁防汛安全屏障，守护乘客安全出行方面均发挥了积极的作用。地铁防淹突出一个"防"字，"防"出平安，但"人防"不能全部取代"技防"，"管理防"亦不能代替"工程防"，设计层面亟待加强设计措施以应对防范地铁水淹事件发生。

4.2　人防兼顾防淹设计依据

地铁人防工程设计主要依据战术技术要求和人防专业相关法律法规，侧重满足战时防护密闭功能。由于人防门具有能承受战时爆炸冲击波荷载的防护性能和防毒剂渗入的密闭性能，与防淹所需的抗水压、防渗漏等功能相似度较高，故本身能承受一定的水头压力兼具防淹功能。现行国家标准《地铁设计规范》GB 50157—2013 总则第 1.0.22 条规定"当水下隧道出现损坏水体可能危及两端其他区段安全时，应在隧道下穿水域的两端设置防淹门或采取其他防水淹措施"，明确"位于水域下的地铁区间隧道两端应设置手、电动防淹门"的相关要求。《轨道交通工程人民防空设计规范》RFJ 02—2009 第 6.4.3 条规定"过江（河）段两端的防淹门宜与正线上的防护密闭隔断门合并设置"。此外在《城市轨道交通工程项目建设标准》（建标 104—2008）第四十四条要求："在靠近隧道洞口或临近江、河、湖、海岸边的地下车站，应根据非正常运营模式和行车组织要求，研究和确定车站配线形式"；第七十九条要求："对穿越（通航）的江、河、湖水域的区间隧道应在离开水域的两端适当位置设置防淹门"。对于地铁车站出入口、风道口人防是否兼顾防淹，以上规范均未提出明确要求。

4.3　区间人防兼顾防淹设计及对策

4.3.1　区间设计现状

目前，京津冀地区地铁区间隔断门，在过河段两端均按相关要求设置区间人防门，同时兼顾防淹功能，防止河水倒灌进入车站。同时"防护"和"防淹"二者功能合并设置可以达到归集设备、降低造价、方便管理的目的；区间防淹防护密闭隔断门多采用普通手动平开立转式，一般为单扇。平时门扇处于开启状态，待战时或来水时需要人工手动关闭。这种平开立转式隔断门又可细分为断开和不断开刚性接触网两种类型。主要防淹对象为道路下及隧道处的漏水（水源为自来水管、污水管或地下水）或水流量较小的偶发城市内涝。实践中需要按防淹水头高度选择相应等级防淹防护密闭隔断门并同时校验门框墙强度与其防淹等级相匹配。区间隧道隔断门在平时开启到锁止处时设置行程开关，与车站综控室联动，门扇离开锁止处时应立刻报警以保证行车安全。

常言道"水往低处流"，出入段（场）线区间与地面直接连通是平时防淹重点部位。出入段（场）线区间通向地面开口处通常采用 U 形槽设计，但 U 形槽侧墙只能抵挡侧向来水，设计方案并未考虑正向来水大量灌入。目前，京津冀既有地铁正线上设置的区间人防门只按战时单向冲击波荷载考虑满足防护密闭要求，通常未考虑平时防淹工况。这种型号的区间人防门目前存在以下问题：首先，该型人防门门体设计与水利水电工程钢闸门门体设计有很多不同，在抗压、抗弯、抗剪应力折减系数方面相差很大，一旦水压作用时间稍长使自身发生形变而损坏将不能抵挡洪涝水害。其次，这种普通平开立转式区间隔断门启闭目前只能实现远程监视但不可操控，一旦无预警突发来水，只能人员徒步至现场后再就地手动关闭门扇，响应速度相对较慢。如果沿逆水方向关门还可能发生因为水压突然增大而无法关闭的情况，同时也存在威胁操作人员人身安全的风险因素。

4.3.2　人防设计对策

出入段（场）线区间人防隔断门应选用防淹专用型号，除考虑战时人防荷载外，防淹水头高度按当地百年一遇洪涝水位确定。如果土建条件允许，出入段（场）线区间还可采用电动防淹防护密闭隔断门，这种设备具备远程电控启闭、遇瞬时水流时可逆水关闭等功能，主要有电动平开立转式和电动垂直升降式两种。电动防淹门的门体结构以及电气系统与普通平开立转式门有很大不同，目前多用于南方城市地铁工程，京津冀地区地铁暂无应用实例。电动平开立转式门在人工远程控制下，由自动控制系统操纵液压臂驱动门扇原地启闭（图 4-3）；电动垂直升降式门则在电动卷扬机操纵下由上到下快速落闸，但平时升起后的门扇需额外占用上部空间（图 4-4）。二者在关闭门扇前均需预先断开上接触网，转换工作较为耗时，可考虑在人防段局部设置独立短锚段形式，应急时只断开此段以避免大拆大卸。

图 4-3　电动平开立转式区间人防隔断门　　　图 4-4　电动垂直升降式区间人防隔断门

该型防淹门配套的门框墙应同步采用防水混凝土材料，混凝土抗渗等级满足设计要求，并综合考虑人防工况和水工况分别进行计算，取较高的标准进行包络设计。此外，过人防门框墙的管孔封堵材料除满足战时抗爆、密闭、防火等要求外，还应经过静水压力测试，能够抵挡相应洪涝倒灌水头压力。

4.4　出入口（风井）口部人防兼顾防淹设计及对策

4.4.1　出入口（风井）口部设计现状

地铁车站存在大量直接连通地面的口部（出入口、风井口），发生水淹事故同样会对设备和正常运营造成较大影响，国内已经有不少教训。城市轨道交通的防淹标准一般均高于城市防涝设防标准，设计环节为保证正常情况下充足的排洪能力主要是开展地铁防洪涝专项论证，编制站点洪涝设计水位计算专项分析报告。根据车站的地理位置及所在流域情况，按照百年一遇设计洪涝标准，推求洪涝水位，提出了地铁车站的地面出入口、消防疏散口、风井口等百年一遇洪涝设计水位值作为开展设计的基础资料，并对相应部位顶标高进行校核，确保各部位设防标高均高于百年防洪水位标高，但暂无超过标准暴雨强度情况下的应急防范措施。

人防设计规范并未对除地下区间过河段外的地铁孔口部位人防兼顾防淹提出明确要求，因此目前地铁车站出入口、风道口部设置的人防门不具备抵挡大水量的防淹功能，主要原因如下：

首先，人防门的结构设计主要考虑爆炸冲击波瞬时作用，防淹门的结构设计主要考虑水头压力长期作用。现有人防门门体结构若套用水闸门标准估算抗水压能力将有一定折减，按目前地铁口部人防段的埋深测算较难满足相应水头高度压力。受淹过程中随着水头压力的增大，门体会先后发生弹塑性变形。若积水在门体发生弹性变形阶段退去，人防门变形尚可恢复，仍能满足防护功能要求而正常使用。若积水时间稍长，门体发生塑性变形后，人防门变形将不可恢复，不再满足防护功能要求。

其次，采用暗闭锁形式的人防门，闭锁在门体腹腔内部，在水淹状态下水会顺着闭锁轴、锁孔等位置进入门体腹腔。水退去后腹腔内的积水不易清理，防护设备在长时间的锈蚀作用下，难以满足设计寿命周期要求。

再次，为满足战时通风要求，现有风道人防门上均开有不同数量、不同尺寸的孔洞，当来水逐渐淹没门体，水流可以通过门体上的孔洞直接灌入。

最后，安装在人防门的密封胶条为海绵胶条，质轻、柔软、有弹性，主要用于密封、减振、消声等场合，不具备长时间的止水特性。即使作为应急挡水措施，门扇与门框贴合处的缝隙仍会有少量漏水，只可起到减缓水流的作用。

4.4.2　人防设计对策

1. 对确需兼顾防淹的站点口部开展非标型号设计

根据地铁线路勘察设计的防汛等级划分开展评估，对确需兼顾防淹的，积极改进或研发新型防淹型号。新型号设计主要通过提高门体自身材料强度等级、结构受力形式等方面改进门体机构抗水压力，并优化门体上活门、阀门、风机设备及翻转密封梁等机构密封设计，使之在满足防护功能的前提下，能够承受相应水头压力，兼顾应急防淹。同时，水利工程闸门常用的 P 型密封胶条质地较硬，使用寿命更长、止水效果更好，可将人防门原海绵胶条更换为 P 型密封胶条。

2. 减少平战转换工作内容

人防门设计时充分考虑了启闭操作的便捷性，正常情况下都能够在 30min 之内实现手动关门作业，满足人防相关规范对于人防门在紧急转换时限内完成关闭的要求。对于防汛应急响应则需要进一步压缩关门时间。

通常制约出入口人防门快速关闭的因素，主要包括影响出入口门扇正常启闭的平时装修部分，如轻钢龙骨侧墙、上门框处全包式吊顶以及下门槛处地砖满铺等，这些拆除工作量难以在应急响应状态下迅速完成转换。设计时可采用在出入口通道两侧设置折叠式伪装门（其装修风格与邻近墙面保持一致），用于隐蔽平时处于开启状态的人防门；活动横幅和活动盖板分别用于伪装人防门上门框、上闭锁座和下角钢、下闭锁座。但折叠式伪装门、拆除上活动横幅和下活动盖板需要一定时间，无法在几分钟内迅速完成；如果是在有水流的情况下，操作会更费时费力。因此需要在气象预警及地面水位监测机制下提前做好这部分转换工作，以进一步实现快速关门。

3. 针对易受灾的重点部位加设专用防淹挡板

车站出入口若因提高防淹标准而一味抬高台阶踏步只会给人员通行造成不便，同样提高出地面风井口也会影响景观视线。在满足现有设计标高不低于百年防洪水位标高的基础上，可设计专用设备抵挡来水（图 4-5、图 4-6）。

图 4-5　口部防淹挡板（手动）

图 4-6　口部防淹挡板（电动）

专用防淹挡板经过试验可满足最大防洪水位下的强度要求。后续还可以进一步将该装置的手动安装升级为电动控制或液压控制，使其可根据地面积水情况，自适应调节挡水高度，能够真正意义上实现全天候、无人值守、全自动挡水功能，将水患阻于地铁之外。

4.5　结语

地铁防淹工作事关人民群众生命财产安全和城市稳定发展全局,意义十分重大。本章针对地铁人防兼顾防淹提出了应对策略和优化建议,希望能对提高地铁工程平灾结合综合技术水平,提升京津冀区域地铁防汛能力有所启发。

第5章 地铁车站综合与抗震支吊架融合技术应用研究

5.1 引言

随着国内城市轨道交通的快速发展，地铁设备系统功能日益完善，地铁车站管线的种类和数量日趋增多，对规范化和运维检修的需求越来越高。

在地铁车站的机电安装过程中，众多系统管线交错布置，各管线独立安装的吊杆、车站装修吊顶的固定吊杆数量成千上万，当所有吊杆均需在土建混凝土墙板或梁上进行打孔固定时，则使得土建混凝土墙板或梁变得千疮百孔，且各管线独立安装需占用较大的安装空间。如何在有限的地铁空间中，合理地布置各类管线至关重要，装配式管道支吊架（以下简称"综合支吊架"）的应用可以有效地解决这个问题。综合支吊架具有吊杆不重复、与结构连接点少、施工效率高、空间节约、后期管线维护与扩容方便等特点，综合支吊架技术从北京 10 号线一期工程开始，在地铁车站得到了广泛的应用，取得了良好效果，已经日渐成为管线综合标准配置技术方案。

近年来，随着《建筑机电工程抗震设计规范》GB 50981—2014 的落地实施，抗震设防烈度为 6°以上的建筑物机电工程必须采用抗震设计。轨道交通工程特别是地下车站的管线数量及种类较多、局部管线重量大，管线的空间关系较复杂，还需考虑检修空间及后期维护等，这些特点使得抗震支吊架的布置比传统的工建和民建建筑更为复杂，给抗震支吊架的设计和安装乃至运维检修带来了巨大的挑战。

目前，地铁车站机电安装的一般做法是先做综合支吊架，安装完成后再根据规范相关要求安装抗震支吊架，因分别独立设置，易造成材料的极大浪费。同时，机电设备管线在狭小的空间需要分专业、分层、交叉布置，这对抗震支吊架的设置增加了难度，因此，如何将抗震支吊架与综合支吊架融合设置就很有必要。

5.2 综合支吊架和抗震支吊架结合设计可行性分析

综合支吊架和抗震支吊架是用于车站的两种不同功能的支吊架体系。综合支吊架的标准构件在安装现场仅进行机械连接，将管道自重及所受的荷载传递到建筑承载结构上，并控制管道的位移，抑制管道振动，确保管道安全运行。抗震支吊架系统是将设备管路、线槽及设备牢固连接于已做抗震设计的建筑结构体上，以地震力为主要荷载的支撑系统。

综合支吊架即承重支吊架，是以重力荷载为主要荷载的管道固定支撑系统，针对的是管道及设备在重力满负荷运转时将管道敷设在建筑物上的一种固定措施。抗震支吊架是以地震力为主要荷载的抗震支撑系统，针对的是遭遇到设防烈度的地震时能将管道及设备产生的地震作用传到结构体上的一种抗震支撑措施。

综合支吊架主要计算管道的重力荷载，在水平方向的力主要以防晃及防机械振动为主，抗震支吊架则以地震时管道所受的地震作用产生的动态荷载为主要荷载，综合支吊架和抗震支吊架两者最大的区别在于连接件的选择以及支撑的设置。如果抗震支吊架在设计时考虑综合支吊架的重力荷载并通过校核，抗震支吊架的功能完全能满足装配式支吊架的功能，这时两种支撑系统的设置就并不重复而是相辅相成的；研究表明：加装抗震支撑系统管路的各点位移较未安装抗震支撑时降低了5～10倍，有效地提高了管路系统的抗震性能。

通过对比分析表明，抗震支吊架与综合支吊架尽管功能、形式和受力等存在差异，但采用在同一支撑体系下是可以实现抗震支吊架与综合支吊架相结合融合的。

5.3 技术解决方案

5.3.1 综合支吊架和抗震支吊架结合设置范围

一般地铁车站采用综合支吊架的主要区域：车站设备管理用房走道、站台端部用房外侧走廊，站台层公共区两侧、局部管线较多区域（如出入口到站厅层、设备区走廊到公共区）等管线密集区域。依据《建筑机电工程抗震设计规范》GB 50981—2014 的规定，以北京为例，地铁车站抗震支吊架设置范围为：通风空调系统的防排烟风道、事故通风风道及相关设备，公共区及出入口矩形截面≥0.38m² 风管和圆形直径≥0.70m 的圆形风管及重力大于 1.8kN 的吊装设备；给水排水及气体灭火系统的室内给水、消防管道的管径≥DN65的水平管道及相关设备（消防水泵及稳压罐等），气体灭火系统的管道。动力照明及供电系统的内径不小于 60mm 的电气配管及重力不小于 150N/m 的电缆梯架、电缆槽盒均应进行抗震设防；通信、信号专业车站范围内重力不小于 150N/m 的电缆梯架、电缆槽盒、母线槽均应进行机电抗震设计，区间线缆不做抗震支吊架；综合监控（ⅠSCS/FAS/BAS）专业车站范围内重力不小于 150N/m 的电缆梯架、电缆槽盒、母线槽均应进行抗震设防，区间线缆不做抗震支吊架；AFC 专业车站范围内重力不小于 150N/m 的电缆梯架、电缆槽盒、母线槽均应进行抗震设防；ＰＩＳ/OA 专业不单独做支架，含在通信桥架中，与通信桥架一起考虑。

5.3.2 综合支吊架和抗震支吊架结合的支架设计要点

（1）综合支吊架间隔一般为 2m，如图 5-1 所示。根据规范，抗震支吊架包含侧向抗震及纵向抗震，考虑到侧向和纵向设置间距存在重叠的情况及受力情况，目前地铁行业一般对抗震支吊架的设置分为侧向抗震和侧纵向抗震。

抗震支吊架有两种安装方式，一种为斜撑吊顶固定安装，另一种为侧墙或柱上锚栓固定安装，如图 5-2 和图 5-3 所示。若空间足够，斜撑固定布置间距可在 8m 的范围内自由确定。若走廊较窄或管线密集，不利于斜撑固定，可采用在走廊的构造柱上进行固定设置，此方法的设置距离需根据构造柱的间距确定。

（2）当管线同一横担上存在多种类型管线时，若其中一种管线需要做侧向或侧纵向抗震设计，那么这一层横担都需要做抗震设计。

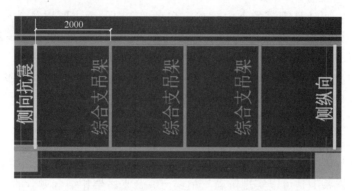

图 5-1 综合支吊架和抗震支吊架结合布置示意图（单位：mm）

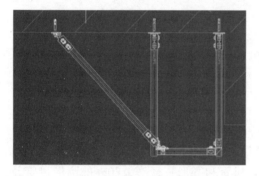

图 5-2 抗震支吊架抗震斜撑安装

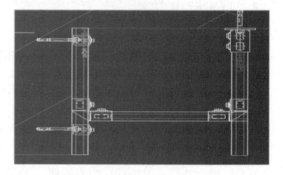

图 5-3 抗震支吊架侧向生根安装

5.3.3 不同区域综合支吊架和抗震支吊架结合的系统设计方案

1. 车站公共区综合支吊架和抗震支吊架结合的设计

以北京为例，地铁车站站厅及站台层公共区域，各专业的风管、水管及强弱电的桥架等主要分布在扶梯和步梯的两侧区域，依照管线综合专业图纸，不用将抗震支吊架单独设置，可将综合支吊架与抗震支吊架结合起来设置，按照每隔 8m 间距在综合支架的基础上加设抗震连接件及抗震扣件等方法实现抗震支架功能。这种综合支吊架和抗震支吊架结合的设计既节省了支架的材料和配件，又节省了安装空间，且能够满足相关规范要求。

2. 车站设备区走廊区域综合支吊架与抗震支吊架结合的设计

地铁车站设备区走廊区域，各专业的风管、水管、气体灭火管理及强弱电的桥架等分布密集，纵横交错，可采用综合支吊架与抗震支吊架相结合的方案设置，以北京为例，可按照每隔 8m 间距在综合支吊架的基础上加设抗震连接件及抗震扣件、支架底层两端考虑防晃设施的方法即可实现抗震支吊架功能。根据国标图集《地铁工程抗震支吊架设计与安装》17T206 的做法，在剪力墙或构造柱上侧边抗震支吊架采用抗震扣件加固的方式安装，并留出约 500mm 宽的检修空间。当支吊架吊杆较长（其有效长度＞2.5m）时，在单侧构造柱上应设置 3 处扩底金属锚栓，以满足侧纵向抗震的受力条件，如图 5-4 所示。

3. 气体灭火管道综合支吊架与抗震支吊架结合的设计

地铁车站设备区走廊区域，综合支吊架与抗震支吊架系统内设置有气体灭火管道，该管道在放气时会产生振动，对支吊架系统的安全性带来一定影响。优先方案为将气体灭火

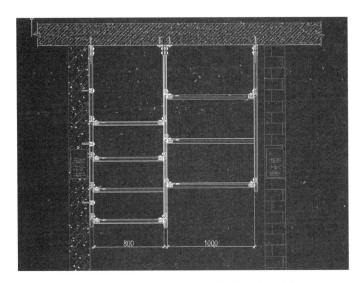

图 5-4　在设备区走廊等空间采用侧纵向抗震（单位：mm）

管道不纳入综合支吊架，单独考虑其支吊架固定和抗震措施；如空间紧张、气体灭火管道需设置在综合支吊架上时，可加强设备区走廊拐弯区域气体灭火管道成品支吊架与抗震支吊架系统的强度，并设置专门的气体灭火管道滑动支吊架，以消除其安全隐患。

4. 其他

公共区空间充足需采用侧向或侧纵向抗震措施时，利用斜撑通过锚栓固定于结构板（墙）或构造柱上，从而抵抗地震作用，防止支吊架左右和沿管线方向的晃动。设备区走廊空间不足需采用侧向抗震措施时，可利用锚栓将槽钢固定于侧墙或混凝土柱上，从而抵抗地震作用，防止支吊架左右晃动。设备区走廊空间不足需采用侧纵向抗震措施时，可采用锚栓将槽钢固定于侧墙或混凝土柱上，并且在垂直于管线方向设置斜撑从而抵抗地震作用，防止支吊架晃动。

5.4　结语

抗震支吊架与综合支吊架结合设置的融合方案很好地解决了地铁车站机电安装过程中各管线独立安装需占用较大的安装空间等难题，又兼顾了抗震要求的安全性能，节约了成本，提升了工程的品质，促进了轨道交通的绿色和健康发展。两种支吊架相结合的设计方案既解决了抗震问题又承担了承重支吊架的功能，是一种功能实现、支吊架共享和空间集约利用的有效技术探索。具体结论与建议如下：

（1）两种支吊架相结合的设计方案应在综合支吊架技术体系下进行综合管线排布，遵循《建筑机电工程抗震设计规范》GB 50981—2014 要求设置综合支吊架和抗震支吊架相结合的支吊架，在综合支吊架的基础上加设抗震连接件、斜撑及抗震扣件等设施，组合支吊架底层两端考虑防晃设施。

（2）采用综合支吊架和抗震支吊架相结合的支吊架时，横担、竖杆、连接件和锚栓需同时满足综合支吊架和抗震支吊架参数等规范要求。

（3）综合支吊架和抗震支吊架相结合的支吊架，其防腐、防迷流、防火、抗疲劳等测试和认证需参考同一工程项目的要求执行，并按抗震支吊架体系要求进行抗震构件力学性能检测和支架整体循环加载试验测试及认证。

（4）进行合理的综合管线空间排布和管线安装设计与筹划是做好综合支吊架和抗震支吊架相结合工作的基础。走廊区空间紧张时，结合结构墙或构造柱（用多个锚栓将竖杆直接固定在构造柱上）和对个别管线（如气体灭火管）的特殊处理也是实现同一组合支吊架抗震和承重双功能的一种技术选项。

第6章 天津轨道交通绿智融合发展探索与实践

6.1 引言

城轨交通作为大容量公共交通基础设施，是城市引导承载绿色低碳出行的骨干交通方式。在当今社会推进绿智融合发展的大背景下，充分应用智能化技术，深度推进绿色发展也成为城轨交通从高速发展迈向高质量发展的必要途径和必然趋势。

"十四五"以来，天津轨道交通立足智慧城轨发展契机，以绿色发展为底色，扎实推进高质量发展。先后制定了智慧城轨顶层设计、绿色城轨发展行动方案，从城市轨道交通的总体业务需求出发，将技术创新与业务提升相结合，推动安全可靠、运维高效、经济适用、绿色发展的城轨体系建设。在绿智融合发展方面取得了显著成效。

6.2 顶层规划情况

天津轨道交通集团有限公司智慧城轨建设以"百思原则（安全、服务、效率、效益）"为指导，以"PEOS（统筹规划、试验示范、优化完善、推广应用）"为实施路线，编制并推动实施了《天津智慧城轨顶层设计及三年行动目标（2021—2023）》，构建了天津轨道交通智慧城轨"12345"架构，即：一朵产业云、两类智能数据、三大标准体系、四个智慧领域、五层技术架构（图 6-1），为天津智慧城轨发展指明了方向。通过示范引导、迭代优化、应用推广，打造"无感出行、以智运维、用云管理、融合互通"的智慧化应用场

图 6-1 天津轨道交通智慧城轨"12345"架构

景，逐步提高安全管控水平，提升乘客服务品质，提高系统运行效率，降低成本增强效益，以设备系统全感知为基础，以智慧化串联人、车、物、地、事，覆盖出行全链条、贯彻建设全过程、管控运营全状态、融合生活全业态，建设一网共享、全域可控、前沿应用的天津智慧城市轨道交通网络。

《天津轨道交通集团有限公司绿色城轨发展行动方案》坚持"系统谋划分类施策，建运协同整体推进，节约优先创新驱动，智慧赋能绿智融合，试点先行有序达标"五大工作原则，统筹铺画具有天津特色的"17611"绿色发展蓝图（图6-2），构建起涵盖规划、建设、运营、资源开发全过程的绿色发展链条。重点实施"绿色规划先行行动、绿色示范引领行动、节能降碳增效行动、智慧赋能绿建行动、出行占比提升行动、绿色能源替代行动、全面绿色转型行动"七大绿色城轨发展行动，力争通过"三步走"发展战略，实现天津轨道交通集团有限公司碳达峰、碳中和目标，建成绿色低碳城轨交通。

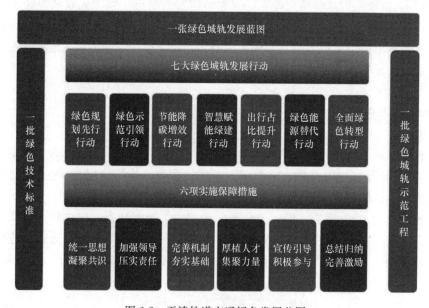

图 6-2　天津轨道交通绿色发展蓝图

6.3　绿智融合建设情况

6.3.1　智慧城轨建设

自2021年初全面启动智慧城轨建设以来，天津轨道交通集团有限公司以《天津智慧城轨顶层设计及三年行动目标（2021—2023）》为指引，以安全、服务、效率、效益为原则，以示范项目为先导，围绕智慧建设、智慧运营、智慧资源、智慧管理四大业务板块全力推进智慧城轨建设，截至2023年底，天津地铁在城轨云与大数据平台以及智慧城轨建设蓝图谋划的八个方面均进行了布局（图6-3），取得了成效，实现了企业经营效益和乘客服务体验的双提升。

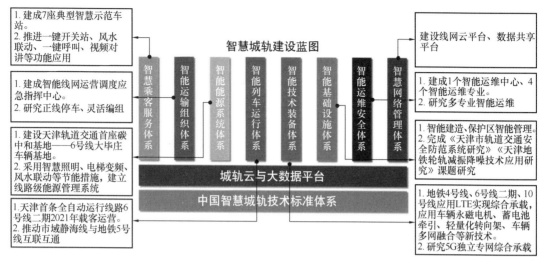

图 6-3　天津轨道交通智慧城轨建设情况

1. 城轨云与大数据平台

根据目前天津地铁的实际建设情况，城轨云与大数据平台建设按以下方案实施：遵循两网共享、三域共治原则，以物联网为基础，建设工控云、专有云，搭建安全生产网、内部管理网；以互联网为基础，依托公有云构建外部服务网（图 6-4）。依托控制中心二期，

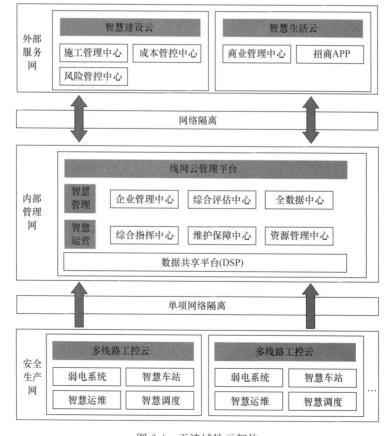

图 6-4　天津城轨云架构

采用统一云管模式,各管理系统、专业运维管理系统共享云管平台,实现智慧管理及智慧运营业务功能,达到充分利用资源、统一规划建设的目标。新建线路全部采用云架构、单线或多线建设工控云模式,各设备厂商按照云架构研发工控管理系统,将车辆、通信、信号、综合监控、AFC等线路专业系统统一纳管至线路云管平台。通过线网数据共享平台(DSP),将其状态、告警、综合预警模型等数据传至线网管理云平台进行线网数据分析以支持运营决策。

目前,线网管理云平台已初步完成建设。一是初步部署完成线网云平台,在华苑主中心、梨园头备用中心完成云平台安装、网络重构等建设,为提升运营信息化资源运行能力及整体安全性奠定基础;二是初步建成数据共享平台,实现数据录入和分发,为信息系统数据统一采集、存储、处理和数据建模应用提供数据处理平台。通过线网管理云平台建设,实现信息化从传统架构向云架构转型,提升系统整体安全性,提升资源灵活调度和综合利用率,降低综合运维成本。

2. 倾力打造城轨"最强大脑"

立足天津轨道交通多运营主体的新格局,以网络化运营调度指挥业务流程为主线,以新一代信息技术为支撑,天津轨道交通集团有限公司在华苑综合控制中心构建了基于混合式大数据架构的智能线网运营调度应急指挥中心系统(图6-5);构建集实时监控、调度指挥、应急联动、运营评估与线网运营组织策略于一体的成套技术体系;围绕城市轨道交通运营管理业务,开展运营调度应急指挥政策、调度(应急)指挥中心定位、调度指挥模式、调度指挥构成、调度指挥系统及相关智能化技术研究,构建了线路和线网合一、日常运营指挥和应急处置合一的调度(应急)指挥体系,有效提升了运营安全保障、应急指挥效率、运营服务质量的能力与水平。

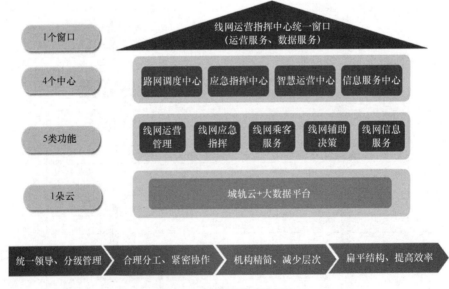

图6-5 智慧调度系统架构

3. 打造智慧车站示范项目

轨道交通车站是轨道交通运营管理和对外服务的基本单元,是服务于城市发展和市民出行的直接窗口，更是地铁建设及运营管理水平高低的主要体现。2020 年 12 月《天津轨道交通智慧车站示范工程策划方案》发布，在行业内创新推出了涵盖 11 个典型场景、33 项智慧化全要素和"3＋3"的智慧车站建设试点方案（图 6-6）。

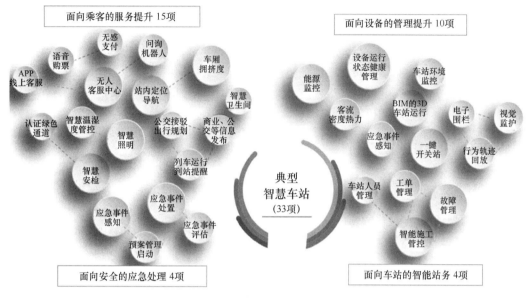

图 6-6　天津地铁智慧车站建设要素

智慧车站建设遵循"安全可靠、需求导向、经济合理"的指导原则，在既有线和新建线路分别选取 3 座典型车站，根据 6 座车站特点，分别采用了面向乘客的服务提升、面向设备的管理提升、面向安全的应急处理提升、面向车站的智能站务提升等不同的智慧场景应用实践（图 6-7）。

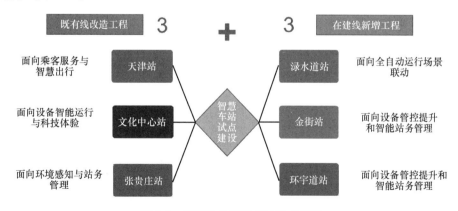

图 6-7　天津地铁智慧车站示范情况

目前，天津地铁 6 座智慧车站已全部投入运营，实现了一键开关站、智能客服中心、设备状态感知、智慧照明、风水联动等 19 项智慧功能（图 6-8）。其中，"一键开关站"功能实现开/关站时间从 25min 缩短至 200s，"风水联动"功能实现水系统、风系统实时动态调节，制冷季降低能耗 35％以上，典型站节约电能 9 万度/年；车站智慧照明每年平均节能率达 41.6％，有效提升了车站运营管理效率、乘客服务水平和出行体验。

(a)基于数字孪生的在线巡检

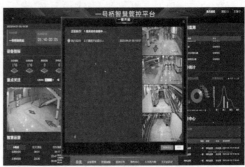

(b)一键开关站

(c)智能客服中心

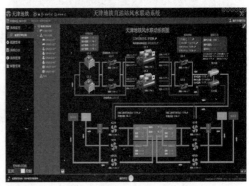

(d)风水联动

图 6-8　智慧车站应用

下一阶段，天津地铁将在前期智慧车站建设的基础上，进一步在智慧车站的深度开发上下功夫，打造以"全息感知、自动运行、自主服务、智能诊断、主动进化"为特征的智慧车站 2.0 体系，进一步推进智慧车站的深度研发，完善智能客服中心、智能导向屏、大客流事件感知、异常行为监护、智慧安检等功能，让乘客的出行更便捷、更幸福。

4. 打造智慧运维体系

随着天津轨道交通的快速发展，现有运维服务体系难以适应城市轨道交通日益增长的服务品质、服务响应时效性的需求，需要探索数字化、规范化、网络化、高效化的城市轨道交通运维服务新模式。天津地铁以车辆、通号、供电、工务几大核心设备专业为基础，开展城市轨道交通设备系统智慧运维建设，形成 1 个智慧运维中心、4 大应用专业、N 项智能检测及监测设备的"1+4+N"多专业智慧运维体系（图 6-9）。

车辆专业以"在线监控"为目标，通过建设轨旁综合检测系统和车联网系统，利用图像识别、无线数据采集分析等技术，实现车辆在线列检、状态维修和司机应急"一步排故"。通号专业以"精准判断"为目标，对转辙机、车载、计轴等进行在线监测，可实现精准设备监测、精准故障定位、精准故障预测和精准管理决策。供电专业以"智能遥控"为目标，建设了无人化巡检变电所和接触网 6C 安全检测系统。工务专业以"车载巡检"为目标，研发了由轨道几何尺寸、钢轨表面状态、轨道动态加速度检测、道床检测等功能组成的车载轨检巡检系统，用于代替大型车和人工巡检，初步实现了设备状态数字化和管理决策智能化。

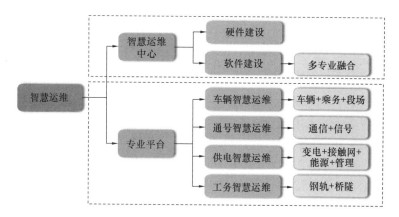

图 6-9　天津地铁智慧运维体系

在四大专业智能运维平台建设的基础上，建设天津轨道交通智慧运维中心（图 6-10），形成可视化集成平台方案，集成各专业智慧运维系统软件界面，提供总揽全局的运维门户，推进各专业智慧运维平台与 OMC、DSP 平台的数据打通，建立跨专业运维信息分析模型，实现城轨交通跨专业、大系统级故障分析诊断、健康评价、风险预警等功能，从而实现了城轨交通各专业设备全生命周期数字化运维管理。

图 6-10　天津轨道交通智慧运维中心

通过智能检测设备和诊断模型的应用，多专业综合维护效率提升 30％。2023 年列车服务可靠度达 6512 万车公里/件，居行业前列。下一步将推进修程修制优化，形成体系化的智能运维解决方案，打造具有核心竞争力的专业化维保集群，实现运维系统的降碳增效。

5. 打造智慧乘客服务体系

天津地铁智慧乘客服务以"提供可信度高的服务、更好满足人民群众生活需要"为目标，关注乘客需求，提升车站服务设施智慧化水平，提高服务质量。升级智慧票务服务，引入语音购票、扫码过闸、互联网＋AI 人脸识别过闸乘车、数字人民币等新兴支付方式，实现移动支付多元化应用。目前，线网智能支付使用比例占全部出行支付总数的 70%，得到了广大市民乘客的一致好评；提升智慧交互服务能力，利用语音识别、移动互联网等技术，引入无人客服中心为乘客提供准确、实时、个性化的服务信息，实现自助服务人性化；提升乘客通行体验及大客流通行能力，利用图像识别、生物特征识别等技术，引入智能安检机，试点安检判图智能化、乘客识别精准化、安检无接触的出行模式。

依托于现有的天津地铁 APP 平台，不断完善优化 APP 使用功能，大力推动线上线下商业资源整合，实现了非票资源经营的数字化升级，构建轨道交通线上"场景新经济"，形成持续运营留存用户，不断拓展增量用户的长效运营机制，取得了良好的经济效益与社会效益。目前，天津地铁 APP 实名注册用户突破 1000 万，月活跃度突破 230 万（图 6-11）。

图 6-11　智慧乘客服务

6. 大力推动轨交建造智能转型

针对城轨建设施工过程中存在的劳动生产率低、能源与资源消耗大、劳动力日益短缺等问题，运用信息化技术，构建涵盖建设全链条的数字化应用。数字化设计包括标准化设计、参数化设计、基于 BIM 的协同设计、工程建设全过程 BIM 技术应用等；工业化生产包括智能化生产管理、无人生产工厂、智能化存储与运输管理等；智能化施工包括智慧工地应用、智能化施工工艺应用、智能施工体系建设等，推动轨道交通建造向智能转型，形成高效益、高质量、精细化、低消耗、低排放的智能化绿色新型建造方式。相关成果已在津静市域（郊）铁路建设中落地实施。

下一步计划结合津静线智慧工地管理平台使用经验，探索将项目智慧工地管理平台升级为企业级智慧工地管理平台，在安全风险管控、隐患治理、绿色施工、人员管理、质量管理、环境管理、物资管理、设备管理、资料管理等方面进一步丰富平台功能。围绕企业级智慧工地管理平台的各项功能应用,编制相应建设标准、技术标准、评价标准,形成标准化的智慧工地建设体系。

6.3.2　绿色城轨建设情况

结合集团绿色发展目标和产业布局,重点从绿色能源替代、绿色装备研发、零碳基地建设等方面打造绿色示范项目,并大力推进成熟节能新技术在城轨交通规划、设计、建设、运营各阶段的研究和应用,创新运营组织和节能管理模式,实现全过程节能降碳。

1. 大力发展"轨道+光伏"项目

遵循"能布尽布"原则,在满足条件的地铁车辆段、车站、高架线路及建筑物屋顶等安装光伏发电设施,大力发展光伏发电项目。已建成大毕庄车辆段等6个光伏发电项目(图6-12),总装机20MW,截至2023年底累计发电1330万度。在建4号线民航大学车辆段等3个光伏项目,共计9.5MW。谋划地铁11号线七经路车辆段等4个光伏项目,拟建设12.5MW。预计到2025年,建成光伏项目总装机规模42MW,年生产绿电4600万千瓦时,约占轨道集团运营线路总电耗的11%,实现低碳效益、经济效益双丰收。

图6-12　天津地铁大毕庄车辆段光伏

2. 推动零碳示范基地建设

天津轨道交通集团有限公司积极推进大毕庄车辆段"分布式光伏+空气源热泵+能源智慧管理"多要素绿色低碳应用(图6-13)。2023年12月,大毕庄车辆段通过碳排放核查及碳中和评估,取得了天津排放权交易所颁发的"碳中和证书",成为天津轨道交通行业首个取得"碳中和"认证的车辆基地,充分展现了集团在绿色示范方面的引领作用。

3. 推动绿智融合示范工程建设

依托津静市域(郊)铁路首开段工程,开展"基于能量路由器及协同控制的柔性牵引供电系统绿智融合示范工程项目"建设,并成功入选中国城市轨道交通协会首批绿色示范工程。项目聚焦"节能降碳增效、绿色能源替代、绿色装备应用"三大方向,围绕绿智融合、灵活高效、安全可靠等方面,研制集牵引供电、再生制动、光伏直流并网于一体的多端口能量路由器,研发智慧协同控制技术(图6-14),从理论研究到工程实践,形成可复制、可借鉴、可推广的新一代城轨柔性直流牵引供电系统,实现城轨牵引供电系统高质量、可持续发展。相比于传统牵引系统,节能增效提升约8%,列车电制动能量总量提高15%以上。

4. 大力推进绿智融合技术应用

天津地铁坚持智能智慧和绿色低碳协同发展路线,大力推进新一代信息技术与绿色低

图 6-13 大毕庄车辆段"分布式光伏＋空气源热泵＋能源智慧管理"应用

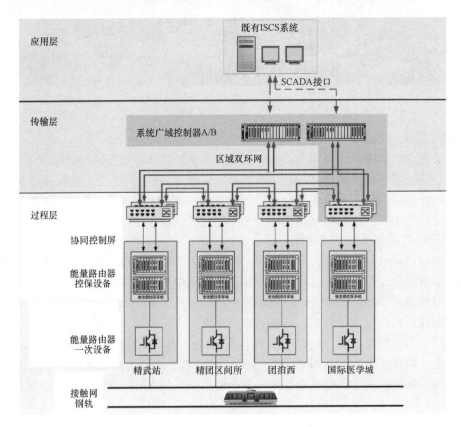

图 6-14 能量路由器协调控制示意图

碳业务深度融合。在新线建设和既有线中探索应用了空气源热泵、永磁同步电机、风水联动、变频螺杆式冷水机组、智慧照明等智能化节能技术（图 6-15），取得了良好的节能效果。根据统计，应用永磁牵引技术可节能 20% 左右，每列车每年可以节约电能约为 21.6 万度；文化中心站风水联动系统节能率达到 35.5%；2022 年 4 条线自主运营线路能耗同比下降 1.1%，线路综合能耗强度下降 4.9%，牵引车公里能耗指标进入行业先进水平。

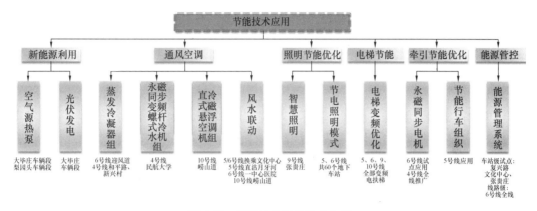

图 6-15　天津地铁绿色技术应用

在张贵庄站、渌水道站、文化中心站等试点建设了智慧能源管理系统，在 6 号线筹建线网级能源管理系统（图 6-16）。通过对能耗的全局感知、综合分析以及能耗-运营数据耦合，持续优化设备调控模式，提出优化控制策略，实现节能管理从"粗放型"迈向"精细化"。

图 6-16　天津轨道交通集团有限公司智慧能源管理系统

5. 优化行车组织模式，降低牵引能耗

牵引能耗占地铁总能耗的50%左右，降低牵引能耗对于轨道行业节能降碳具有重要意义。集团在推进车辆节能新技术应用的基础上，积极开展节能型行车组织模式研究。在5、6号线采用节能运行模式，通过优化行车曲线，降低牵引耗能，实现单位列车车公里能耗下降7.88%。以津静线首开段工程为依托，积极推进正线停车、灵活编组示范项目，通过搭建智能化辅助决策系统，优化列车运用、提高收发车效率、降低空驶车公里，提高列车运用效率和乘客出行便捷度，预计可降低牵引能耗30%~40%。

6.4　结语

城市轨道交通发展已逐步由建设为主向运营为主转变，城轨企业在聚焦持续优化通勤服务提升公益性的同时，需不断创新经营思路、提高经营效益，推动城轨交通走上具有自我造血功能的可持续发展之路。绿智融合作为实现提质、增效、降本、增收的重要手段，在推动城轨企业可持续发展中必将发挥更重要的作用。天津轨道交通集团有限公司将以顶层规划为引领，持续推进绿智融合城轨建设，实现企业高质量转型发展。

第7章　探索实践城市轨道交通
绿智的"石家庄方案"

7.1　石家庄市城市轨道交通绿智发展时代背景

习近平总书记指出："城市轨道交通是现代大城市交通的发展方向。发展轨道交通是解决大城市病的有效途径，也是建设绿色城市、智能城市的有效途径"，"要继续大力发展轨道交通，构建综合、绿色、安全、智能的立体化现代化城市交通系统。"习近平总书记的重要讲话指明了城轨交通的发展方向，是发展城轨交通的根本遵循。习近平总书记为城轨交通发展明确了路径指向，建设绿色城轨、智慧城轨是落实习近平总书记指示的具体行动实践。智慧赋能绿色城轨，是建设绿色城轨的主要技术手段和科学基础，以智能化技术装备为基础，有效支撑城轨行业绿色低碳发展，为绿色城轨提供强大创新动力。

石家庄地铁目前已开通运营 1 号线、2 号线、3 号线共 3 条线路，运营总里程为 80.4km；正在建设包括 1 号线三期、4 号线、5 号线、6 号线共 4 条线路，建设总里程为 58.8km，形成多线齐建的新高潮；石家庄地铁线网远期规划 9 条线路组成，总规模为 346km。

同时，石家庄深度融入京津冀协同发展战略，助力雄安新区建设，积极培育发展石家庄现代化都市圈，形成了《石家庄市市域（郊）铁路规划研究报告》，协调统筹城市轨道交通线网规划与市域（郊）铁路网建设发展，规划 2035 年城市轨道网＋市域（郊）铁路网总规模 647km，远景年网络总规模 767km。

7.2　石家庄绿智城轨发展蓝图

7.2.1　绿色城轨发展蓝图

石家庄绿色城轨统筹实施"1-3-6-5-1"的发展蓝图（图 7-1），即一张石家庄绿色城轨发展蓝图；"引流、高效、节能"三大行动方向；"绿色规划引领行动、节能降碳增效行动、出行占比提升行动、绿色能源替代行动、绿色建造创建行动、全面绿色升级行动"六大绿色城轨行动；"凝聚共识、强化领导，完善制度、压实责任，加强管控、有序实施，深化交流、培育人才，保障资金、严控成本"五项保障措施；一条绿色城轨示范线路。

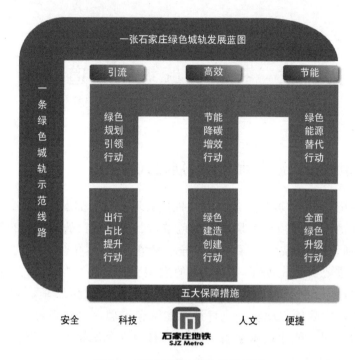

图 7-1　石家庄绿色城轨发展蓝图

7.2.2　智慧城轨发展蓝图

智慧城轨按照"1-8-1-1"的布局结构，即铺画一张智慧城轨建设蓝图（图 7-2）；创建智慧乘客服务、智能运输组织、智能能源系统、智能列车运行、智能技术装备、智能基础设施、智能运维安全和智慧网络管理八大体系；建立一个城轨云与大数据平台；制定一套智慧城轨技术标准体系。

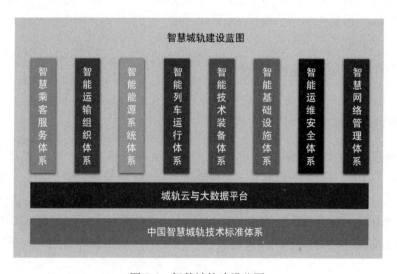

图 7-2　智慧城轨建设蓝图

7.3　城市轨道交通绿智的"石家庄方案"发展目标

7.3.1　绿色城轨发展目标

石家庄地铁通过"三步走"发展战略，实现城轨交通碳达峰、碳中和目标，建成石家庄绿色城轨。

第一步：至 2025 年，初步建立石家庄轨道交通绿色城轨发展体系，绿色发展的新局面初见成效，跻身全国绿色城轨的先进序列。在 2019 年的基础上，实现城市轨道交通综合能耗强度下降比例超过 10%；实现城轨在城市机动化出行占比提升 5% 以上，城轨在公共交通中出行占比提升 10% 以上；为石家庄实现城轨交通"碳达峰、碳中和"奠定坚实基础。

第二步：至 2030 年，基本建成石家庄轨道交通绿色低碳发展体系，石家庄轨道交通绿色转型取得显著成效，能耗强度和碳排放强度持续下降，绿色城轨初步建成。

第三步：至 2060 年，全面建成石家庄轨道交通绿色低碳发展体系，全面完成石家庄轨道交通绿色转型，碳排放量达到合理水平，城轨出行占比继续稳步提升，绿色城轨行动得到全面有效落实，努力成为绿色城轨发展的践行者和引领者。

具体围绕能耗强度控制、出行占比提升、绿色建筑创建、绿色能源利用等方面，制定以下量化指标。（表 7-1）

石家庄绿色城轨发展指标表　　　　　　　　　　　　　　表 7-1

分类		编号	具体指标	单位	2025 年	2030 年	指标属性
总量	总能耗	1	总电耗	亿 kWh	1.81	2.95	预期性
强度控制类	能耗强度	2	综合能耗强度下降比例	%	10% 以上	15% 以上	约束性
		3	牵引能耗强度下降比例	%	10% 以上	15% 以上	引导性
	出行占比提升	4	城轨在城市机动化出行占比	%	5% 以上	10% 以上	引导性
		5	城轨公共交通中的出行占比	%	15% 以上	45% 以上	引导性
	绿色建筑创建	6	新建建筑中绿色建筑面积占比	%	100%	100%	引导性
		7	新增建筑星级绿色建筑占比	%	15%	40%	引导性
	绿色能源利用	8	新增具备可开发条件的屋顶和场地的光伏发电覆盖率	%	100%	100%	引导性
		9	既有的具备可开发条件的屋顶和场地的光伏发电覆盖率	%	40% 以上	90% 以上	引导性

7.3.2　智慧城轨发展目标

城轨行业以"交通强国，城轨担当"的强烈使命感，在智慧城轨建设战略突破口充分发挥引领作用。坚持采用智能化和自主化"两手抓"的实施策略，按照"1-8-1-1"的布局结构，最终实现"智慧乘客服务便捷化""智能运输效率效益最大化""智能资源环境绿色化""智能列车运行全自动化""智能技术装备自主化""智能基础设施数字化""智能运维安全感知化""智慧网络管理高效化""城轨云与大数据平台集约化"和"智慧城轨技术标准系列化"。

7.4　石家庄绿智城轨发展重点任务

7.4.1　绿色城轨发展重点任务

石家庄绿色城轨发展蓝图提出六大绿色城轨行动，围绕这六大行动提出以下重点发展任务：

1. 绿色规划引领行动

（1）引领绿色体系创新，通过全过程管理，建立石家庄轨道交通绿色发展规划、设计、建设、运营管理体系。（2）引领交通制式融合，实现轨道交通与国铁线网、市域（郊）铁路、其他公共交通及慢性网络的融合，形成多层次、一体化的交通网络。（3）引领线网资源共享，编制线网规划时统筹考虑规划大架修基地及部件集中修中心、主变电所布点、派出所布点及云平台建设。

2. 节能降碳增效行动

（1）新型列车节能，通过采用车体轻量化技术、智能照明、无油空压机、永磁电机、变频空调、新型碳化硅辅助逆变器、弓网在线监测系统等技术，实现列车节能。（2）供电系统节能，通过采用网络化双向变流牵引供电技术、基于策略优化的牵引节能技术、节能型配电变压器、智能巡检机器人、环保型开关柜、节能型LED灯具、智能照明系统、低压直流配电技术、远距离配电技术等设备和技术实现供电系统节能。（3）暖通系统节能，通过采用一体化直膨空调系统、车站通风空调智能控制、一体化机电设备等技术实现暖通系统节能。（4）列车运行节能，通过采用全自动运行、智能行车调度、多交路运营组织、长短编组运营组织、列车自主运行系统、夜间利用正线停车等技术实现列车运行节能。（5）管理平台节能，通过采用线网云平台、线网能源管理平台、5G应用、线网智能运维平台等方法实现管理平台节能。（6）运营组织节能，通过采用智慧场段综合管控平台、优化通风空调管理及改造、优化照明系统管理及改造、线网级部件集中检修中心等技术实现运营组织节能。

3. 出行占比提升行动

（1）四网融合提升，统筹国铁干线网、城际铁路网、市域（郊）铁路网、城轨网布局，将石家庄打造成为轨道交通四网融合示范城市。（2）站城融合提升，打造"站城一体化"现代社区，带动城市更新，提升城市升级，优化城轨沿线城市空间环境。（3）多交融合提升，将城市各种不同类型的交通系统进行有机结合，建立以城市轨道交通为骨干，地面公共汽车为主体，出租车、私家车、慢行系统为补充，相互配合、共同发展的城市公共交通体系。（4）绿智融合提升，为乘客提供智慧的信息和票务服务，构建全过程、个性化的乘客出行线上、线下相结合的智慧服务体系，将乘客出行与城轨智慧服务高度融合。（5）文旅融合提升，加强交通、文化、旅游融合，充分发挥地铁站点的城市窗口作用，打造石家庄轨道交通文旅品牌。（6）碳惠服务提升，构建城轨碳普惠服务体系，将碳普惠政策融入石家庄轨道交通 APP 和石慧行 APP，让乘客享受"绿色福利"。

4. 绿色能源替代行动

（1）光伏发电替代，实施光伏项目专项规划，优化光伏发电系统，推广光伏发电与建筑一体化同步设计，逐步实现光伏发电替代传统能源。（2）绿电供给替代，逐步扩大绿色电力比重，探索绿电增供源头。（3）空气能、地热系统替代，推广场段生活、空调热水系统采用太阳能、空气能、地热等多种替代能源，在新建线路车站、车辆段、停车场等区域，开展空气能、地热资源调查与应用的可行性研究。（4）氢能利用替代，从"制、储、输、用"等各环节出发，研究氢能源在运营车辆、工程车辆、维护作业车等在城轨运输领域的应用，研究氢能源在城轨工程机械领域的应用可行性，做好氢能源技术储备。

5. 绿色建造创建行动

（1）推进施工机械电动化，大力推行绿色施工，开展"绿色工地"建设行动，推广新能源、电动力、低能耗的运维设备。（2）推进建造工业化，把绿色建造贯穿建造全程，加强建造一体化集成设计，进行模块化装配式设计，进行海绵城市设计等。（3）推进建造现场工厂化，推行施工精细化管理，采用精益化施工组织方式，统筹管理施工相关要素和环节。合理布置施工现场和临时用地，减少地面硬化，利用再生材料或可周转材料硬化临时场地。（4）推进施工现场环保化，加强施工现场建筑垃圾减量，实现建筑垃圾源头管理、过程控制和循环利用，通过信息化手段管控施工现场扬尘、噪声、光、污水、有害气体和固体废弃物等各类污染，建立完善的环保组织体系。（5）推进施工管理信息化，积极探索和推进 BIM＋GIS、5G、物联网、人工智能和建筑机器人等新技术在建造领域的创新应用，采用智慧工地等信息化管理系统，打造与工作深度融合的一站式 BIM 建设管理平台，提升建设阶段的精细化管理水平。

6. 全面绿色升级行动

（1）绿色体系升级，制定适用于石家庄地区的地铁设计相关指引文件，实现从车站设计、施工、后期运营维护全生命周期"整齐划一"，减少工程设计、实施中不必要的工程反复及浪费，同时便于后期运营管理的统一维修维护。（2）绿色评价升级，全面实施轨道交通绿色评价，构建石家庄地铁绿色评价标准体系，实现车站、场段、线路的绿色评价覆盖。（3）绿色装备升级，将绿色低碳转型与数字化转型相融合，持续推动自主化技术装备应用。（4）绿色产业升级，围绕"轨道交通产业链＋相关产业"进行高质量布局，持续做好地铁建设、运营、资源等各板块向各自延伸领域的产业规划，加快向上下游产业链延伸。不断拓展新兴产业，以绿色建造、绿色装备、绿色出行和绿色产业覆盖轨道交通建设运营全过程，孵化培育绿色优质项目，通过绿色低碳产业推动产业链的延伸拓展，实现企业可持续发展。（5）绿色采购升级，建立健全绿色采购供应链管理制度，推进绿色供应链转型。

　　石家庄轨道交通绿色城轨发展具体行动方案见表 7-2。结合石家庄地铁已运营、在建及规划线路情况，制定了石家庄市轨道交通绿色城轨行动实施方案，见表 7-2。

石家庄轨道交通绿色城轨发展行动汇总表　　　　表 7-2

序号	行动	行动子项	主要内容	实施方式	实施范围
1	绿色规划引领行动	引领绿色体系创新	建立规划、设计、建设、运营管理绿色发展体系	专题研究	线网
		引领交通制式融合	融合轨道交通和铁路、市域（郊）铁路、其他公共交通和慢行系统	专题研究	线网
		引领线网资源共享	研定车辆基地、控制中心、主变电所、线网派出所资源共享	专题研究	线网
2	节能降碳增效行动	列车节能技术	车体轻量化、智能照明、无油空压机、永磁牵引、变频空调、碳化硅辅助逆变器、弓网在线监测	推广应用	在建、新建线路
		网络化双向变流牵引供电	提供牵引和制动回馈功率，实现能量双向流动	新线推广	6 号线
		中压能馈装置	回馈列车制动能量，节约牵引能源	推广应用	4 号线、5 号线
		基于策略优化的牵引节能技术	微调时刻表排布、优化列车区间驾驶策略，实现运营节能	试点应用	既有线路
		节能型配电变压器	采用非晶合金节能型变压器	推广应用	新建线路
		智能巡检机器人	变电所智能巡视	推广应用	新建线路
		环保型开关柜	探索绿色开关柜在城轨变电所的应用	探索研究	规划线路
3	节能降碳增效行动	节能型 LED 灯具	全面采用节能型 LED 灯具，实现照明节能	推广应用	新建线路
		智能照明系统	提升照明智能化控制水平，降低车站照明能耗	推广应用	既有线路
		低压直流配电技术	提升直流负荷的电能转换效率	试点应用	新建线路
		远距离配电技术	实现中、远距离配电，降低变电所、配电线缆投资，减少运行损耗	试点应用	新建线路
		直膨空调系统	采用水冷直膨式冷水机组，提高空调系统 COP 值	推广应用	新建线路
		车站通风空调智能控制	提高冷水机房、整个空调系统 COP 值	推广应用	在建、新建线路
		机电一体化设备	减少车站土建规模，整合机电设备控制等功能，体现设备智慧节能运行	推广应用	新建线路
		全自动运行	打造属于石家庄地铁全自动运行系统	推广应用	新建线路
		智能行车调度系统	构建网络化智能运输组织体系，实现运能运量精准匹配	推广应用	在建、新建线路
		多交路运营组织技术	结合客流特征设定不同交路组合	推广应用	线网
		列车自主运行系统	开展基于车车通信的 TACS 系统技术适应性研究	推广应用	在建、新建线路
		夜间利用正线停车	开展夜间正线停车的运行模式研究	试点应用	线网

续表

序号	行动	行动子项	主要内容	实施方式	实施范围
4	节能降碳增效行动	线网云平台	对计算、存储、网络、安全等物理资源的统一部署，提高硬件资源的利用率，减小基础设施的占用率且便于统一运营维护	推广应用	在建、新建线路
		5G 应用	研究 5G 车地通信传输技术，提高地铁运行安全性和运营效率	推广应用	在建、新建线路
		线网能源管理平台	在控制中心构建基于城轨云和大数据技术构建线网级能源管理平台	推广应用	在建、新建线路
		线网智能运维平台	构建基于云平台的线网智能运维管理平台	推广应用	在建、新建线路
		智慧场段综合管控平台	应用网络、物联网、生物识别等技术实现对场段的实时采集与集中管理	推广应用	既有线路
		优化通风空调管理及改造	在既有线增设空调水系统节能控制装置	推广应用	既有线路
		优化照明系统管理及改造	既有线车站及区间照明光源逐步采用 LED 新光源替换	推广应用	既有线路
		线网级部件集中检修中心	线网大修中心，整合检修资源	推广应用	线网
5	出行占比提升行动	四网融合	多种制式互联互通，编制《石家庄市多层次轨道交通规划专题研究》	专题研究	线网
		站城融合	构建轨道交通场站及周边土地综合开发利用模式	专题研究	线网
		多交融合	建立以城市轨道交通为骨干，地面公共汽车为主体，其他交通方式为补充的城市公共交通体系	专题研究	线网
6	出行占比提升行动	绿智融合	为乘客提供智慧的信息和票务服务	推广应用	线网
		文旅融合	构建文化地铁品牌	推广应用	线网
		碳普惠服务	构建城轨碳普惠服务体系	推广应用	线网
7	绿色能源替代行动	光伏发电替代	系统梳理车站、车辆基地的太阳能资源，推广光伏发电与建筑一体化同步设计	推广应用	线网
		增大绿电供给	提升城轨用电的绿色电力比重	推广应用	线网
		空气能、地热系统替代	推广场段生活、空调热水系统采用太阳能、空气能、地热等多种替代能源	专题研究	新建线路
		氢能源替代	研究氢能源在运输领域、工程机械的应用	专题研究	新建线路
8	绿色建造创建行动	推进施工机械电动化	开展"绿色工地"建设行动，推广新能源、电动力、低能耗的运维设备	推广应用	新建线路
		推进建造工业化	装配式地下车站、集约化车站空间、公共区装修裸装、模块化装配式设计、机械法联络通道、盾构管片预埋槽道、轨道减振降噪、海绵场段	推广应用	新建线路

续表

序号	行动	行动子项	主要内容	实施方式	实施范围
9	绿色建造创建行动	推进建造现场工厂化	施工精细化管理，利用再生材料	推广应用	新建线路
		推进施工现场环保化	施工现场建筑垃圾减量。管控扬尘、噪声、光、污水、有害气体和固体废弃物等各类污染	推广应用	新建线路
		推进施工管理信息化	推进新技术在建造领域的创新应用，打造一站式BIM建设管理平台	推广应用	新建线路
10	全面绿色升级行动	绿色体系升级	制定适用于石家庄地区的地铁设计相关指引文件，统一规范并指引新建线路建设	推广应用	线网
		绿色评价升级	全面实施轨道交通绿色评价，构建石家庄地铁绿色评价标准体系	推广应用	线网
		绿色装备升级	推动自主化技术装备应用	推广应用	线网
		绿色产业升级	围绕"轨道交通产业链＋相关产业"进行高质量布局	推广应用	线网
		绿色采购升级	建立健全绿色采购供应链管理制度，推进绿色供应链转型	推广应用	线网

石家庄市轨道交通绿色城轨行动实施表　　　　　　　　　　　　　表 7-3

序号	线路	状态	绿色项目	预期效果
1	1号线	已有	西兆通车辆段光伏发电	拟装机容量1.2MW，年均发电量约107万度
			蒸发冷凝技术	减少车站占地面积
			智能照明系统的应用	提升照明智能化控制水平，降低车站照明能耗
		规划	基于策略优化的牵引节能技术	实现列车牵引节能
			节能型LED灯具应用改造	照明系统节能20％
			通风空调节能技术应用	车站通风空调节能15％
			小系统变风量技术应用	车站设备区空调节能15％
			接触网可视化接地系统	提高效率，减轻工作强度
2	2号线	已有	中压逆变回馈装置	牵引能耗强度下降10％
			蒸发冷凝技术	减少车站占地面积
			空调节能控制系统	综合节能10％
			节能型LED灯具应用	降低车站照明能耗
		规划	基于策略优化的牵引节能技术	实现列车牵引节能
			车站公共区无线智能照明系统改造	照明系统节能20％
			通风空调节能技术应用	车站通风空调节能15％
			小系统变风量技术应用	车站设备区空调节能15％
			接触网可视化接地系统	提高效率，减轻工作强度

续表

序号	线路	状态	绿色项目	预期效果
3	3 号线	已有	蒸发冷凝技术	减少车站占地面积
			空调节能控制系统	综合节能 10%
			节能型 LED 灯具应用	降低车站照明能耗
			智能照明系统的应用	提升照明智能化控制水平，降低车站照明能耗
		规划	基于策略优化的牵引节能技术	实现列车牵引节能
			通风空调节能技术应用	车站通风空调节能 15%
			车辆段光伏发电	拟装机容量 1MW，年均发电量约 80 万度
			小系统变风量技术应用	车站设备区空调节能 15%
			接触网可视化接地系统	提高效率，减轻工作强度
4	4 号线	在建	中心云平台	提高运营效率，节约成本
			永磁牵引系统	牵引节能 15%
			智能运维平台	提高效率，减少工作量
			非晶合金配电变压器	空载损耗下降 70%
			接触网可视化接地系统	提高效率，减轻工作强度
			中压逆变回馈装置	牵引能耗强度下降 10%
			节能型 LED 灯具应用	降低车站照明能耗
			智能照明系统的应用	提升照明智能化控制水平，降低车站照明能耗
			蒸发冷凝技术	减少车站占地面积
			空调节能控制系统	综合节能 10%
			基于策略优化的牵引节能技术	实现列车牵引节能
			场段库内检修立柱	建设工期减少 20%
			车站管线综合集成技术	管线造价下降 10%
5	5 号线	在建	永磁牵引系统	牵引节能 15%
			智能运维平台	提高效率，减少工作量
			主变电所智能巡检机器人	提高 50% 巡检效率
			非晶合金配电变压器	空载损耗下降 70%
			接触网可视化接地系统	提高效率，减轻工作强度
			中压逆变回馈装置	牵引能耗强度下降 10%
			基于策略优化的牵引节能技术	实现列车牵引节能
			节能型 LED 灯具应用	降低车站照明能耗
			智能照明系统的应用	提升照明智能化控制水平，降低车站照明能耗
			蒸发冷凝技术	减少车站占地面积
			空调节能控制系统	综合节能 10%
			场段库内检修立柱	建设工期减少 20%
			车站公共区半裸装、裸装应用	装修造价下降 35%

续表

序号	线路	状态	绿色项目	预期效果
6	6号线	在建	智能运维平台	提高效率，减少工作量
			双向变流装置	牵引能耗强度下降10%
			非晶合金配电变压器	空载损耗下降70%
			接触网可视化接地系统	提高效率，减轻工作强度
			基于策略优化的牵引节能技术	实现列车牵引节能
			节能型LED灯具应用	降低车站照明能耗
			智能照明系统的应用	提升照明智能化控制水平，降低车站照明能耗
			直膨空调系统	采用水冷直膨式冷水机组，提高空调系统COP值
			空调节能控制系统	综合节能10%
			场段库内检修立柱	建设工期减少20%
			车站预制内隔墙技术	装修工期提升45%，造价下降10%
7	7号线	规划	智能行车调度系统	列车运行图编制效率提升30%
			研究列车自主运行系统技术	减少地面和轨旁设备，降低列车运行能耗
			一体化直膨空调系统	系统简化，提高能效
			小系统多联空调系统	实现大小系统独立控制与运营管理
			高效集成冷站	空调系统综合能效大于4.4
			永磁牵引系统	牵引节能15%
			智能运维平台	提高效率，减少工作量
			主变电所智能巡检机器人	提高50%巡检效率
			非晶合金配电变压器	空载损耗下降70%
			接触网可视化接地系统	提高效率，减轻工作强度
			双向变流装置	牵引能耗强度下降10%
			基于策略优化的牵引节能技术	实现列车牵引节能
			无线综合承载平台（5G）	提高乘客乘坐体验、加快信息传输
			装配式智能建造、装配式支撑、装配式路面铺盖系统、装配式机房、装配式预制轨道、预制装配式地面四小件	建设工期减少20%
8	8号线	规划	智能行车调度系统	列车运行图编制效率提升30%
			研究列车自主运行系统技术	减少地面和轨旁设备，降低列车运行能耗
			一体化直膨空调系统	系统简化，提高能效
			小系统多联空调系统	实现大小系统独立控制与运营管理
			高效集成冷站	空调系统综合能效大于4.4
			永磁牵引系统	牵引节能15%
			智能运维平台	提高效率，减少工作量

续表

序号	线路	状态	绿色项目	预期效果
8	8号线	规划	主变电所智能巡检机器人	提高50%巡检效率
			非晶合金配电变压器	空载损耗下降70%
			接触网可视化接地系统	提高效率，减轻工作强度
			双向变流装置	牵引能耗强度下降10%
			基于策略优化的牵引节能技术	实现列车牵引节能
			无线综合承载平台（5G）	提高乘客乘坐体验，加快信息传输
			装配式智能建造、装配式支撑、装配式路面铺盖系统、装配式机房、装配式预制轨道、预制装配式地面四小件	建设工期减少20%
9	9号线	规划	智能行车调度系统	列车运行图编制效率提升30%
			研究列车自主运行系统技术	减少地面和轨旁设备，降低列车运行能耗
			一体化直膨空调系统	系统简化，提高能效
			小系统多联空调系统	实现大小系统独立控制与运营管理
			高效集成冷站	空调系统综合能效大于4.4
			永磁牵引系统	牵引节能15%
			智能运维平台	提高效率，减少工作量
			主变电所智能巡检机器人	提高50%巡检效率
			非晶合金配电变压器	空载损耗下降70%
			接触网可视化接地系统	提高效率，减轻工作强度
			双向变流装置	牵引能耗强度下降10%
			基于策略优化的牵引节能技术	实现列车牵引节能
			无线综合承载平台（5G）	提高乘客乘坐体验，加快信息传输
			装配式智能建造、装配式支撑、装配式路面铺盖系统、装配式机房、装配式预制轨道、预制装配式地面四小件	建设工期减少20%

7.4.2　智慧城轨发展重点任务

立足智慧城轨发展目标的八大体系，石家庄地铁正在开展相应智能体系的搭建工作。例如，BIM技术在基础设施的设计、建设、运维等全生命周期的应用，通过搭建基于BIM的基础设施运维管理平台，实现资产全生命周期管理的信息化、流程化、无纸化，利用大数据分析技术深入挖掘资产数据价值，对资产进行主动式风险监管，提升资产使用效率、提高资产的使用寿命。再比如，石家庄轨道交通云平台按照全网一片云，共用资源，统一安全生产、内部管理、外部服务业务域，统一云平台管理的原则进行设计和规划，整体采用分步实施的方案。云平台依托4号线、5号线、6号线进行建设，在满足新建线路各业务系统入云需求的基础上，后期通过对云管、计算、网络、存储及安全资源进行扩容的方式，满足既有1号线、2号线、3号线线网生产业务、外部服务业务等系统的入云需求。

7.5　结语

展望未来，石家庄城市轨道交通将紧跟国内绿色城轨新技术新发展，积极推动建设过程用能电气化、运营维保低碳化，最大限度地减少城轨全产业链各环节和全生命周期各阶段的二氧化碳排放，最大可能地采用清洁能源，最大幅度地满足乘客城轨出行需求，实现高质量的运输效率和效益，持续注入绿色发展新动能，全面完成石家庄城市轨道交通绿色转型升级，成为绿色轨道交通引领者。

在交通强国建设进程中，智慧城轨建设将成为主要战场之一。石家庄地铁将时刻牢记"交通强国，城轨担当"的强烈使命，使得智慧城轨建设在智慧城市建设中充分发挥引领作用。

今后，石家庄地铁将以绿智融合为基础，研究绿色能源使用、运营节能创新、高效互联互通和新一代牵引供电技术等多项绿智融合技术，建立绿色运营管理体系。

第8章 基于云数协同的数智城轨方案在雄安京雄快线的应用探索与研究

8.1 引言

针对城轨线路运营生产、管理、服务信息控制系统部署分散、资源配置不平衡、信息数据孤岛等问题，急需借鉴引入云平台技术解决方案。城轨信息系统采用云计算平台的技术体系构建城轨云平台，整合各业务独立的计算、存储、网络、安全资源设备，提供资源动态平衡、数据信息交换、数据存储、分析计算、信息共享、软件共享、网络及安全共享管理功能。以云平台为基础构建数据平台，可以更加简单的技术实现各业务数据东西向拉通汇聚，支撑城轨运营管理数字化、智能化创新。据此，京雄快线项目在实践中协同配置了城轨云平台和数据平台，旨在通过统一构建计算、存储、网络资源、数据汇聚共享平台，为运营生产系统、企业管理信息系统、乘客服务管理系统智慧化应用提供基础设施即服务（IaaS）。云数技术协同是轨道交通指挥列车运行、组织运输生产、提高运营管理效率和服务质量的重要技术手段，是城轨数字化、智能化应用功能创新的发展平台，如图8-1所示。

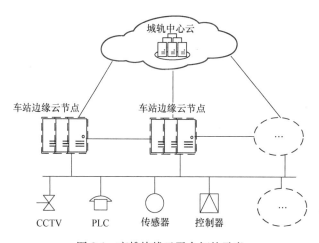

图8-1 京雄快线云平台拓扑示意

为适应新形势下城轨数字、智能化提升发展方向，实现传统城轨运营管理方式数智化转型升级，面对既有问题和运营提效的需求，开展基于城轨云平台云边端协同、云平台与数据平台协同为基础的数智城轨创新技术方案研究，构建城轨云平台及数据平台协同系统、进行云数协同下的数字智能城轨创新应用，是实现提升运营效率、发展新质生产力的基础。

8.2 云边端协同

通用云计算平台通常只有 IDC 信息中心、分中心和客户端,技术已较为成熟。其中主中心和分中心采用同构或异构平台,在统一的云管平台下工作,成为规模大小不同的中心云。城轨云平台的出现是将通用云计算架构引进城轨行业,结合城轨生产业务特点,进一步促进技术发展的系统。云平台云边端方案概念中,资源量集中、承载顶层应用、规模较大的为中心,对应城轨云平台控制中心云;资源量较少的离散部署位置称为边缘节点,对应城轨云平台车站边缘云节点;带协同计算能力的底层执行设备称为终端微云,对应城轨行业车站、段场的现场系统及机电设备。城轨云平台具有中心云少数或唯一、边缘云节点数量较多、终端微云设备最多的特点。针对城轨设备设施及控制信息自动化系统客观离散分布在中心、车站、场段,构建云边端协同的技术架构,研究一体化协同统筹管理中心、边缘、终端为核心的平台方案架构,成为解决云边端高效协同的重心,也是解决资源分布式离散部署一体化管理的有效手段,如图 8-2 所示。

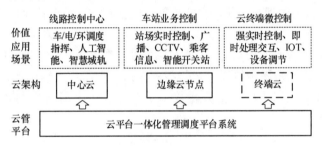

图 8-2 京雄快线城轨云平台架构

城轨云在发展的过程中,对中心资源云化考虑较为充分,对于站场边缘计算云化及与中心云的协同考虑不足,具体为站场边缘算力及嵌入式设备计算、存储、网络资源云化与中心云一体化高效协同管理的技术实现,包括一体化运行、数据高度信任交互、一体化监管等。进一步研究现场信息系统及机电设备前置嵌入式云化、一体化管理,以期突破全面云化的最后一公里,全面打通全息数据汇聚快速通道,例如:现场数据采集交互节点前置机、自动化 PLC 控制节点、视频监控终端、PIS 设备、现场机电及系统传感执行设备。

8.3 云数协同

随着社会对数据资产价值认知的不断深入,数据成为各行业企业的重要资产。城轨生产系统运营过程产生的数据细致、技术处理复杂,研究基于云计算架构数据产生的价值反哺企业增效成为急需解决的问题。在考虑云数协同的解决方案中,城轨云平台提供了高效的算力服务,实现了综合承载各业务系统,数据平台技术能够以低成本优势存储大量的数据,大数据平台与云平台的协同采用稳定高效的 SCVMM、SCO、SCDPM、SCOM 连接组件实现,减少了数据流转环节及时间损失,提高了协同工作效率。除了常规事务型数据处理外,关键云数协同措施有:MPP(Massively Parallel Processing,大规模并行处理)架构、Hadoop 分布式架构技术方案,如图 8-3 所示。

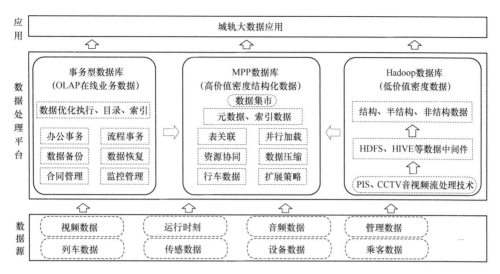

图 8-3　数据处理方案技术架构

1. MPP（大规模并行处理）架构

基于云平台、数据平台协同的快速发展，传统的数据计算存储处理模式已经不能满足需求，分布式方案应运而生。MPP 架构是分布式数据存储处理的一种新型的数据库架构，通过将多个分布部署的城轨中心云、边缘云节点组成一个数据集群的方式，提高数据处理效率，具有高性能、一致性、低延迟的特点。

城轨云数协同采用 MPP 架构，中心、车站边缘每个节点以虚拟机的方式拥有独立的存储、内存、数据库系统，MPP 架构在处理过程中不干涉其独立运行，节点之间通过通信传输专网连接，将车站设备运行、列车运营、乘客信息数据分散到各专业云虚拟服务器节点上处理，每个处理节点完成任务后，汇总结果形成最终提供服务的数据集市。

2. Hadoop 架构

Hadoop 集群是分布式数据处理架构，优势是用来处理城轨线路生产、管理、服务产生的海量数据，特别是城轨运营调度及运营管理系统流行的 BS 架构大容量数据交互处理。Hadoop 具有开源、扩展的优点，为城轨信息控制系统应用程序开发及创新功能拓展提供了便利条件，降低了研发成本及周期。Hadoop 两大核心功能为：提供城轨线路运营全息海量数据存储服务，提供分析全息数据的框架及运行平台。其大数据处理、高扩展性、高容错性、开源及低成本，使得其成为城轨云平台、数据平台协同的首选方案。

8.4　数智城轨实践

8.4.1　云平台、数据平台协同

京雄快线项目以离散部署、集约管理为原则，构建了中心云平台、车站边缘云统一的协同管控平台。城轨边缘云节点、含边缘计算的终端设备属于软件定义的城轨运营基础设施，边缘节点、终端的可管理性是基于云管理平台纳管技术能力和业务的技术支撑。中心到车站边缘云节点各个环节的管理、资源编排功能以及技术接口能力提供了虚拟计算机、

容器、软件定义存储、虚拟通信网络、安全等基础硬件设备层的虚拟化，实现了虚拟资源运行性能、网络及安全配置调优及监控功能，解决了协同管理软件平台技术实现的问题中心、边缘节点跨越到端的基础技术架构部署、接口连接、整体协调、统一更新、统筹监控实现了跨整个分布式基础架构的协同模型。这些强大的功能应用可以进一步降低业务运营管理成本、提高效率，为更好地实现全息数据的汇聚提供了强大的技术实现基础。

主要体现在以下三方面：

（1）统一的纳管平台，使管理效能最大化，解决了离散部署的云计算资源协同管理工具一致性的问题，实现了对京雄快线项目中心云、车站边缘云各种云资源统一调度和技术管理，实现了对上云专业系统资源的集中管理、动态平衡分配、自动监控调整和运维一体化，例如综合监控、视频监控、乘客信息等上云专业。

（2）车站算力入云、中心和车站调度工作站云化，解决了各业务专业系统在车站应用系统的资源孤岛问题，以边缘云节点资源形式入云纳管、云桌面技术云化终端，实现了各业务资源应入尽入，以一个平台整合管理多个中心、边缘云节点，兼容异构云架构资源。数据平台采用 MPP、Hadoop 数据处理系统架构，更好地实现了分布式数据汇聚协同。

（3）探索终端云化技术实现，在 PLC、暖通、CCTV、PIS 部分机电系统设备实现终端云化计算，解决终端信息数据本地化处理问题，在与云管平台协同管理方面做出一些试探性的技术尝试，但尚未实现纳入云管平台统一管理，未来随着终端设备云计算的进步，相信终端完全云化指日可待。

实践中建立各云平台综合承载的各专业接口及大数据采集、处理标准，构建运行高效化、管理精细化、数据治理最大化体系，形成六大城轨数据主题库，提供数据资源服务目录，支撑数字智慧城轨创新功能应用，如图 8-4 所示。

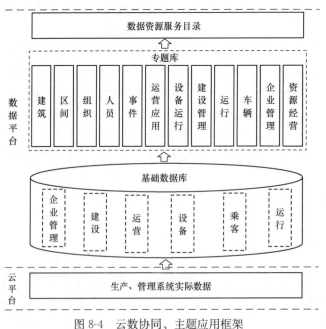

图 8-4 云数协同、主题应用框架

8.4.2 数字智能城轨

云平台、数据平台协同提供的基础算力及数据资源服务，衍生出京雄快线数字智能城轨空间及设备设施数字孪生，数据态势感知、跨线智能调度、数字列车、移动应用、数字化乘车服务、运营动态、数字智能维护等数字智能化呈现，实现了运行、运维、客运服务、商业管理、建造五大数智城轨应用，打造成京雄快线全景数字智能化运营管控体系，如图 8-5 所示。

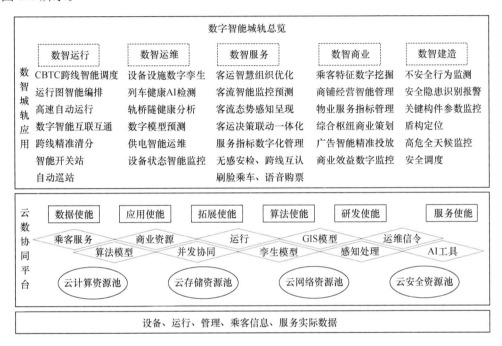

图 8-5 京雄快线全景数字智能化场景应用规划

8.5 发展预测

云平台一体化管理延伸至终端设备、芯片成为未来发展的趋势，成为智慧城轨发展目标的基础设施，真正实现全层次纳管、全息数据汇聚。进一步减少数据传递环节、提高数据互传的时效性，减少无效数据的产生，提供更加便捷的云数协同服务。数智城轨现实需求引领云数协同技术发展进步，二者相辅相成、互相促进。

弱化城轨云平台专业应用概念，程序与平台深度解耦。数字智能城轨打破专业间的限制，使各专业高度集成化、共同的功能特性趋向整合、专业的特点更加明显。

中心云及边缘云普及容器化技术方案，以更加快速的响应、大规模并发处理技术支撑应用需求的快速发展；终端芯片实现了微云服务技术融合，全面纳入中心、边缘一体云化管理，实现了全息数据无缝交互。

8.6 结语

基于云平台、数据平台协同形成的城轨基础设施资源管理技术发展日趋成熟，以优化运营管理、降低运营成本为目标的数字智能城轨应用成为愈趋强烈的现实需求，数字智能城轨转型及数据创效为行业可持续经营发展提供了积极的价值。期待未来一段时期，容器化、微服务等先进的新技术在城轨行业的应用新趋势，可以打破行业利益堡垒平衡，提升数智城轨应用的灵活性和创新性，加速推进数智城轨技术系统的发展提升。

第9章 北京地铁车站装配式出入口 地面亭建筑方案研究

9.1 引言

近年来，装配式建筑因其环保施工、投资节约和缩短工期等优势，受到国家的积极推动，各项围绕装配式建筑的政策频繁出台。2022年，住房和城乡建设部印发了《"十四五"建筑业发展规划》和《质量强国建设纲要》，同年，全国新开工的装配式建筑总规模达到8.1亿 m²，同比增长9.5%，占新建建筑总面积的26.2%，未来市场占有率上升空间充足。根据国际经验，欧美发达国家的装配式建筑普及度已达到70%，为我国的装配式建筑发展提供借鉴。

全国各省、市、自治区相继出台装配式建筑的目标及保障政策，进一步加强对装配式建筑的扶持力度，不少地方更是对装配式建筑的发展提出了明确要求，装配式建筑热潮将持续升温。在车站主体装配式研究方面，国内目前已有部分城市进行了初步尝试和探索，如：长春、青岛、深圳等均有一定进展，并取得了相应成效。然而，在地面亭装配式领域，目前北京地铁19号线和上海轨道交通14号线等进行了试点，国内尚缺乏系统完善的研究和建设经验。

本章以北京市地铁车站出入口地面亭为研究对象，对装配式出入口地面亭的建筑设计进行深入分析与探讨，提出一套装配式出入口地面亭建筑方案，作为北京市地铁车站出入口地面亭建设的参考借鉴。

9.2 装配式地面亭研究目的与意义

相比传统工法，装配式的优点是建造速度快、气候条件制约小、劳动生产率高、工程质量优、施工用地少、节能环保、无冬季施工隐患等。

同时可以促进建筑业与信息化、工业化的深度整合，能够催生一些新的产业，使经济发展产生一些新的动能，对化解产能有积极的促进作用。

随着城市轨道交通建设的不断发展，预制化、工业化水平的不断提升，装配式技术必将成为轨道交通工程的重要发展方向。通过对装配式技术的深入研究，可以显著降低人力成本，尤其是对于低技能、低附加值的重复性劳动。同时，该技术能够显著提高施工现场的建设进度及机械化程度，有力提升施工安全保障，并有效减少施工现场带来的环境污染和资源消耗，切实实现绿色、安全的轨道交通建造。

9.3　地面亭设计存在的问题

9.3.1　地面亭结构形式存在的问题

北京地面亭的结构形式主要有现浇混凝土结构和钢结构两种形式。

第一种结构形式为现浇混凝土结构。北京地铁出入口采用了与当时普通民用建筑相同的现浇混凝土框架结构，框架之间设置了砌块填充墙、金属防护栏、玻璃幕墙等，外饰面则使用涂料或湿贴石材。这种施工方式受到现浇混凝土固有养护时间的限制，往往需要较长的现场施工时间。同时，大量的现场湿作业会造成粉尘、水环境污染及资源浪费等问题，对施工效果也缺乏更有效的控制。

第二种结构形式为钢结构。随着经济的发展，地铁出入口地面亭目前也较多采用现场安装快捷的钢结构幕墙体系。钢结构构件可在工厂预加工，从而减少现场湿作业，缩短现场施工时间。然而，在室外、半室外环境中，面对高人流量的接触，很多钢结构地铁出入口在使用五、六年后会出现保护层开裂和脱落的问题，需要约 15 年左右重新进行防腐、防火处理。钢结构地面亭需特殊处理屋面及墙面的防水，避免渗漏。此外，钢结构需要由厂家进行深化设计，因厂家在深化设计和施工水平上差异较大，选择设计水平较强的厂家至关重要。同时，钢结构地面亭内部不可采用裸装方式，部分节点处必须进行装修处理，增加了投资成本。

9.3.2　地面亭施工期间存在的问题

地铁出入口作为城市交通基础设施，必须强调其施工的高效性，以避免对周边交通和环境造成长时间、大范围的干扰。在实际工程实施中，材料、施工工艺、环境因素等多个方面存在差异，影响地铁出入口整体效果。

9.3.3　地面亭内部设施布置现状存在的问题

地面亭内部设施布置存在的主要问题包括：防洪柜、拉闸门、公告牌等设施杂乱，地面亭内部设施缺乏整合设计；地铁出入口屋顶、墙面等构造复杂、易积灰且屋面存在漏水风险；内部设施布置不统一，使得部分地面亭缺少必要的防淹、防涝物资储备空间，同时地铁各标志位置不固定，不便于对乘客进行指引。

9.4　装配式地面亭结构形式方案分析

9.4.1　装配式建筑分类

目前，装配式建筑类型主要有三类，包括全装配式建筑、装配整体式建筑以及钢结构装配式建筑，它们在材料、预制构件的连接方式、施工特点以及适用范围等方面存在一定的差异。

1. 全装配式

全装配式混凝土结构的结构构件靠干法连接（如螺栓连接、焊接等）形成整体。

2. 装配整体式

装配整体式建筑是由预制混凝土构件或部件通过钢筋、连接件或施加预应力加以连接并现场浇筑混凝土而形成整体的结构。它结合了现浇整体式和预制装配式两者的优点，既可节省模板、降低工程费用，又可以提高工程的整体性和抗震性，在现代土木工程中得到越来越多的应用。

3. 钢结构装配式

主要结构材料使用钢材的装配式建筑即为钢结构装配式。

9.4.2 全装配式方案

1. 方案情况

全装配式地面亭屋面采用预制混凝土槽型屋面板、预制混凝土梁，预制混凝土梁柱框架结构部件均采用干式连接；构件材料选用清水混凝土；雨棚为金属屋面钢结构；干挂幕墙围护采用玻璃金属板幕墙（表 9-1）。

全装配式节点做法表 表 9-1

结构形式	全装配式钢筋混凝土框架结构，干式连接。仅角部 4 根柱刚接，中柱均为铰接。4 根框架柱＋18 根铰接柱，纵向柱距 1.6m
柱脚	角部 4 根柱为插入式杯口基础（刚接），其他中柱为螺栓连接（铰接）
梁柱节点构造	角柱与框架梁（U 形梁）采用焊接，中柱与框架梁采用螺栓连接和榫接
纵横梁及节点	均采用预制梁，螺栓连接
屋面板及节点	预制槽形板，板之间采用螺栓连接，屋面板与次梁采用榫接。防水需特殊处理
挑檐	钢结构

装配式整合设计是装配式领域的重要设计理念和方法，结合全装配式建筑结构特点，对地面亭进行整合设计，包括：基座将侧部整合等候座椅、背部整合绿化种植；站内设施（拉闸门、防洪柜、公告牌）整合入围护体系；排烟风井和百叶整合入围护体系；顶板结构构件做好设备预留预埋。

2. 关键技术分析

（1）连接方式：主要结构部件全部采用干式连接。

（2）柱脚节点设计：中柱铰接，仅角部刚接。分析如下：抗侧刚度小，角部柱截面尺寸过大，中柱下端柱脚钢板尺寸较大，地下结构出地面墙体厚度大，不经济，且增加永久用地面积；中间柱柱脚节点采用铰接柱脚，柱子与基座缝隙大，外立面效果受影响；纵横两个方向均为单跨框架，抗震性能差。

（3）主次梁节点设计：主次梁均采用预制梁，节点采用螺栓连接。分析如下：主次梁通过螺栓连接，需在构件上预埋螺栓和钢板，加工制作和安装精度要求高。钢板上预留螺栓孔比螺栓直径仅大 4mm，主梁与独立柱采用榫接，空隙为 20mm；为在同一部位实现主梁拼接和主次梁搭接，横向次梁在纵向主梁顶面连接，主次梁的整体性较差，扶梯安装时，作用于吊钩的水平力会严重影响次梁的侧向稳定性；增加结构高度，对立面效果有一定的影响。

（4）屋面板设计：屋面板采用槽型板，板之间采用螺栓连接，与下部次梁采用榫接。

分析如下：加工制作和安装精度要求高。安装过程中，位置偏差容易叠加，导致后安装构件装不上；屋面板拼接处存在缝隙，为防水薄弱点，拼缝处需做特殊处理，组织排水处理有困难；增加结构高度，对立面效果有一定影响。

（5）装修设计：采用清水混凝土裸装，各部件整合设置。分析如下：外墙装饰构件进深过大，地面亭空间不通透，感受闭塞；吊装孔、吊钩暴露在外，给乘客造成较差观感；工厂预制混凝土质量存在参差不齐的情况，表面需要涂料进行装饰，违背裸装初衷；无障碍电梯与装配式地面亭出入口整合设置，留有犄角夹缝空间，较难清扫，整合细节需进一步深化。

9.4.3 装配整体式方案

1. 方案情况

在基座上进行：预制框架柱安装→预制横梁安装→小挑檐带横向预制梁安装→小挑檐带纵向预制梁安装；大挑檐带横向预制梁安装；预制板安装；现场浇筑上翻梁、预制板上部叠合层及梁板柱节点。装配整体式节点做法见表9-2。

装配整体式节点做法表

表9-2

结构形式	装配整体式钢筋混凝土框架结构，湿式连接
柱脚	中间柱及角柱柱脚节点为预埋波纹管灌浆后插筋做法（刚接）
梁柱节点构造	叠合梁后浇节点
屋面板及节点	叠合后浇板，防水做法同普通钢筋混凝土楼板
挑檐	叠合梁板
结构形式	装配整体式钢筋混凝土框架结构，湿式连接

2. 关键技术分析

（1）连接方式：主要结构部件全部采用湿式连接。

（2）柱脚节点设计：中间柱及角柱柱脚节点为预埋波纹管灌浆后插筋做法。分析如下：刚接柱脚更有利于框架结构抗震，提高结构整体稳定性；可以减小角部柱截面尺寸，取消中柱柱脚底板，减小地下结构出地面墙体厚度，更经济。

（3）主次梁搭接节点设计：主次梁为叠合梁，顶标高齐平设置。分析如下：叠合梁节点处为现浇混凝土，无需支模，节点构造更简洁，受力更合理，整体性更好，施工方便（容错性更好）；主次梁顶平齐可以降低地面亭整体高度，优化立面尺度。

（4）屋面设计：屋面为叠合板，即钢筋桁架板，无需支模，楼板钢筋现场绑扎量少。分析如下：叠合板与叠合梁配合使用，节点构造更简洁，受力更合理，整体性更好，施工方便（容错性更好）；有利于建筑排水设计；可以降低地面亭整体高度，优化立面效果。

（5）装修设计：清水混凝土＋玻璃。分析如下：立面采用清水混凝土，建筑风格经典朴素，具有良好的材料耐久性，去除繁琐的室内外装饰，便于后期运营的清理围护。然而，清水混凝土对混凝土的浇筑及结构构件的表面形态要求很高；清水混凝土浇筑中需要采用定型钢模板，价位较高；现场浇筑受气候环境及施工技术影响较大，尽量保证现浇清水混凝土质量，再采用保护剂进行表面修复。

9.4.4　钢结构装配式方案

1. 方案情况

在常规地面亭钢结构基础上进行优化，使其更适合于装配式形式。

钢结构构件在钢结构厂家完成安装，现场整体吊装。为单层钢框架结构，柱底采用铰接连接，屋面采用钢箱梁，屋面上采用金属面板包裹。屋面采用壳单元、梁柱采用杆单元模拟。屋面结构代替屋面、梁、挑檐三项功能（表 9-3）。

钢结构装配式节点做法表

表 9-3

结构形式	单层钢框架结构，干式连接
柱脚	铰接连接
屋面板及节点	钢箱梁整体屋面，屋面上采用金属面板包裹
结构形式	单层钢框架结构，干式连接
柱脚	铰接连接
屋面板及节点	钢箱梁整体屋面，屋面上采用金属面板包裹

2. 关键技术分析

（1）主体结构设计：屋面为钢箱梁整体屋面，钢板上预留玻璃幕墙、屋面铝板、格栅吊顶的安装肋板。主体钢结构柱头、起翘、钢柱和钢屋面均在工厂加工完成后，拆分成 2～3 部分运输至现场（根据运输车辆确定）。在施工现场进行组装，整体吊装安装。分析如下：结构轻巧，可以充分实现建筑效果；钢结构在工厂加工完成，现场进行整体吊装，节省了工期，受冬季施工影响小。

（2）屋面防水设计：钢箱梁整体屋面上先用 10mm 厚水泥砂浆找平，粘贴 3＋3 自粘聚合物改性沥青聚酯胎防水卷材；安装 3mm 厚深灰色氟碳喷涂铝板饰面。分析如下：屋面双层钢板上敷设防水层和铝板饰面，加强了屋面防水。

9.4.5　方案比较

基于对上述三类装配式建筑形式的研究，综合考虑建筑的性能、施工、效果、运营、成本等多个维度，对方案进行系统评估，具体比较见表 9-4。

装配式建筑方案比较表

表 9-4

项目	全装配式方案	装配整体式方案	钢结构装配式方案
简图			
方案特点	采用干式连接，采用搭积木的方式搭建装配式地面亭	部分重要节点部位需湿作业施工	采用锚栓连接，采用搭积木的方式搭建装配式地面亭
抗震性能	较差	较好	较好

项目	全装配式方案	装配整体式方案	钢结构装配式方案
施工	对加工制作和现场安装要求高。吊装和构件堆放对施工现场场地有一定要求	相对较简易	工艺成熟，较简易
内外装修	无外装饰，采用界面剂修饰混凝土表面，内装采用裸装效果	无外装饰，采用界面剂修饰混凝土表面，内装仅作吊顶，墙面无内装	需进行内外装修以实现整体效果
后期维护	简易维护	简易维护	钢结构耐腐蚀性较差，需要多次运营维护，维护成本高
造价	约110万元	概算50万元（现浇一个站口约60万元）	约80万元

钢结构需要在后期使用过程中进行多次维护，但在建筑工期、抗震性能等方面具有明显的优势。

全装配式结构具有耐久性好、工期短等优点。缺点是造价较高，节点设计构造过于复杂，对加工制作和现场安装要求高。目前，国内工程案例和研究较少，缺乏设计方法和设计标准，节点抗震性能需要试验验证。吊装和构件堆放对施工现场场地有一定要求。

装配整体式混凝土框架结构兼具钢结构和全装配式的优点，规范标准体系较完善。推荐使用装配整体式结构形式。

9.5　地面亭标准化

装配式地面亭宜采用模数制设计，确保其设计周期短、设计成本低的优势。对装配式地面亭的标准化研究，主要集中在标准尺寸的细化和空间的集约利用。同时利用装配式的结构形式，完善地面亭的尺寸、建筑功能和空间造型。

9.5.1　地面亭标准尺寸

1. 地铁出入口组合形式分析

北京地铁二期线网出入口调研情况：带风机房的出入口占比92％；独立型出入口占比54％。因此将标准直出出入口地面亭带排烟机房与不带排烟机房两种形式作为标准研究对象。

2. 二期线网地面亭尺寸调研

（1）二期线网车站标准直出地面亭（不带排烟机房）：标准直出出入口地面亭净长15.7～17m不等，总长15.7～17.95m不等。扶梯两侧设置检修通道，净宽6.5～6.7m，宽度约为7.3～8m。其中19号线未设检修通道，其他线均考虑设置。

（2）二期线网车站标准直出地面亭（带排烟机房）：标准直出出入口（带排烟机房）净长15.7～17.2m不等，总长16.8～18m不等；宽度与不带排烟机房一致。

3. 标准尺寸方案

（1）地面亭尺寸控制因素分析

地面亭长度控制因素：加压送风机房净宽2.5～2.8m，取2.8m；通风要求吊顶上净空不小于 1.2m，局部最小不小于 0.75m；扶梯工作点前缓冲空间至地面亭内部装饰面不小于 8m。

地面亭宽度控制因素：扶梯检修坡道含装修层（0.5m）＋扶梯洞口（1.8m）＋楼梯宽度（2.1m）＋扶梯洞口（1.8m）＋扶梯检修坡道含装修层（0.5m）＝6.7mm。

（2）装配式模数要求

与装配式结构配合，采用 2.7m 宽的柱网间距，保证良好通透性，采用 0.4m×0.4m 的框架柱。通风机房净宽 2.8m，满足各种通道长度要求，利用最后一跨排布通风机房，保持标准跨距。利用最前一跨布置设备设施储藏箱体，满足设备设施整合需求。

（3）装配式地面亭尺寸推荐方案

依据柱网模数化划分地面亭空间。无论带排烟机房与否，地面亭标准尺寸均采用内净长 16.2m、内净宽 6.7m、总长 16.6m、总宽 7.5m（图 9-1）。

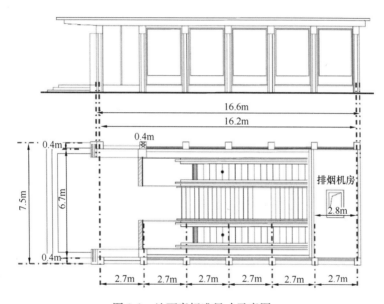

图 9-1 地面亭标准尺寸示意图

9.5.2 地面亭建筑构造

地铁设施集中整合设计，内容主要包括以下几个方面：设备箱体整合墙，将公告栏、配电箱、防汛物资柜、防洪挡板收纳柜、站内标识、通信箱整合到地面亭第一跨的实体墙处（图 9-2）；管线敷设路径：管线由通道吊顶进入排烟机房，沿端墙至顶，预制梁中预埋套管，至地面亭前端经物资整合柜到达地面，埋地敷设；设备终端预留预埋：前期配合准确的设备终端点位，在预制梁中预留套管（图 9-3）。

地面亭屋面排水系统设计，遵循 I 级防水设防标准，混凝土结构板上采用合成高分子防水涂料＋

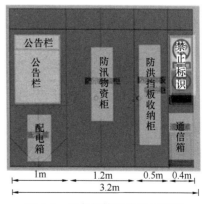

图 9-2 设备箱体整合墙示意图

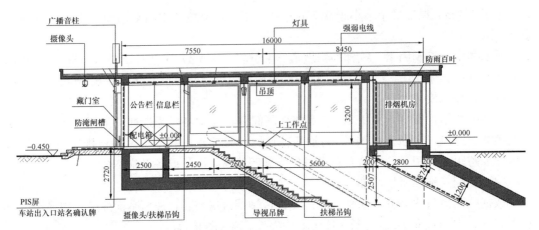

图 9-3　设备终端纵剖面示意图（尺寸单位：mm；标高单位：m）

自粘型防水卷材。屋面排水采用有组织排水，雨水经天沟流入雨水管，雨水管置于结构柱中，与结构柱一体化预制，最终排至室外地面。

窗墙一体化设计，在预制构件厂将窗框与墙体浇筑成一体，到现场只需安装窗扇、玻璃、五金件等。此方法可以提高施工效率，提高窗的质量，防止洞口渗漏。

混凝土界面处理，根据构件不同位置的使用需求，分别使用氟碳表面防护剂和混凝土涂装。表面防护技术是清水混凝土预制构件的一项重要技术，可以使构件实现超强的渗透能力、良好的透气"呼吸"功能、优异的防水性能和极佳的环保性。该表面防护无色透明，不改变基层的颜色和外观，可阻止以水为载体的一些介质对混凝土的侵蚀，提高混凝土的耐久性，延长混凝土的使用寿命。

9.6　装配式地面亭建筑方案

目前，北京地铁出入口地面亭造型设计按照一线一景的设计原则，每条地铁线路设定各自的线路定位与造型特色，形成独具辨识度的地面亭造型设计。北京地铁地面亭造型多样，线路之间无法形成关联协调，尤其当遇到换乘站，或同一街区出现不同线路车站时，导致风貌不统一。

考虑到装配整体式结构具有耐久性好、工期短等突出优点，具备优化潜力。本章推荐装配整体式结构为推荐方案，并采用清水混凝土装修风格，将设备集中整合布置，管线与梁柱空间进行精细化设计，提前预留设备终端，屋面采用加强防水设计，进行有组织的排水。

该方案中地面亭依据上述研究采用模数制，采用 400mm×400mm 的标准框架柱，柱网间距为 2.7m，纵向为 7 对结构柱，保证出入口地面亭内净长 16.2m、内净宽 6.7m，设置双扶一楼。

该方案造型设计符合北京整体城市形象与空间氛围，与城市景观和谐共生，立面形态端庄、典雅；造型不突出夸张，风格简洁，传统朴实，能够融合北京新老城区、不同城市面域风貌；立面保证地面亭的通透性，外部采光将自然光线最大可能引入地下，实现功能性与造型的统一；符合装配式的建筑理念与构建拆分的基本原则（图 9-4、图 9-5）。

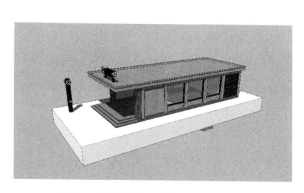

图 9-4　装配式地面亭推荐方案效果图

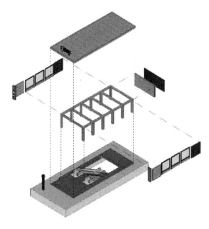

图 9-5　装配式地面亭推荐方案
轴测结构拆分图

9.7　结语

本章通过对北京地铁出入口现状及地面亭方案进行分析，综合对比、归纳总结，对装配式地面亭的结构形式、标准尺寸、构造节点、建筑造型等方面进行了系统性思考。由于装配整体式混凝土框架结构兼具钢结构和全装配式的优点，规范标准体系较完善，故推荐采用装配整体式结构形式。地面亭标准尺寸，采用内净长 16.2m、内净宽 6.7m、总长 16.6m、总宽 7.5m，便于柱网模数化划分地面亭空间。在地面亭构造方面细化设计，如强化设施集中整合、优化屋面排水系统、推行窗墙一体化、优选混凝土界面处理方式等。

本章的研究目的在于为装配整体式方案提供更多技术支撑，从而为未来装配式项目的推广与实施奠定坚实基础。

装配式地面亭应重点研究：（1）分析地面亭的适用条件：如项目成本、工期、建造规模、施工技术、是否能满足模数要求等。（2）建筑的安全性：安全是建筑设计的基本原则，应确保结构形式稳定、构件连接方式合理，确保材料的防火环保与耐久，确保出入口空间尺度的消防疏散安全。（3）功能的完善性：应充分考虑设备及管线在构件中预留预埋的需求，避免返工或影响实施效果。（4）造型的美观性：利用结构之美形成建筑的秩序与氛围。

第 2 篇　施工篇

第 10 章　城市轨道交通施工安全风险监控系统升级设计与功能创新

10.1　安全风险监控系统现状及背景

10.1.1　风险系统升级研发背景

随着轨道交通建设不断推进，轨道交通施工安全风险管理工作不断深入，全国轨道交通建设风险管理信息化系统蓬勃发展，北京轨道交通施工安全风险监控系统（下述简称"风险系统"）自 2008 年上线运行以来，已经连续运行了 10 余年，为轨道交通施工风险管控提供了高效的信息化管理平台，该系统在 2013 经历了一次系统升级。自"十三五"以来，北京市轨道交通发展进入新的快速发展期，轨道交通建设形势变化显著，突出表现在以下几个方面：其一是建设任务繁重，同期建设里程达 302.8km；其二是安全生产要求及标准日趋严格，国家依据当前安全生产形势及任务，多次对安全风险分级管控和隐患排查治理双预防机制提出新的要求及标准；其三是建设的周边环境日趋复杂，随着轨道交通线网加密，线路埋设进一步加深，伴随着南水北调入京、地下水位上升和目前环保政策引起的降水施工受限，为地铁建设环境带来更多不确定性。因此，为控制新形势下的安全风险，研发并维护与建设规模、安全标准及建设环境相匹配的风险管理系统，已成为安全风险管控信息化工作的重要目标。

10.1.2　原版风险系统主要功能

原版风险系统建立在 2008 年版及 2013 年版轨道交通施工安全风险技术管理体系相关管理流程基础上，通过总结 2008 年至 2013 年的技术及管理经验研发而成，主要包含监测信息采集、巡视信息采集、预警信息采集、工程资料及日常报告存储等主要功能模块，基本满足了"十二五"期间建设线路的安全风险监控需求。

10.1.3　原版风险系统需改进的问题

作为安全风险管理工作的重要依托，面对新的安全风险管理形势，原版风险系统在以下四个方面显现出弱势：一是信息采集的滞后性，在复杂的建设环境下，施工风险可谓瞬息万变，风险信息的及时性直接影响现场风险形势的判断。二是静态风险管控与现场工程进度结合的不紧密，管理动作往往滞后于现场需求。三是海量数据的统计及分析深度待加强，数以万计的风险源穿越信息，亟须标准化的方式存储，便于各参建方进行数据的筛选、比对和分析。四是辅助管理职能薄弱，参与现场风险管控的单位众多，包括建设、施工、监理、第三方监测单位等百余家，各参建方的履职履责水平不同，单独依靠人工统计几乎难以实现对所有参建方的科学履约考核，需增强风险系统的履约管理功能。

10.2　风险系统升级需求分析及功能设计

10.2.1　系统升级需求分析

本次风险系统升级需求主要分为两方面，一方面为管理流程类升级，主要内容为依据新编北京轨道交通安全风险技术管理体系要求，在体系管理流程基础上，实现轨道交通工程的建设全过程和全方位的风险信息采集、评估、预警和履约管理。另一方面为技术要求类升级，依托当前监测数据信息化采集技术、GIS 技术、三维图像显示技术的发展，最大程度地提高风险信息采集及统计效率，提高风险信息展示界面的友好程度。

10.2.2　系统升级功能设计

原风险系统主要包括地理地质、基础信息、风险预警、工程资料、工程事务五部分子系统，根据现行体系，将原有子系统依据风险管控的不同阶段划分为 6 大模块，图 10-1 为各功能模块及其子系统构架图。

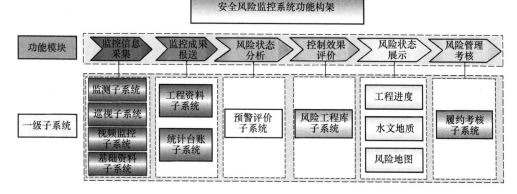

图 10-1　各功能模块及其子系统构架图

模块内容及升级功能包括：

（1）监控信息采集模块：将原有风险预警子系统拆分为监测子系统、巡视子系统、视频监控子系统和基础资料子系统。监测子系统新增即时上传功能；新增视频监控子系统并融合了原有视频监控内容，丰富风险系统可获取的监控信息渠道；新增巡视子系统。

（2）监控成果报送模块：将原工程事务子系统更名为工程资料子系统，将各类文件按风险体系流程统一上传，满足管理需要；新增统计台账子系统，对各类风险信息预置标准化统计方式，初步形成大数据功能。

（3）风险状态分析模块：预警评价子系统新增风险状态评价功能，将原来的各单位风险信息上传转变为风险分析结果的上报。

（4）控制效果评价模块：新增风险工程库子系统，新增风险工程清单及其控制措施，并在穿越完成后对风险工程的穿越情况进行评价。

（5）风险状态显示模块：新增工程进度子系统，实现风险相关的工程进度展示；新增基于 GIS 的风险地图功能，显示并统计各线风险工程穿越关系。

（6）风险管理考核模块：新增履约考核子系统，实现对风险管控各参建单位的日常履约、季度及年度履约考核，以及履约结果的展示。

10.3　风险系统升级功能及创新点

10.3.1　基于移动端的即时数据采集

监控信息采集包括监测、巡视、视频监控、盾构数据等数据内容，在传统的外业采集-人工整理-手动上传模式的基础上，将人工整理改为软件整理，建立基于移动互联网的安全风险管控信息即时传输系统。

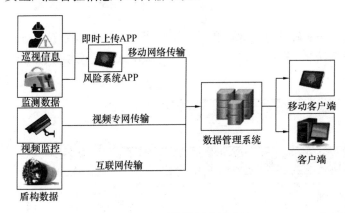

图 10-2　即时化数据采集系统

图 10-2 为即时化数据采集系统组成，其中监测数据采集通过即时上传 APP 软件将现场采集的数据由监测仪器直接导入手持终端，由配套软件整理、平差后直接上传监测子系统。巡视信息、视频监控信息通过风险监控系统手机 APP 软件，将现场采集的巡视照片、视频信息传输至相对应的巡视和视频监控子系统。盾构数据通过远程监控传输方式，将盾构机监控数据传输至盾构系统。通过监测数据即时上传、巡视信息即时上报、视频图像即时查看、盾构数据即时传输、预警信息即时发布等，实现了安全风险监控信息各层级即时共享，提高了管控效率，有利于及时发现和处置风险。

10.3.2　基于进度可视化的风险管控模块

优化了基于进度可视化的风险管控模块并精细化管理至作业面，建立以工程进度为基础、以作业面为最小单元的施工安全风险监控系统。将土建工程依据"工法→工程部位→作业面"建立三级管理的作业面库，将施工作业面全部纳入风险系统管理中，实现作业面的进度显示，并实现与施工作业面相关的监测频率管理、巡视工作管理、视频监控管理，作业面库结构如图 10-3 所示。

通过作业面进度在 GIS 图显示，将作业面进度与监测点关联，实现作业面附近测点监测频率管理；通过作业面进度信息的采集，将作业面进度与巡视工作关联，实现作业面巡视频率的管理；通过作业面进度与视频监控信息的采集，实现现场视频监控移机及时性的管理；通过作业面进度与风险工程位置关系的计算，实现风险工程进出影响区域的管理；通过作业面进度与预警子系统关联，实现预警作业面的定位，图 10-4 为某暗挖工点巡视预警定位。

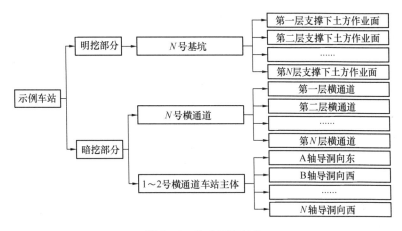

图 10-3　作业面库结构

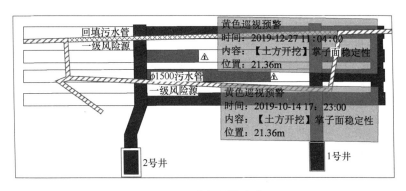

图 10-4　巡视预警定位

10.3.3　基于标准化管理的风险工程数据库

建立风险工程库、测点库、巡视库，将风险采集信息建立统一标准，提高作业面风险管控的针对性和有效性，实现风险管控信息的有效积累，为海量的信息大数据分析提供基础，图 10-5 为风险工程多条件检索示例。

北京轨道交通工程施工安全风险监控系统 北京市轨道交通建设管理有限公司		在线人数　118　　　　　管理员　×××
风险工程多条件检索		
线路	不限	[东管廊 [7号线东延 (万盛南街) 地下综合管廊工程]，宣武门站新增换乘通道工程，昌平线南延，八通线南延，新机场线一期，2号线，3号线一期，19号线一期，7号线东延，17号线，房山线北延，6号线 (进度测试)，9号线西延，8号线三期，昌平线二期，西效线，6号线二期，4号线，7号线，14号线，昌平线一期，房山线，亦庄线，大兴线，8号线二期，8号线三期，6号线二期
风险类型	不限	自身风险，环境风险，建 (构) 筑物，管线，桥梁，道路，河湖，铁路，既有线，高压线塔
风险等级	不限	特级风险工程，一级风险工程，二级风险工程，三级风险工程
主要工法	不限	明挖法，矿山法，盾构法
详细工法	不限	桩撑，桩锚，墙撑，墙锚，土钉墙，倒挂井壁法，其他PBR，中间法，泥水平衡，土压平衡，敞口
主要责任第三方单位	不限	中铁第五勘察设计院集团有限公司5号线监测小组，北京勘察设计有限公司8号线监测小组，三河所大兴线监测小组，城建勘测院房山线监测小组，中航勘察设计院14号线监测小组，城建勘测院14号线监测小组，中铁五院7号线第三方监测01标，中交路桥 (7号线第三方监测02标)，北京市地质工程勘察院 (4号线第三方监测12标)，北京勘察技术工程有限公司 (4号线第三方监测14标，17标)，显示全部
风险工程状态	不限	未开工，正通过，已通过
工程进度大类	不限	明挖，暗挖，降上水
工程进度类型	不限	降水井，观测井，止水桩，拆撑，二次衬砌，超前支护，大管棚，深孔注浆，暗挖导洞，桩地下连续墙，支撑，锚索，结构施作底板，明挖土方开挖，盾构土方开挖，端口加固
工程进度	不限	未开工，开始施工，结束施工，开始降水，结束降水，终止抽水，未架设，已架设，已拆除，临时停工
进度日期	不限	
下周拟开工	不限	是否
止水作业类型	不限	无降水，止水，地下连续墙
起始里程	不限	
终点里程	不限	
设计措施	不限	支顶，防渗，隔离桩，轮廓线，深孔注浆，全断面深孔注浆，双排小导管，管棚，旋喷桩，冷冻，三轴搅拌桩，其他
工程地质	不限	杂填土，粉细砂，中粗砂，粉质黏土，黏土，卵石，其他

图 10-5　风险工程多条件检索

通过建立风险工程库，将风险设计方案进行累计，便于后期工程类比及措施优选。通过建立测点库，建立测点与风险工程、测点与地质因素的关联关系，对监测开展按自身工法及地质因素的统计，同时可以通过测点库测点占压、破坏数据的采集，对现场监测工作开展相对应的管理工作。通过建立问题库，将现场巡视问题进行分类整理，对同一类型的问题依据严重程度进行筛选。

10.3.4 履约考核自动化

建立针对监控信息采集、监控信息分析工作的自动考核机制（表 10-1），将监测数据、巡视信息的及时性和监控分析报告的及时性纳入计算机自动检测范围，可考核范围占所传文件的 90% 以上，形成自动考核清单，并将检测结果与履约考核成绩挂钩，大大减少了人为日常检查工作，为规范各单位履约考核提供有力支持。

系统自动考核项目   表 10-1

自动考核功能模块	自动考核项目
工程进度	工程进度填报
监测	数据上传及时性
	监测仪器检定报告上报
	监测预警分析报告及时性
巡视	巡视报告填报
	专家巡视汇报材料、咨询报告、整改报告上传
履约管理	专项检查、管理巡视、季度年度履约整改报告
	上传错误信息修改内容
预警管理	预警发布、响应、处置、跟踪不及时及预警升级
日常报告	日简报、周报、月报、年报填报
	周、月风险分析材料上报
工程资料	盾构浆液质量检查报告
	GIS 底图审核
	第三方监测方案审查、总结报告上传
风险工程库	风险工程基础信息填报、穿越报告上报

10.4 新版系统运维情况及效果

北京市轨道交通安全风险监控系统自 2018 年升级完成以来运行良好，2019 年度是首次全年使用新系统的一年，北京地铁全年全网在施工程 13 个，包括 9 条新线、2 条尾工线路、1 处管廊工程、1 处既有线改造工程，所辖施工标段 68 个，在施工工点 135 个，全网监测点 126562 个。

2019 年较 2018 年系统承担风险工程总数量从 9818 处升至 11337 处，通过风险工程由 380 处升至 1181 处，红色监测预警数由 1009 处升至 4821 处，巡视预警数由 1366 处升至 2268 处。在基础数据增长的同时，日高峰在线用户量由原来 300 人增加至 500 人左右，新版系统在数据处理时效上保持稳定，故障率保持历史较低水平。

10.5　结语

　　建立在完善的安全风险技术管理体系基础上的风险系统，可以为安全风险管理工作效率提升发挥极大的促进作用，具体表现在：

　　（1）采用数据传输技术、移动互联网技术、计算机信息管理技术，实现即时化风险信息的采集，提高了整个安全风险体系的运行效率。

　　（2）安全风险管理引入动态化管理理念，结合工作进度将安全风险管控工作贯穿土建施工全过程，确保了风险管控工作的现实性和可溯性。

　　（3）安全风险数据标准存储的实现，提高了数据有效性和利用率，便于工程经验的积累和应用。

　　（4）智能化履约考核的实现，使履约管理人员对各参建单位安全风险管控工作考核效率进一步提高。

　　通过即时化风险信息采集、动态化风险管控、风险大数据标准化存储、智能化履约考核为一体的新版监控系统，提升了北京轨道交通施工安全风险管理的实时性、快速性、标准化、精细化和闭环管理，提高了安全风险管控效率并有效降低了管理成本。

　　结合本次体系升级的新版监控系统是为适应本阶段轨道交通建设风险管控管理而建设的，随着信息技术、数字技术、施工技术、管理技术的进步，风险管理体系也会逐步更新迭代，适应于新形势的风险监控系统也会逐步更新升级，以更好地适应各阶段的风险管控。建设一种全面、智能、高效的风险管控系统也将是未来轨道交通建设风险管控工作者的工作目标。

第11章 富水粉细砂地层盾构全水中接收技术

11.1 引言

随着国内地铁建设规模日益扩大，盾构法施工得到普遍应用，成为区间隧道施工最常用的一类施工方法。但随着轨道交通线网加密，隧道埋深进一步加大，盾构接收的难度加剧，尤其是在地下水丰富且水流速较快的地区，盾构接收往往遇到诸多困难。为此，许多学者针对盾构接收提出了各类接收方案。根据目前已有文献的总结，盾构接收方案主要分为加固法、冻结法、钢套筒、水中接收4种类型或其组合类型。南京、苏州两地地铁区间，在高地下水水位、富水砂层条件下采用冻结法并取得了良好效果；太原、郑州两地富水砂层地铁区间，采用钢套筒方案接收，验证了方案的可行性及安全性。相对冻结及钢套筒施工而言，采用端头加固作为盾构接收方式较为常见，福州地铁在软弱富水砂层中采用注浆加固地层结合降水条件实现了盾构接收；武汉市轨道交通2号线越江隧道及某盾构区间采用回填砂石及水的方式，在接收井内外水压平衡后进行盾构接收；以色列特拉维夫盾构隧道实现了全水下盾构接收；盾构端头加固接收方式中，常见的端头加固形式有注浆法、深层搅拌法、高压旋喷法、素混凝土桩（墙）法等；天津地铁施工中采用水平冻结＋垂直加固的方式实现接收；在南京、武汉、哈尔滨地铁施工中采用冻结＋垂直加固的方式实现接收；在富水的粉砂夹粉土、粉质黏土中，采用盾构钢套筒＋冻结法施工实现顺利接收；在淤泥质粉质黏土中，采用冻结法＋水中接收实现了超大型泥水盾构的接收。具体案例、适用环境及工期、造价比较见表11-1。

盾构接收典型案例　　　　　　　　　　　　　　　　　　　　表11-1

接收方案	案例	适用环境	工期	造价
冻结	南京地铁集庆门站北端 苏州地铁5号线塔园路站—竹园路站区间	地下水含量高、水流速低，冻胀和融沉指标不严格	长	高
钢套筒	太原地铁2号线大南门站—钟楼街站区间、钟楼街站—府西街站区间、府西街站—缉虎营站区间 郑州轨道交通2号线黄河路站—紫荆山站区间	地下水水位高，地层加固难度大	较长	高
降水加固	福州地铁2号线橘园洲站—洪湾站区间	水位较低，周边可布设井点，地层可加固性能良好	短	较低

接收方案	案例	适用环境	工期	造价
水下接收	武汉大东湖核心区污水传输系统工程 武汉市轨道交通 2 号线越江隧道 以色列特拉维夫红线轻轨项目东标段本古里安站接收井	盾构自身密封性能要求高，周边环境简单	短	低
冻结＋地层加固	天津地铁 5 号线某车站 南京地铁 10 号线越江段中间风井—江心洲区间 武汉地铁 7 号线王家墩东站—新华路站盾构区间 哈尔滨地铁某标段	地下水水含量高、可通过地层加固创造适宜冻结环境的地层	长	高
钢套筒＋冻结法	苏州地铁 5 号线塔竹区间	周边环境风险高，且适合冻结地层	长	高
冻结法＋水下接收	南京长江隧道工程左汉盾构隧道	周边环境风险高，且适合冻结地层	长	高

　　北京地铁 19 号线支线清河站南侧盾构区间，原方案为端头加固施工，因地下水丰富，地下水流速快及补给充分，加固方案经试验检测，效果未达到设计预期，因此考虑其他接收方案。考虑场地地下水流速过快不易形成冻结壁，且接收井场地狭小，安装钢套筒条件有限，因此放弃冻结及钢套筒接收方案，选择水下接收方案。水下接收方案主要为在接收区域加入砂土或加气砖，之后在顶部填充水（砂土、加气砖填充厚度高于盾构机顶部），因此其接收主要为类土体接收，而本次接收方案为纯水中接收，这在国内研究文献中较为鲜见，本章对采用接收井内盾构全水中接收关键技术进行研究。

11.2　工程概况

11.2.1　工程背景

　　区间盾构接收井位于北京市八家郊野公园内，现状主要为绿地，场区内无管线。区间盾构接收井结构形式为 3 层双跨框架结构，由中隔墙将接收井分为左右两个洞室。洞室结构净空尺寸长 14.50m、宽 11.40m、高 19.26m，左右尺寸相同。左右线分别进行接收，为防止回灌水左右互通，接收时采用工字钢支顶的砌砖临时封堵防火门，以增强防水能力。区间盾构接收井位于永定河冲积扇平原，土层划分为人工堆积层、第四纪冲洪积层。接收位置盾构隧道穿越地层为粉质黏土、粉细砂、卵石圆砾层，地质剖面如图 11-1 所示。接收区域地层参数自上而下描述见表 11-2。

接收区域地层参数　　　　　　　　　　　　　　表 11-2

地层类型	天然重度 （kN/m³）	内摩擦角 φ （°）	凝聚力 c （kPa）	孔隙比 e
杂填土	16.0	8.0	0.0	—

续表

地层类型	天然重度 （kN/m³）	内摩擦角 φ （°）	凝聚力 c （kPa）	孔隙比 e
卵石圆砾	20.5	38.0	0.0	0.44～0.50
粉质黏土	19.5	12.0	30.0	0.785
黏质粉土	20.2	27.0	14.0	0.610
粉质黏土	19.5	12.0	30.0	0.785
粉细砂	20.2	30.0	0.0	0.54～0.67
卵石圆砾	20.5	40.0	0.0	0.44～0.50
粉质黏土	19.8	15.0	26.0	0.548

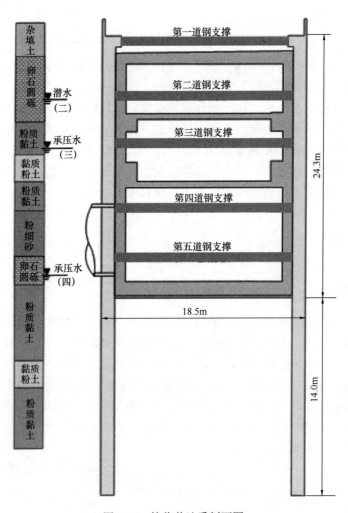

图 11-1　接收井地质剖面图

接收段赋存三层地下水，地下水类型分别为潜水（二）、承压水（三）、承压水（四）。根据区域地质资料分析，观测深度范围以下的砂土层、粉土层、卵石层普遍呈饱和状态，均应视为含水层。隧道底部及接收井底板均进入承压水（四）。根据勘察报告显示场区附近承压水（三）的平均流速为 7.70m/d，地下水水位见表 11-3。

地下水特征及埋深　　　　　　　　表 11-3

地下水性质	水位埋深（m）	水头高度（m）
潜水（二）	5.78～6.57	—
承压水（三）	10.95	0.80～2.00
承压水（四）	21.46～22.17	2.10～4.78

11.2.2　基本情况

19 号线支线清南盾构区间衬砌采用钢筋混凝土预制管片，管片外径为 6400mm，内径为 5800mm，厚度为 300mm，管片长度为 1.2m。盾构接收井采用明挖法施工，基坑采用钻孔灌注桩＋止水帷幕＋内支撑的围护结构形式。接收洞门端头围护桩采用玻璃纤维筋代替普通钢筋，玻璃纤维筋长度为 9.4m（盾构隧道直径 6.4m＋上下各 1.5m），玻璃纤维筋与普通钢筋主筋搭接长度为 2.2m，采用 U 形扣件连接。

盾构机采用 2 台中铁装备土压平衡盾构机，盾构机主要参数见表 11-4。

盾构机参数表　　　　　　　　表 11-4

序号	项目	参数	序号	项目	参数
1	主机长度	8389mm	7	螺旋机直径	900mm
2	刀盘直径	6680mm	8	螺旋机转速	0～22 r/min
3	最大推力	4086t	9	输送能力	696m³/h
4	最大速度	88mm/min	10	同步注浆泵	2 个
5	额定扭矩	7070kN·m	11	注浆能力	2×12m³/h
6	刀盘转速	0～3.35r/min			

11.3　全水中接收施工工序及技术要点

11.3.1　盾构全水中接收工序

盾构全水中接收工序为：（1）盾构接受准备工作，主要包括：洞门安装橡胶帘布、盾尾刷，防止涌水涌砂，洞门钢环底部增设凸起顶升装置，进行洞门加固及盾构姿态复测等；（2）加固区掘进施工，主要包括：选择合理时机进行接收井注水，控制推进参数等；（3）刀盘磨桩施工，主要包括注入聚氨酯，隔绝盾体与土体之间前后水源，降低盾构掘进速度与推力等；（4）刀盘出洞，主要包括：管片纵向拉紧，应急准备等；（5）盾体出洞，主要包括：拉紧橡胶帘布，适时进行井内降水等；（6）盾尾出洞；（7）盾构接收后续工作等。具体接收流程及其主要工作如图 11-2 所示。

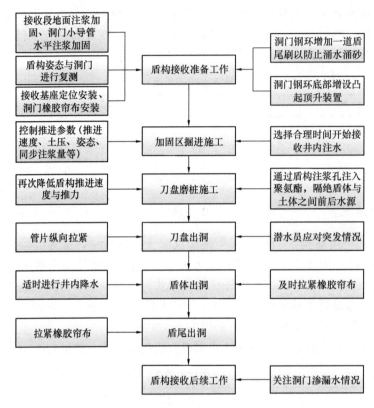

图 11-2　盾构全水中接收施工工序

11.3.2　盾构接收各阶段风险管理及控制措施

1. 接收准备阶段

盾构接收前，需进行接收准备，准备阶段的主要风险有：盾构推进方向与设计方向偏差超限、刀盘出洞时易发生涌水涌砂、盾构机出现栽头等。为了保证盾构能够安全顺利接收，接收前采取了以下技术措施，应对可能出现的风险：（1）为避免盾构推进方向超限，接收前对盾构姿态与洞门进行复测，校核位置关系，指导接收姿态控制参数，将盾构姿态偏差控制在±20mm以内。（2）应对可能发生的涌水涌砂，首先进行地面注浆加固，洞门采用小导管水平注浆，加固接收端土体，其次安装洞门橡胶帘布与扇形压板作为止水装置，最后洞门增加一道洞门钢刷，加强对水土流失的控制。（3）在洞门下方增设一个凸起，主动抬高盾构机头部，同时对接收基座进行定位安装。（4）施工现场在接收井四周增设24口应急降水井，作为应急使用，特殊状况下开启，以降低接收井井外水头高度，减少突涌风险。

2. 加固区掘进阶段

加固区掘进阶段主要风险为：（1）盾构推进速度过快、土仓压力过大造成接收洞门受压较大。（2）加固区土体受施工影响造成土体不密实形成流水通道。（3）盾构姿态偏差超限。

针对以上盾构端头加固区掘进阶段风险的技术控制点为：（1）降低盾构推进速度，控制在 20～15mm/min，降低土仓压力，减小对洞门的压力。（2）加强同步注浆，控制浆液凝结时间为 3～10h，凝结后浆液的强度不小于 2.0MPa，注浆压力控制在 0.4～0.5MPa，同时，在洞内多次注浆，既填充了土体间隙，又能起到封环止水作用，并且控制了地表沉降。（3）在推进过程中控制盾构机姿态，避免出现较大偏差，姿态偏差控制在 ±20mm 范围内。

在刀盘抵桩后，接收井内开始回灌水。回灌水量根据周边地层水位观测情况进行确定，回灌水位高于井外水位 0.5～1.0m。回灌水位示意图如图 11-3 所示：

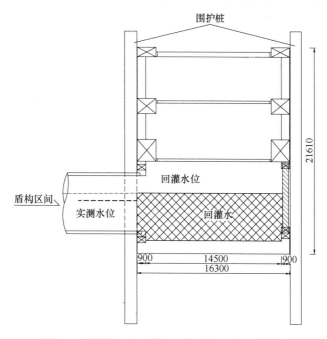

图 11-3　接收井内回灌水位示意图（单位：mm）

3. 刀盘磨桩阶段

刀盘磨桩期间主要风险为：如果盾构推力过大或推进速度过快，造成围护桩过早折断，可能造成洞门出现大量水土流失。

磨桩过程中技术控制主要包括：（1）控制盾构推进速度及推力，推进速度＜10mm/min，推力＜600t。（2）待刀盘切削围护桩一半桩体后，通过盾构机中径向注浆孔对盾体范围进行聚氨酯注浆止水，隔绝盾体与土体之间前后水源。

4. 刀盘出洞阶段

刀盘出洞阶段主要风险为：（1）出洞时易在桩间或螺旋输送机出土口内部出现涌水涌砂。（2）磨桩后大块的围护桩碎块卡在刀盘与接收基座之间，导致无法继续推进。（3）盾构推进反力减小不足以压密管片防水密封。当刀盘通过围护桩后，刀盘前方提供给盾构机反力骤减，接收段管片在失去后盾管片支撑后会松弛，导致管片环缝增大，影响防水效果，进而对隧道结构或周边环境产生不利影响。

为防止可能出现的洞内外涌水涌砂，采取的施工措施有：（1）接收前对接收段地层进行注浆加固。（2）在洞门钢环上安装一道洞门钢刷。（3）合理控制接收井内回灌水位。

（4）采用关闭螺旋输送机出土口后磨桩推进，防止发生喷涌。

洞门水平注浆加固示意图如图11-4所示。

为防止大块围护桩碎块卡在刀盘与接收基座托架之间，采取的施工措施有：（1）接收基座满铺钢板，消除接收基座上的间隙，保证掉落围护桩的碎块伴随刀盘向前移动。（2）配备潜水员，处理可能影响推进的围护桩碎块。

接收基座钢板满铺示意图如图11-5所示。

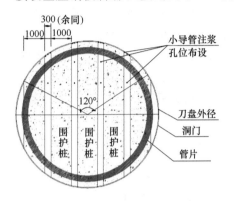

图11-4　洞门水平注浆加固示意图（单位：mm）

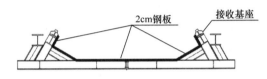

图11-5　接收基座钢板满铺示意图

为防止盾构推进反力减小，不足以压实管片防水密封，应对措施为在纵向螺栓紧固时，严格控制管片间隙在2mm之内，并在后续推进过程中复紧3～4次，保证管片连接紧密；同时在接收段管片拼装完成后洞口前6～8环用型钢联系拉紧，防水材料三元乙丙橡胶增设遇水膨胀止水条，并多次补浆，在加强盾构环间密封防水的同时，以达到洞门密封防水的双重效果。

5.盾体出洞阶段

盾体出洞阶段的风险点有：（1）无法顺利到达接收基座上；（2）出现涌水涌砂；（3）盾构机上浮。

为确保盾构机顺利推入接收基座，首先在接收前需对接收基座进行加固；其次为防止盾构机出洞时机头栽头，接收基座的轨面标高除适应于线路情况外，适当降低2cm，以便盾构机顺利推上基座。在洞门钢环底部增设一个凸起的顶升装置，主动造成盾构机在出洞时盾构机头上仰，避免刀盘顶在接收基座上。

新增凸起顶升装置与以色列特拉维夫红线轻轨项目东标段接收洞门增加混凝土导台所起作用相同。相较于混凝土导台，焊接施工更加便捷，且拆除简单；施工成本较小，经济上更为合理。具体安装如图11-6所示。

为避免洞门出现涌水涌砂，当盾体通过洞门密封装置后，及时拉紧橡胶帘布，防止接收井外地下水沿盾壳流入接收井内。本次接收过程中出现围护桩桩间喷锚网片卡在盾体与橡胶帘布之间，造成橡胶帘布封闭不严密导致漏水的情况，经现场人工清除钢筋网片，同时针对漏水部位进行洞内注浆止水，最终完成了顺利接收。

为避免接收井内浮力增加而造成盾构机出现上浮，在盾构机出洞的同时进行接收井内水的抽排，降水的同时观察洞门橡胶帘布密封严密情况，如有异常暂停推进，及时进行洞内注浆封堵，直至问题处理后继续进行推进。

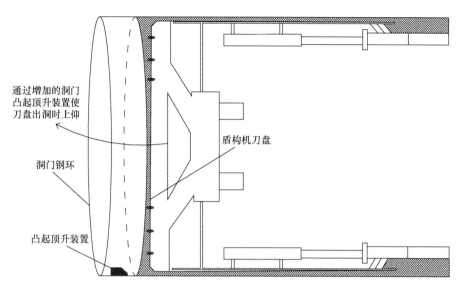

图 11-6　洞门增设凸起顶升装置示意图

6. 盾尾出洞阶段

盾尾出洞阶段主要风险为洞门的涌水涌砂。采取的主要措施是当盾体通过洞门密封装置完全进入接收井后,再次拉紧扇形压板,使橡胶帘布与盾构管片密贴,防止水流沿管片外径向接收井内流入,同时也防止同步注浆浆液外溢。盾构机出洞后在洞内多次注浆,填充土体间隙,封环止水,同时控制地表沉降。

7. 盾构接收后续工作

盾构井内回灌水在盾构机出洞的同时进行抽排,盾构机完全出洞后,完成回灌水抽排工作,随后逐步进行盾构机的拆解吊出,最后完成接收基座吊出及杂物清理,施作洞门环梁。在此过程中应考虑到洞门在承压水作用下仍存在渗漏风险,因此需要加强关注,如有异常,进行注浆封堵。

11.4　盾构接收过程参数控制及变形监测

11.4.1　盾构机接收控制参数

在盾构接收过程中,为避免盾构土仓压力过大造成洞门发生破裂,盾构机进入加固区后应逐步降低盾构土仓压力,根据现场实际施工参数控制分析,到达加固区前正常推进段控制在 0.8~1.2bar,接近洞门约 6 环左右开始降低至 0.5bar 左右,在刀盘开始磨桩时降为 0.1~0.2bar(图 11-7)。

在盾构接收过程中,推进速度同样不能过快,在盾构实际施工过程中,正常推进段与加固区段控制在 26.9~46.5mm/min,刀盘磨桩期间控制在 3.9~5.1mm/min,左右线均控制在施工设定值(10.0mm/min)内(图 11-8)。

在接收过程中,盾构对接收井洞门产生影响的最直观表现为盾构推力,洞门推力反映了洞门受到的压力,根据施工方案刀盘磨桩期间总推力应小于 6000kN。实际施工过程

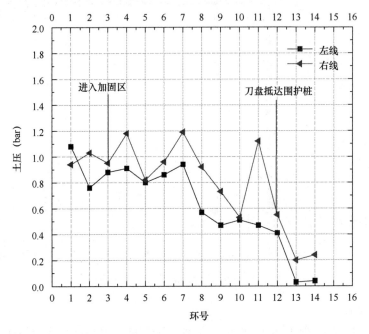

图 11-7 盾构土仓压力

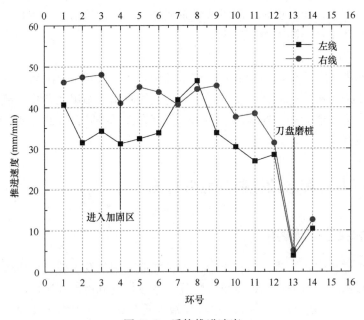

图 11-8 盾构推进速度

中，当接近接收井围护桩 2 环位置，推力开始逐渐上升，最高升至 20000kN（图 11-9），磨桩期间总推力控制在 9000～14000 kN，超过了施工设定值。

　　根据盾构设备尺寸及开挖直径大小计算，理论上同步注浆控制在每环 5～5.5m³ 左右，实际施工注浆量每环为 4.9～6.9m³（图 11-10）。同时洞内进行了多次二次注浆施作止水环，二次注浆采用水泥＋水玻璃双液浆，凝结时间控制在 60s 左右。浆液材料选用强

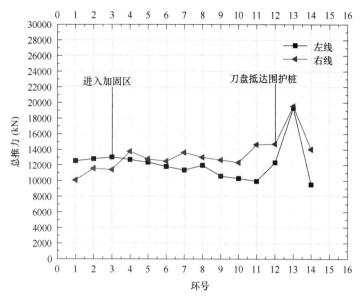

图 11-9 盾构推进总推力

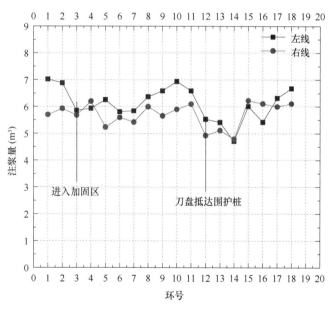

图 11-10 盾构同步注浆量

度等级为 42.5MPa 的普通硅酸盐水泥和波美度 35°Bé 的水玻璃，由管片注浆孔注入，控制压力为 0.4～0.5MPa，注浆量为 0.2m³/孔，达到封堵盾尾后方过水通道的作用。

11.4.2 地表变形数据

选取洞门上方两个地表测点进行数据分析，根据现场监测结果，盾构在接收过程中洞门部位上方地表最大沉降为 -5.59mm，地表未出现异常。地表测点沉降时程曲线如图 11-11 所示。

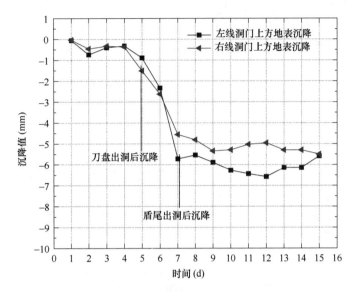

图 11-11　接收洞门处地表测点沉降时程曲线

结合盾构施工进度与数据沉降分析，在盾构刀盘出洞后，洞门上方地表有少量沉降，沉降量为−0.9～−1.5mm，盾尾出洞后出现明显沉降，沉降量为−4.0～−4.8mm，盾构机出洞后，地表沉降逐渐收敛，趋于平稳，出洞期间未发生涌水涌砂情况，洞门未出现大范围的水土流失。

11.5　结语

该项目在地层存在粉细砂不良地层、地下水位位于隧道顶附近的条件下成功应用，接收过程未出现风险事件，最终完成双线接收。本次全水中接收各项施工控制方式可作为后续水中接收施工参考依据，形成的结论如下：

（1）为应对盾构水下接收风险，除采取常规措施外，还采取了洞门上部地层水平注浆加固、关闭螺旋输送机出土口后磨桩、洞门下方增设凸起的顶升装置、接收基座钢板满铺等专项措施。

（2）通过观测地下水位确定接收井内回灌水位，灌水高度在实测地下水位高度以上0.5～1m 位置，可有效避免接收端涌水涌砂，确保施工安全。

（3）在接近洞门时，严格控制盾构掘进参数，土仓压力从接收前15 环正常掘进状态逐渐下降至抵桩前的0bar，同步注浆量提高至理论值的1.25 倍，推进速度控制在10mm/min 以内，推力控制在20000kN 以内，洞内注浆形成多道止水环，控制地下水流动。

（4）接收部位地表最大沉降为−5.59mm，刀盘出洞沉降占−0.9～−1.5mm，盾尾出洞占−4.0～−4.8mm，对桩后土体的影响，盾尾出洞要大于刀盘出洞。

建议类似工程接收井采用地下连续墙结构并在接收部位采用玻璃纤维筋，避免本案例中桩间喷混凝土碎片卡入盾壳与橡胶帘布之间导致渗漏水，并且重点控制盾尾脱出时地层及管线变形，防止土体过量损失而产生破坏。

第 12 章　天津复杂承压水软土地层盾构法联络通道修建关键技术

盾构法施工联络通道，国内已有相关研究和成功案例，其具有适应条件广、工期短及规模化应用后造价低、风险小等优点。但是，天津地区为富水软土地区，与其他地区有很大不同，目前已有的盾构法联络通道技术参数，无法适用于天津特殊的水文地质特点及建设需求，针对天津特殊水文地质条件下的相关研究尚属于空白。本章依托天津地铁 10 号线，系统性研究了盾构法联络通道关键技术，大胆创新思路，突破了该工法推广应用的相关问题，形成多项创新成果，为盾构法联络通道在天津复杂承压水地层中实施提供了有力的理论支撑和经验保障，同时，也突破了限制该工法广泛适用性推广所面临的相关问题，促进了该工法在国内外不同建设条件下的推广应用。

12.1　工程概况

天津地铁 10 号线一期工程柳林路站—环宇道站区间隧道如图 12-1 所示。区间正线左线长 1095.512m，区间右线长 1031.102m，该区间盾构隧道采用外径 6200mm、内径 5500mm、环宽 1500mm 的通用管片拼装。如图 12-2 所示，区间设置两处联络通道，均采用盾构法施工，管片外径 3350mm，内径 2850mm，环宽 500mm。其中 1 号联络通道设置于规划跨海河桥区，现状为空地，联络通道净长 52.8m，覆土厚度约 21.7～22.1m，通道中心线与主隧道区间左右线夹角为 90°，如图 12-3、图 12-4 所示。通道主要穿越⑧₁ 黏土、⑧₂ 粉质黏土、⑧₃ 粉土、⑧₄ 粉砂、⑨₂ 粉质黏土，通道底部位于承压水层中；2 号联络通道设置于海河东路与变电所交口，现状为空地，通道净长 14.339m，覆土厚度约 20.9～21.2m，通道中心线与主隧区间左线夹角为 86.8°，与主隧区间右线夹角为 90°，通道主要穿越⑨₁ 黏土、⑨₂ 粉质黏土、⑨₃ 粉土，联络通道底部位于承压水层中。

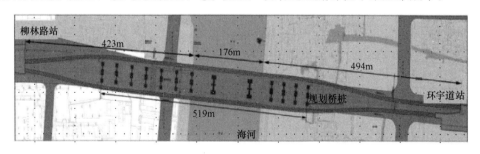

图 12-1　柳林路站—环宇道站区间平面布置

图 12-2　柳林路站—环宇道站区间联络通道平面布置

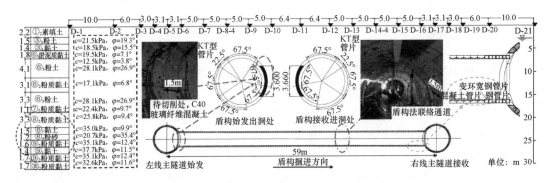

图 12-3　联终通道土层分布及监测布置断面

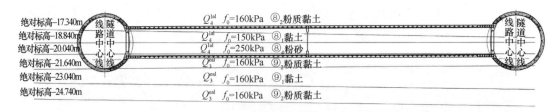

图 12-4　地质纵断面（单位：mm）

12.2　工程重、难点分析

（1）狭小空间防火门设置问题：根据《地铁设计防火标准》GB 51298—2018、《建筑防火设计规范（2018 年版）》GB 50016—2014 及各地方标准，明确要求联络通道内需设置一道并列二樘且反向开启的甲级防火门，防火门净宽不小于 900mm，目前已实施的盾构法联络通道工程，受制于区间主隧道开洞尺寸的限制，联络通道内净空尺寸无法满足设置并列两樘防火门且净宽不小于 900mm 的要求，多数设置的防火门净宽不足或疏散方向非直线疏散，这种情况下不利于联络通道内人员疏散的需求，因此，盾构法联络通道内狭小空间设置防火门成为该类工程的重难点，也是限制其广泛推广的痛点。

（2）天津复杂承压水软土地层盾构法联络通道施工全过程风险控制成套技术研究：针对像天津等地区典型的富水软土地区，其土质软弱、强度低、压缩性高、水文地质复杂、粉土粉砂承压含水层渗漏风险高等客观条件，与其他已实施盾构法联络通道地区多位于黏土层的工况具有显著不同，需要结合天津特殊的水文地质特点，针对性研究盾构法联络通道地层适应性技术方案，包括实施期间狭小空间内全封闭盾构始发及接收风险控制、主隧道注浆结合洞内集约化支撑装置保护措施、T 接临时止水采用注浆结合微冻结加固技术、T 接永久止水采用全包环梁结合预溶模结构防水体系等关键技术，尤其是针对粉土粉砂复杂承压水地层 T 接临时止水方案，国内外无相关案例参考，需要结合水文地质特点，针对性研究可靠的临时止水方案。复杂承压水地层盾构法联络通道 T 接处临时止水困难的问题，为本工程又一研究重难点。

（3）主隧道特殊衬砌环可切削管片弱化技术研究：作为全机械手段实施的盾构法联络通道工程，主隧道应具备机械切削开挖的实施条件，盾构机切削主隧道特殊衬砌管片的实施效率直接影响到整体的施工工期，且对盾构进出洞风险影响较大。

（4）盾构机狭小空间运输问题：盾构机具有体积大、重量大等特性，而主区间隧道空间狭小，如在运输过程中出现问题不易处理，会对主隧道结构造成影响，形成安全隐患，影响使用寿命，故盾构机狭小空间运输是本工程的重点。

12.3　关键技术设计研究

12.3.1　管片构造及防火门设置综合研究

1. 防火门设置要求

现行《地铁设计规范》GB 50157—2013 及《地铁设计防火标准》GB 51298—2018 都针对单线区间联络通道及防火门设置进行了规定，要求两条单线区间隧道应设联络通道，相邻两个联络通道之间的距离不应大于 600m，且在联络通道内应设并列反向开启的甲级防火门，门扇的开启不得侵入限界。另外，2019 年 11 月 1 日实施的《天津市城市轨道交通工程防火设计导则》在国家标准的基础上进一步明确了防火门的设置要求，进一步明确了联络通道内应设置二樘反向开启的甲级防火门，门的净宽不应小于 0.9m 的相关要求。

本工程采用的防火门净宽为 900mm，根据防火门设置及安装要求，土建结构需预留安装门洞宽度最小为 1080mm，门洞预留净高按照 2000mm 考虑，二樘反向开启的甲级防火门之间的门垛宽度应不小于 150mm。

2. 特殊衬砌管片开洞尺寸构造研究

正线隧道联络通道开洞处采用三环"钢管片＋钢筋混凝土管片"组合的复合式特殊管片衬砌环结构，结合正线隧道盾构机千斤顶行程需求，考虑封顶块拼装方式、撑靴及相关误差影响等，特殊管片衬砌环宽最大设置为 1500mm，复合管片待切削部分采用玻璃纤维

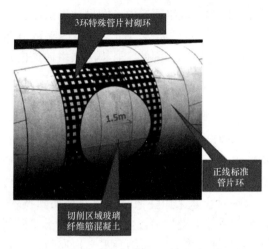

图 12-5 特殊衬砌管片组成三维示意图

筋混凝土，其余部分采用钢筋混凝土，如图 12-5 所示。

由于开洞处特殊管片衬砌环需要与正线隧道标准管片环拼装连接，除了满足盾构法联络通道实施需求外，其分块形式、连接方式及手孔布置等基本构造需与正线盾构隧道标准管片环保持一致，其环宽及拼装点位设置等还需与正线隧道盾构机设备相匹配。结合特殊管片衬砌环基本构造要求，如图 12-6 所示，管片开洞直径 d 与管片环宽 b 之间存在一定的关系，表达为 $d=3b-2c$，其中 c 为管片开洞后所剩管片最小宽度，考虑管片开洞后的结构承载力

及使用需求，c 的最小取值不宜小于 400mm，因此开洞直径 d 最大取值为 3700mm，同时考虑管片内弧面螺栓手孔设置需求，开洞边界应避开螺栓手孔布置，如图 12-7 所示，避免开洞边界线切割手孔，因此，开洞边界线需再内收约 25mm 方可满足要求，即管片开洞后所剩管片最小宽度 c 须达到 425mm，此时特殊管片衬砌环最大开洞尺寸限定为 3650mm。

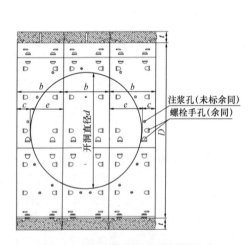

图 12-6 特殊管片衬砌环开洞尺寸
限制因素平面示意图

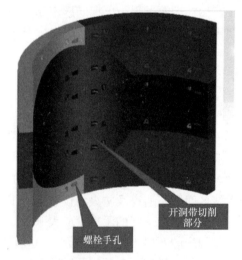

图 12-7 特殊管片衬砌环开洞尺寸
限制因素三维示意图

3. 防火门设置与特殊衬砌管片开洞尺寸相互关系研究

根据几何相对关系，如图 12-8 所示，采用盾构法实施的圆形联络通道的内净空尺寸，主要受制于防火门尺寸大小的影响，防火门预留孔洞宽度 B 及高度 H 共同决定了联络通道的内径尺寸。同时，考虑管片厚度，联络通道外径直接决定了盾构机设备的开挖直径，考虑盾构设备进、出洞误差影响，又进一步决定了正线隧道特殊管片衬砌环的开洞尺寸，换言之，防火门尺寸大小决定了正线隧道特殊管片衬砌环的开洞尺寸。根据本章前述，特

殊衬砌管片环最大开洞尺寸限定为 3650mm，而防火门设置需满足二樘反向开启的甲级防火门且宽度不小于 900mm 的规范要求，因此，本工程设计的其中一个重点，就是在考虑特殊管片衬砌环极限开洞尺寸的前提下，研究如何设置满足规范要求的防火门问题，如图 12-9 所示。

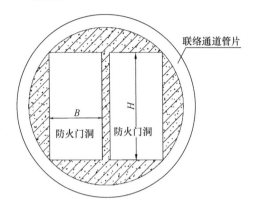

图 12-8　联络通道防火门处断面示意图

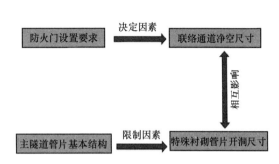

图 12-9　防火门设置与特殊衬砌管片开洞尺寸关系示意图

4. 联络通道狭小空间内防火门设置方案研究

（1）联络通道内防火门常规设置研究

根据联络通道内防火门设置及安装要求，本工程采用的防火门净宽为 900mm，土建结构预留门洞尺寸为：宽 1080mm、高 2000mm，防火门之间门垛宽度不小于 150mm，据此联络通道管片内径为 3065mm。根据联络通道覆土厚度、周围环境及工程建设条件等，联络通道管片厚度取 250mm，即联络通道管片外径为 3565mm，如图 12-10 所示。

根据联络通道管片外径及工程建设条件，盾构机开挖直径为 3715mm。结合类似工程经验，正线隧道内盾构机始发、接收空隙通常不小于 50mm，即特殊管片衬砌环开洞尺寸不小于 3815mm。本工程两处联络通道分别存在长度较长及非正交关系的

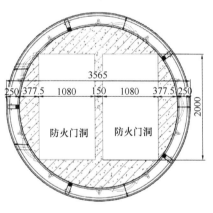

图 12-10　常规正置防火门联络通道断面示意图（单位：mm）

特点：1 号联络通道长度为 52.8m，属于国内机械法施工联络通道长度之最；2 号联络通道接收端与正线隧道的夹角为 86°，呈非正交关系。以上因素导致盾构机接收时不得不考虑误差的影响。结合类似工程经验，正线隧道内盾构机始发、接收空隙通常不小于 50mm。因此，特殊管片衬砌环始发端开洞尺寸需达到 3815mm，而接收端开洞尺寸须达到 3865mm。结合本章前述，受正线隧道管片衬砌环结构构造的限制，特殊管片衬砌环开洞尺寸无法做到 3650mm，不能满足开洞尺寸 3815mm 和 3865mm 的需求。为满足工程建设及防火门设置需求，尚需开展在正线特殊管片衬砌环开洞尺寸确定的情况下，联络通道狭小空间内防火门设置的研究。

（2）联络通道狭小空间内防火门设置优化方案研究

根据前文所述，特殊管片衬砌环开洞尺寸无法满足常规联络通道条件下防火门设置的需求，现基于特殊管片衬砌环最大开洞尺寸反算联络通道内净空尺寸。正线隧道特殊管片衬砌环开洞限制尺寸为不大于3650mm，考虑始发接收端的误差空隙差异，始发端开洞尺寸定为3600mm，接收端开洞尺寸定为3650mm，结合此类工程盾构机选型及实施经验，盾构机刀盘开挖直径为3500mm，超挖量为75mm，联络通道管片环外径为3350mm，管片厚度为250mm，联络通道管片环内径为2850mm，基于推算出的联络通道内径尺寸研究防火门优化布置方案。

为满足联络通道限定尺寸条件下狭小空间内设置防火门的需求，目前国内实施的机械法联络通道内防火门多采用斜向设置，并列设置的防火门与联络通道隧道轴向之间非90°正交。虽然斜置防火门的方式中其门洞预留安装宽度可做到1080mm，满足并列设置二樘反向开启甲级防火门的需求，且防火门净宽及前置疏散通道宽度可满足规范要求，但是，斜置防火门与隧道轴向夹角为锐角，相比与疏散流线为直线的正置防火门方式，其疏散流线较差，容易造成人流向锐角处聚集，且越往锐角处行走，疏散宽度逐渐减小，会出现局部疏散通道宽度不满足规范要求的情况，加之隧道内壁为圆形结构，侧壁与底板在径向存在宽度差，极易造成该位置聚集人员疏散过程中的摔倒踩踏，存在较大的疏散安全问题。因此，本工程不采取斜置防火门的方案，结合联络通道内径，深入研究正置防火门的设计方案。

基于目前联络通道隧道尺寸限定为内径2850mm、外径3350mm的前提，管片采用普通的钢筋混凝土管片，隧道内设置正置防火门方式，如图12-11、图12-12所示，由于联络通道断面为圆形结构，在内部预留长方形的防火门安装门洞，无法完全利用隧道内圆形空间，预留门洞宽度仅为940mm，根据标准防火门安装要求，如安装净疏散宽度为900mm防火门，预留门洞宽度需不小于1080mm，显然，联络通道内径2850mm无法正常设置正置防火门形式。

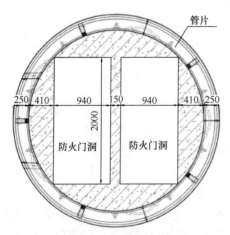

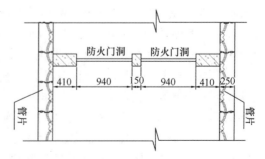

图 12-11　内径 2850mm 联络通道正置防　　　图 12-12　内径 2850mm 联络通道正置防
门洞断面图（单位：mm）　　　　　　　门洞平面图（单位：mm）

从预留门洞几何形状及圆形隧道断面形式特点入手，可否将预留防火门洞左右边线外移140mm，使得防火门洞宽度达到1080mm的安装需求，此时，只需解决预留的防火门洞角部侵入管片结构内部的问题，即可在既有联络通道内径尺寸 2850mm 的前提下，满足疏散净宽 900mm 防火门的安装需求。以此想法为切入点，如果采用普通的钢筋混凝土管片，将无法做到预留防火门洞角部侵入至管片结构。结合以往钢管片设计经验，钢管片结构由背板、环板、端板及环纵肋板有机焊接而成，管片结构内部由环纵肋板及加劲板形成隔腔空间，如图 12-13、图 12-14 所示，在防火门位置设置 1 环钢管片，钢管片通过固定点位拼装及局部肋板特殊布置，预留防火门洞角部正好位于钢管片隔腔开口位置，可通过钢管片内部空腔侵入管片结构内部，从而达到扩大预留防火门洞宽度的目的，沿隧道纵向采用局部肋板加强，内收中间的环肋向肋板，增加防火门沿通道的纵向开启空间，保证防火门安装后可顺利开启。

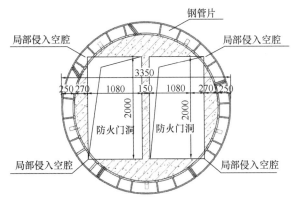

图 12-13　正置防火门洞钢管片方案
断面图（单位：mm）

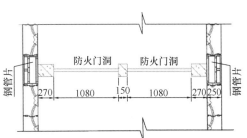

图 12-14　正置防火门洞钢管片方案
平面图（单位：mm）

5. 特殊衬砌管片可切削性研究

特殊衬砌管片可切削性是后续机械法联络通道实施的必要条件，基于盾构机切削混凝土研究，行业内多位学者从试验、数值模拟及工程实践等方面进行了较为全面的深入研究。结合前人研究成果，待切削区域混凝土等级及筋材对于盾构机切削效果及工效起到了决定性作用。目前，国内外盾构机无障碍穿越的相关工程案例中，多数混凝土结构筋材多采用玻璃纤维筋替代钢筋受力，针对盾构机切削穿越玻璃纤维筋混凝土结构的相关研究也相对成熟。玻璃纤维筋混凝土是一种具有一定的强度、可切割性好、筋材价格便宜，且原材料易于获得等诸多优点，目前已广泛地应用于盾构的始发与接收中。目前使用较多的盾构始发井和接收井基坑围护结构常采用玻璃纤维筋混凝土，盾构刀具能够直接将其切割并穿过，此方法被称为无障碍始发与接收方法，该方法避免了人工凿桩带来的风险事故，而且能实现安全、高效连续掘进。结合相关工程经验及前人研究成果，如图 12-15 所示，本工

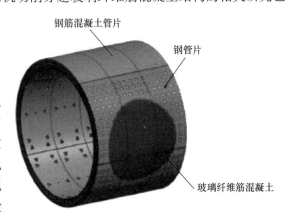

图 12-15　特殊衬砌管片三维构造图

程切削范围内拟采用玻璃纤维筋替代钢筋，采用C40玻璃纤维筋抗渗混凝土。

结合相关工程经验，切割玻璃纤维筋混凝土过程中混凝土开裂是一个裂缝产生、裂缝扩展与裂缝连通的过程，切削过程中切削力表现为先逐渐增大、后逐渐减小、最后趋于稳定的变化规律。切削过程为剪压破坏，被切削下来的碎屑逐渐进入土舱，建议在实际工程切削过程中，严格控制盾构推力和贯入度，应采用碾压、慢磨的切削方式，避免由于过大的盾构推力导致主隧道破坏的工程事故。

为了解决盾构法联络通道中盾构机切削管片时因切削困难而造成的工期缓慢、涌水涌砂等一系列问题，对主隧道中待切削管片的弱化机理及弱化可能性进行了研究。基于天津某地铁区间段盾构法联络通道项目，如图12-16、图12-17所示，通过ABAQUS有限元模拟，从降低混凝土强度、减少玻璃纤维筋及优化布置、在切削范围打孔等3个弱化维度对待切削管片进行了计算，并对计算结果进行了对比分析。研究结果表明：管片弱化后，特殊环的切削区受力减小，钢管片区受力增大；混凝土强度降低对于衬砌环受力影响在5％以内；玻璃纤维筋的弱化对管片的影响最小；打孔弱化对于管片应力的影响较大，不推荐使用。

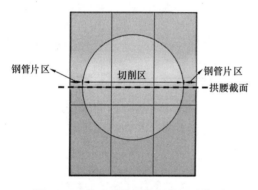

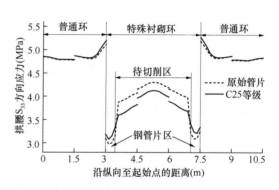

图12-16　特殊环拱腰截面分区示意图　　　　图12-17　衬砌环内侧沿拱腰混凝土应力曲线

6. 特殊衬砌管片及联络通道管片构造参数

根据前述管片构造及防火门设置的综合设计研究，形成如下管片构造参数。

(1) 特殊衬砌管片构造参数：如图12-18、图12-19所示，采用3环"钢管片＋钢筋混凝土管片"组合的复合式衬砌结构，待切削部分采用C40、P10玻璃纤维筋混凝土，其余部分采用C50、P10钢筋混凝土；管片外径为6200mm，内径为5500mm，厚度为350mm，环宽为1500mm，无楔形量，环缝设置凹凸榫，通缝拼装，采用8.8级普通弯螺栓连接（环缝16根M30/纵缝12根M30）；特殊衬砌管片均为多孔注浆管片，并在洞门周圈设置注浆孔；始发洞门尺寸为3600mm，接收洞门尺寸为3650mm。

(2) 联络通道管片构造参数：与正线隧道T形接口及防火门处设置钢管片，其他位置均为C50、P10混凝土管片；如图12-20所示，管片外径为3350mm，内径为2850mm，厚度为250mm，环宽为500mm，混凝土管片双面楔形尺寸为9.6mm，钢管片无楔形量，环缝设置凹凸榫；单环5分块（1块封顶块＋2块邻接块＋2块标准块），除T形接口及防火门处固定点位拼装外，其他均错缝拼装；混凝土管片采用弯螺栓连接（环缝10根M24/纵缝6根M24）；钢管片采用直螺栓连接（环缝10根M24/纵缝12根M24）；如

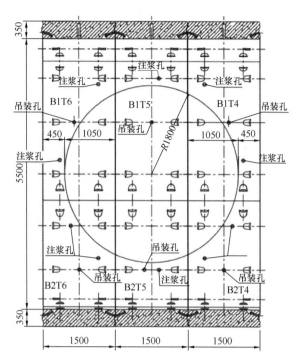

图 12-18　始发开洞立面示意图（单位：mm）

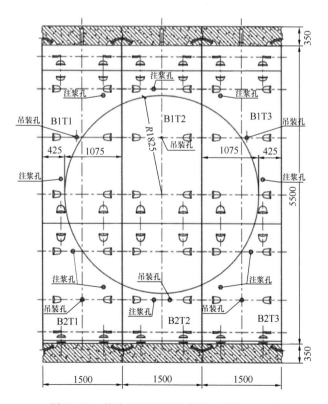

图 12-19　接收开洞立面示意图（单位：mm）

图 12-21 所示，T 形接口处钢管片每环设置 20 个注浆孔，并预留环向冻结管路。

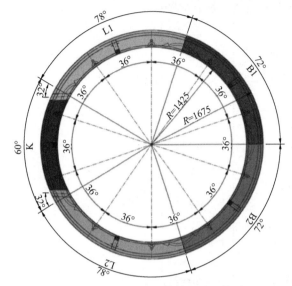

图 12-20　联络通道标准钢混凝土
管片构造图（单位：mm）

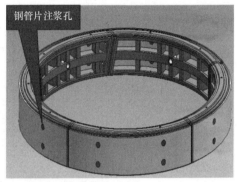

图 12-21　联络通道钢管片构造示意图

12.3.2　联络通道 T 形接头施工风险分析及临时止水措施

盾构法联络通道施工前需要进行充分的技术研讨与施工准备，涉及多项技术相互配合成体系以保证施工过程的顺利进行，在整个施工期间，盾构机在 T 形接头处进出洞是整个施工过程中比较重要的环节，该环节中临时管片被切削，主隧道洞口处还没有形成稳定的加固及连接结构，所以该阶段在施工期间最容易产生涌水涌砂风险。此期间盾构机切削混凝土管片，盾构机容易由于受力不均造成裁头，所以对洞门附近土体进行了加固处理。

（1）联络通道施工前，应采取措施对正线隧道及周边环境进行预保护处理。如图 12-22 所示，主隧道特殊管片及两侧 5 环标准管片为多孔注浆管片，施工过程中加强同步注浆，并对多孔注浆管片范围内采用水泥－水玻璃双液浆进行二次或多次压浆，填充土体扰动裂隙和同步注浆收缩空隙，控制土体压缩变形、提高承载力；同时，主隧道特殊管片及两侧 5 环标准管片范围内采用 8.8 级普通环纵向连接螺栓，且避开内支撑反力架设置管片

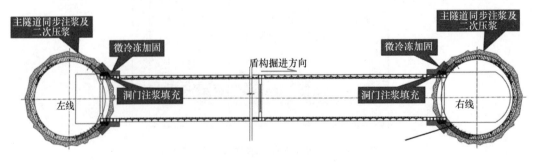

图 12-22　盾构始发、接收加固剖面示意图

纵向拉紧装置；主隧道特殊管片的钢结构部分焊接成为整体，以增加盾构进出洞时主隧道整体刚度；对主隧道开洞处三环特殊管片及两侧各 5 环范围内的管片竖向位移、水平位移、净空收敛、管片结构应力、管片连接螺栓应力、管片围岩压力等进行动态监测，根据监测数据进一步指导联络通道机械法施工；联络通道狭小空间施工采用集成化特殊设备，配套支撑反力系统、盾构进出洞套筒密封系统，在始发套筒尾刷封闭空腔内填充油脂，接收套筒内充填 M1.5 水泥砂浆掺膨润土，在进出洞阶段不间断补充尾刷空腔内油脂及套筒内浆液以保持压力，同时在洞门附近打设地下水观测井兼备用降水井，密切关注全过程地下水位变化，确保进出洞安全。如图 12-23 所示，为减小切削管片地层扰动，防止地层液化及栽头，利用主隧道特殊管片洞门附近预留注浆孔进行深孔注浆，浆液采用水泥-水玻璃双液浆，水泥浆中水灰比为 1∶1，双液浆中水泥浆与水玻璃配合比为 1∶1，注浆压力为外界水压力 0.2～0.5MPa，采用注浆压力与注浆量双控的方式。

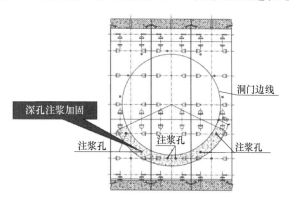

图 12-23　盾构接收端防栽头底部深孔注浆加固立面图

（2）施工时采用密闭钢套筒始发接收技术，始发钢套筒工作原理是：如图 12-24 所示，钢套筒与洞门之间的密封采用焊接连接，套筒与盾体之间利用 3 道钢丝刷及填充油脂密封，在盾尾完全进入套筒后，钢丝刷弹起并接触管片，形成套筒与管片之间的密封。接收钢套筒工作原理是：如图 12-25 所示，钢套筒与洞门之间的密封采用焊接连接，套筒焊接完成后进行打压测试，测试完成后通过套筒上注浆孔进行砂浆回填，并且给予套筒内部一定压力以维持盾构机接收破洞前后掌子面前方的压力平衡。

（3）为防止洞口处漏水漏砂，临时管片切削完成后对洞口附近土体进行了封堵注浆。如图 12-26、图 12-27 所示，在始发、接收端 3 环钢管片共设置 60 个注浆孔，采用双液浆（浆液配合比为水泥∶水＝1∶1，水泥浆∶水玻璃＝1∶1）进行洞门封堵注浆，注浆压力

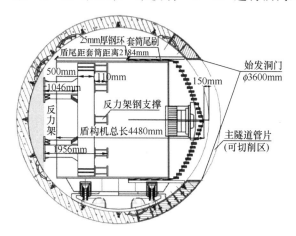

图 12-24　盾构始发就位示意图

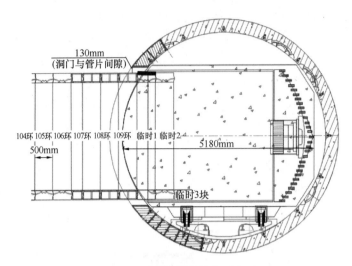

图 12-25　盾构接收就位示意图

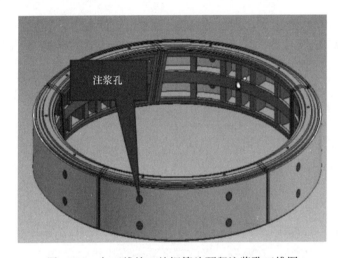

图 12-26　与正线接口处钢管片预留注浆孔三维图

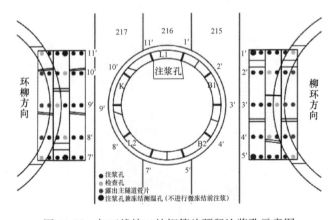

图 12-27　与正线接口处钢管片预留注浆孔示意图

控制在 0.3MPa，建议注浆浆液中加入适量利于温度传导的细微钢碎屑，便于后续微冷冻加固处理。始发端第一次洞门封堵注浆是在盾尾完全脱离洞口后，并结合现场情况陆续多次进行封堵注浆。注浆完成后，通过检查孔对注浆封堵效果进行检查，发现无渗漏水现象后，开展后续工作。

（4）在拆除套筒前，在注浆填充空隙的同时，对接头附近土体进行微冻结加固处理，作为接头处的临时止水封闭的保障措施。相比于传统的冻结法开挖需对大体积土体进行冻结加固，本工程只对接头外侧小范围内土体进行了冻结处理，也可称为"微冻结加固处理"。如图 12-28、图 12-29 所示，通过在始发、接收端 3 环钢管片内预设 40mm×60mm 无缝矩形管作为冻结管路，并预留盐水进、出口，实现径向的小范围冻结。同时，在微冻结管片预留 4 个注浆孔作为测温孔，对测温孔 500mm 深度处测温点进行温度监测，待冻结效果满足要求后，拆除钢套筒。

图 12-28　微冻结管路在钢管片内预埋

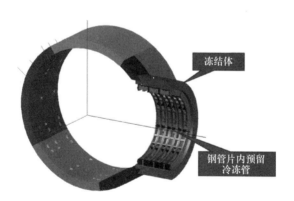

图 12-29　微冻结周圈加固示意图

（5）拆除套筒及负环管片后，焊接钢板并施作永久环梁进行封堵。如图 12-30 所示，

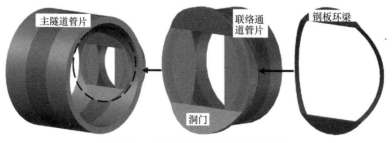

图 12-30　封堵钢板及环梁结构示意图

弧形封堵钢板主要由四部分组成，采用水密性焊缝，将上下拱顶、底部焊接在联络通道钢管片端板与主隧道钢管片开洞处端板；左右拱腰部焊接在主隧道钢管片内弧面与联络通道钢管片外弧面，使主隧道和联络通道结构连为一体，以增加洞门结构的整体性。钢板环梁施工完成后，浇筑洞门结构。

12.4　盾构机关键参数要求

根据设计要求、地质资料及施工要求，选用 1 台装备 ϕ3500mm 土压平衡盾构机进行施工。具体要求如下：

1. 基本参数

本工程盾构施工穿越范围内地层主要为粉质黏土、粉土，同时具备切削管片进出洞需求。盾构机能适应管片外径为 3.35m、管片内径为 2.85m、管片宽度为 0.5m、管片厚度为 0.25m 的小管片施工要求，管片由 1 块封顶块、2 块邻接块和 2 块标准块组成，封顶块采用小封顶形式。该盾构机与本标段设计的盾构环片内径、外径、管片长度相一致。

2. 埋深的适应性

盾构机能适应的最大埋深为 30m，本标段联络通道顶埋深在 20.9～22.1m，满足本标段工程盾构隧道施工的埋深要求。

3. 工程的适应性

盾构机能适应本工程主隧道狭小空间内的组装、调试、加固支撑，能确保在主隧道内达到满足安全始发、到达的条件，同时盾构机刀盘设计为贴合主隧道管片结构的曲面结构，能适应盾构始发洞门曲面结构的始发贴合切削，同时针对安全始发、到达要求，设有辅助装置。

4. 保持开挖面稳定、减少周边土体扰动、保护环境的性能

在土压平衡盾构机试掘进阶段，先根据理论计算的土压力设定土仓土压力，根据掘进的速度和螺旋输送机出土情况，最后取得一个较合理的土压力值，用该值对土仓的土压力进行设定，土压力设定后，盾构机在掘进过程中能根据油缸的推进速度自动调节螺旋输送机的出土量（转速和闸门开度），以确保开挖面土体的稳定，能可靠有效地控制地面沉降，确保地面建筑物及管线的安全。

5. 施工操作性能

盾构机安装的监控系统采用了世界最新的 PLC 控制技术、传感技术和盾构机故障自动检测系统及防误操作功能。监控画面精致、操作方便，数据采集和处理准确、快捷，还实现了远程施工信息传送，地面的中央控制室能随时掌握盾构机的操作和运行情况。盾构机配备自动测量导向系统，测量导向系统采用标靶、全站仪、PLC 和计算机集成，使该盾构机的施工操作性非常简捷、直观、准确。

6. 技术先进性以及经济合理性

本工程中的盾构机，所用的主要零部件及总成均由国际上有经验的、质量可靠的制造企业生产，整机达到国际先进水平，并且盾构机制造企业拥有完全的自主知识产权。该盾构机结构合理、紧凑，装置布置合理、简单，使用成本小，机械效率高，节约能耗。因

此，使用是经济合理的。

7. 联络通道施工针对性

如图 12-31 所示，盾构机由 5 节台车组成，台车上布置有盾构机工作必需的电气、液压、流体的元件和管路灯（表 12-1）。所有设备布置在拖车的左右两侧，拖车采用外走台设计，人员行走更加安全。该盾构机主要针对联络通道盾构施工进行设计，结构简单、功能齐全，能适应联络通道施工狭小空间内的安装、加固、支撑和始发、接收施工。

盾构机台车系统布置表　　　　　　　　　　　　　　　表 12-1

台车编号	系统及安装设备名称
1 号台车	高压开关柜、高压电缆分支箱、变压器、混合液、水箱、水泵和电器柜等
2 号台车	泡沫原液、补偿柜、主控柜、主控室、储气罐、空压机、液压泵站等
3 号台车	盾构主机、反力架、支撑系统等
4 号台车	配电柜、制浆机、物料吊运系统及 A、B 液等
5 号台车	到达钢套筒、支撑系统、液压泵站等

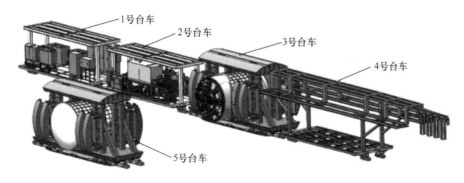

图 12-31　盾构机系统布置示意图

12.5　施工关键技术

12.5.1　工艺流程

联络通道半套筒始发全套筒接收盾构施工工艺流程如图 12-32 所示。

12.5.2　主隧道特殊衬砌环拼装要求

（1）特殊衬砌环主要尺寸为：管片外径为 6200mm，内径为 5500mm，厚度为 350mm，环宽 1500mm，无楔形量；特殊衬砌环出厂前与正线混凝土管片进行拼装试验，验收合格后方可进场施工。

（2）特殊管片衬砌环采用通缝拼装，因特殊衬砌环上联络通洞门位置固定，所以特殊衬砌环拼装点位固定，因此主隧道施工时提前进行排环，确保管片拼装点位准确；为方便后期特殊管片衬砌环顺利施工，主隧道管片施工要确保其线性准确，具体要求如下：自转角度要求<0.15°，左右联络通道中心里程偏差要求<0.1m，主隧道水平轴线偏差要求

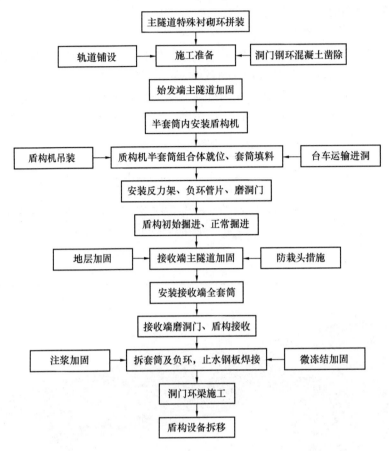

图 12-32　联络通道半套筒始发全套筒接收盾构施工工艺流程

＜25mm，主线隧道垂直轴线偏差要求＜±25mm。

（3）联络通道特殊衬砌环及其左右各五环管片均为多孔注浆环管片，主隧道施工时做好同步注浆工作，同时对管片做好二次或多次注浆工作。

12.5.3　联络通道始发关键技术

1. 始发前准备

（1）始发轨道铺设，在车站吊装孔及区间主隧道内铺设轨道，隧道内铺设范围为洞口至联络通道洞门位置。为满足台车长度，车站吊装孔处轨道铺设至少为 50m，主隧道内轨道超过始发洞门至少为 20m，轨道型号为 43kg/m 钢轨，轨距为 900mm。

（2）施工前对盾构机各台车部件尺寸进行精确测量，结合主隧道线型及限界，对可能产生超限部位轨道进行调整，铺设时对隧道转弯及上下坡处轨道轨枕进行加密处理，合理选择轨枕，确保盾构机台车运输符合限界要求及满足联络通道盾构始发定位的施工要求。

（3）采用人工将洞门钢环处表层混凝土全部凿除并清理干净，方便始发套筒焊接。

（4）如图 12-33 所示，采用人工将洞门处复合管片钢结构表层混凝土全部凿除，凿除后将复合管片钢结构焊接为一个整体，环纵缝处必须为剖口焊接，焊缝须焊透，焊接后涂刷环氧涂料。

2. 始发端主隧道加固

始发端洞门位置 3 环管片及两侧各 5 环主隧道管片为多孔注浆管片，在主隧道施工过程中加强同步注浆，注浆量为理论值的250%。同时为填充土体扰动裂隙和同步注浆收缩空隙，控制土体压缩变形，提高土体承载力，在多孔注浆管片范围内进行二次压浆，浆液采用水泥-水玻璃双液浆，水泥浆中水灰比为（1～1.5）：1，双液浆中水泥浆与水玻璃配合比为 1：1～1：0.6，注浆压力为外部水压＋0.2～0.5MPa。

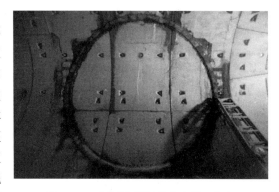

图 12-33　洞门位置局部凿出接口钢板

3. 始发套筒安装

始发为半套筒结构，分为上下两半圆，套筒上下两部分在地面进行焊接，套筒焊接完成后焊接盾尾刷并涂抹盾尾油脂，盾尾油脂涂抹完成后用吊车将盾构机吊起，然后用手拉葫芦将盾构机整体拉入始发套筒。

4. 盾构机半套筒组合体就位、套筒填料

（1）盾构机半套筒组合体就位

始发由 4 节台车组成，各节台车用 260t 汽车起重机吊装下井后由 45t 电机车逐个水平推送就位，盾构机半套筒组合体放置的台车为始发台车。始发台车定位后，此时盾构机半套筒组合体正对始发洞门。

（2）始发台车定位

依据联络通道在隧道内始发洞门的实际洞门中心线确定始发 3 号台车盾构机和始发钢套筒的中心线，通过测量放线，精确定位 3 号台车的安装位置。盾构机主机、反力架、始发套筒均位于 3 号台车上，安装时要利用垂线和全站仪控制 3 号台车安装的垂直度，使盾构机、始发套筒中轴线与洞门中轴线重合，并控制始发台车以及台车上盾构机、始发套筒的安装高程，一般台车中心标高比设计联络通道隧道中心标高高 20mm，为确保顺利始发，盾构机始发台车安装左右偏差控制在±10mm 之内，高程偏差控制在±5mm 之内，上下偏差控制在±10mm 之内。盾构姿态与联络通道设计轴线竖直趋势偏差＜2‰，水平趋势偏差＜±3‰。安装加固完毕后对始发台车的垂直度、高程等进行复测，以保证盾构机始发姿态。

（3）支撑系统安装加固

本标段联络通道施工使用 T3500 盾构机，盾构机主机、始发套筒、反力架均位于 3号台车，到达钢套筒位于 5 号台车，3 号台车在盾构始发时要承受纵向、横向的推力以及约束盾构旋转的扭矩，同时需要为盾构机推进提供横向反力，5 号台车到达时要承受盾构推进推力作用和防套筒变形受力，盾构机 3 号台车、5 号台车设计有移动式预应力支撑，同时 3 号台车与反力架系统形成整体支撑体系，在隧道就位后，支撑系统可实现无极加压和保压功能，并可实现台车上部及左右支撑于主隧道结构，且能够适应主隧道不同工况，同时支撑体系可实时监测受载情况，进行实时监控，在盾构始发、到达前，精确测量定位后，根据测量定位通过支撑体系伸缩进行调整。

图 12-34 套筒与洞门焊接效果及
整环探伤检测

（4）钢套筒与洞门钢环焊接

盾构机半套筒组合体就位后，根据洞门标高、设计轴线、盾构机始发定位等确定套筒安装水平位置和标高，并通过始发台车进行调整，将始发套筒与洞门钢环焊接在一起，如图 12-34 所示，焊缝沿钢套筒一圈外侧满焊，焊接采用二氧化碳保护焊，完成后对焊接部位进行探伤检测，合格后方可进行下一步施工。

（5）盾构机土舱填充

在套筒腰部位置开口填充黏土，填充完成后再通过刀盘加泥加水系统向土舱内加入膨润土浆液，保证始发时土舱满舱、土压稳定。

（6）安装橡胶帘幕板

始发套筒与洞门钢管片焊接位置外侧安装一层橡胶帘幕板，帘幕板一侧用胶粘剂粘在套筒上，同时使用手拉葫芦配合钢丝绳拉紧；另一侧粘在钢管片上并用射钉钉一周进行固定，在橡胶帘幕板 2 点钟、10 点钟位置各设置一个油脂注入口，利用盾构机油脂泵向橡胶帘幕板内注入盾尾油脂，外侧用双快水泥封堵。

（7）套筒密封性检测

橡胶帘幕板安装完成后，通过套筒盾尾刷油脂注入系统向盾尾刷隔腔内加注油脂，确保盾尾刷油脂充填密实、密封良好。如图 12-35 所示，完成后利用盾构机自身空压机通过始发套筒前部预留球阀向套筒内打气进行加压检测，采取逐级加压及停时保压的方法，压力不小于 0.25MPa，维持 5min 压力不下降即可。

（8）连接出泥管路

盾构机进洞就位后，于螺旋机侧面出土口连接出泥管路，出土口与管路之间增

图 12-35 套筒油脂注入孔及套筒密封性检测

加一个手动闸阀，采用法兰连接，出泥管直径为 150mm，长度为始发前先接 10m，始发后随盾构推进逐渐延伸，材质为不锈钢钢丝软管，管路直接连接到出土斗，防止螺旋机喷涌。

5. 安装反力架、负环管片、磨洞门

（1）反力架及负环管片安装

盾构始发前各项措施均完成，并通过五方责任主体及质检单位验收合格后，开始安装反力架及负环管片。

① 本工程盾构机反力架由 3 部分组成，分别为 4 根长支撑、1 个反力钢环（预先放置于盾构机内）、10 根可变长度钢支撑。

② 根据联络通道管片排环和洞门首环正环管片定位确定负环管片数量、位置及反力

架长度。

③ 结合负环管片位置及盾构机姿态确定反力架安装角度。

④ 长度及角度确认完成后，反力架尾部与 3 号始发台车背板焊接，并通过前部 10 根钢支撑丝杠（与盾构机 10 个千斤顶相对）调节至合适距离和角度。

⑤ 反力架安装调节完成后开始拼装负环管片，首先在盾尾壳体内安装管片支撑垫块，做好首块负环管片定位，然后在盾构机盾尾内再自下而上左右交叉、逐块安装第一环负环管片，每一块管片安装完成后，用千斤顶及时顶紧，依次安装剩余 4 块管片，直至拼装成环，可以为盾构机提供反力。

⑥ 位于始发套筒内部的负环管片，全部粘贴防水材料，以确保始发过程中始发钢套筒的密封效果。

（2）始发磨洞门安装

① 始发前精确计算刀尖接触到始发洞门弧面管片结构的推进行程，刀尖接触管片前提前开始转动刀盘，防止刀盘进刀量过大引起刀盘被卡。

② 推进过程中严格控制推进参数，推进速度为 1～2mm/min，推力控制在 5000kN 以内。在刀盘转动过程中土仓内及刀盘前加注膨润土浆液进行润滑和冷却。

③ 磨管片过程要连续均匀，均衡施工，采取碾压、慢磨的切割方式使玻璃纤维筋及混凝土破碎。

④ 切削过程中，逐步建立土仓压力，以防止贯穿始发洞门后洞门背后水涌入始发套筒内。

⑤ 刀盘切削始发洞门时由于切削阻力及刀盘扭矩增大等影响，盾体在切削过程中可能产生转动，因此在切削洞门前，需采取在盾构机盾壳两侧焊接防自转装置，并在始发过程中逐步割除。

⑥ 负环管片脱出盾尾后，下部与始发架连接处采用木楔子楔实，同时采用钢丝绳固定。

12.5.4　联络通道接收关键技术

1. 复核轴线、调整姿态

（1）在盾构推进剩余 10m 时，开始为接收做准备，对盾构机的位置进行准确的测量，明确成型隧道中心轴线与隧道设计中心轴线的偏差关系。

（2）到达洞门中心时进行复核测量，确定盾构机的进洞姿态与洞门中心偏差在 20mm 以内，纠偏要逐步完成，每一环纠偏量不能过大。

2. 盾构接收端注浆加固

（1）接收端主隧道加固

接收端洞门位置 3 环管片及两侧各 5 环主隧道管片为多孔注浆管片，在主隧道施工过程中加强同步注浆，注浆量为理论值的 200%。同时为填充土体扰动裂隙和同步注浆收缩空隙，控制土体压缩变形，提高土体承载力，在多孔注浆管片范围内进行二次压浆。

（2）防栽头措施

为减小切削管片地层扰动，防止地层液化及栽头，接收前利用接收洞门预留注浆孔进行深孔注浆，注浆管为 $\phi42mm$、$t=3.5mm$ 的钢花管，长度为 3m。

（3）注浆浆液配合比

接收端注浆浆液均采用水泥-水玻璃双液浆，水泥浆中水灰比为（1～1.5）∶1，双液浆中水泥浆与水玻璃配合比为1∶1～1∶0.6，注浆压力为外部水压＋0.2～0.5MPa。

3. 安装接收端全套筒

（1）套筒安装前准备措施：①采用人工将洞门钢环处表层混凝土全部凿除并将表面清理干净，方便接收套筒焊接。②采用人工将洞门处复合管片钢结构表层混凝土全部凿除，凿除后将复合管片钢结构焊接为一个整体，环纵缝处必须为剖口焊接，焊缝须焊透，焊接后涂刷环氧涂料。③接收套筒拼装完成后采用45t电瓶车将接收台车顶推进洞就位，此时对接收套筒与洞门钢环拟合度进行测量，对接收套筒进行微调，保证接收套筒洞门钢环完全贴合且处于水平位置。

（2）套筒连接及填充：①如图12-36所示，接收套筒就位完成后，将套筒与洞门钢环焊接在一起，焊缝沿钢套筒一圈内外侧均满焊，焊接采用二氧化碳保护焊，完成后对焊接部位进行探伤检测，合格后方可进行下一步施工。②接收套筒与洞门钢环连接完成后，将套筒与台车底部焊接在一起，确保接收套筒稳固。③如图12-37所示，加固完成后采用接收套筒前部预留球阀向套筒内打气进行加压检测，采取逐级加压及停时保压的方法，压力不小于0.25MPa，维持5min压力不下降即可。④在盾构机刀盘切削主隧道管片结构前，通过接收套筒顶部加料口，向接收套筒内充填M1.5水泥砂浆掺膨润土。

图12-36　钢套筒与洞门焊接及全环探伤

图12-37　套筒密封性检查

4. 接收端磨洞门、盾构接收

（1）磨洞门：①精确计算刀尖接触到接收洞门弧面管片结构的推进行程，刀尖距接收端主隧道管片约500mm时降低推进速度至5mm/min，控制盾构姿态保持在±5mm之内。②刀尖接触主隧道管片，开始切削接收端主隧道管片，严格控制贯入度，推进速度不大于2mm/min，尽量减少出土量，保持土压平衡，防止超挖，切削管片一次性贯穿，不可中途中断油缸压力，防止主机下沉。③磨管片过程要连续均匀，均衡施工，采取碾压、慢磨的切割方式使玻璃纤维筋及混凝土破碎。④严格控制盾构姿态，特别是盾构切口的姿态，控制目标为水平±15mm，垂直＋10～＋20mm。⑤控制盾尾间隙，保证盾尾间隙的均匀，必要时通过管片进行调节。⑥推进过程连续均匀，均衡施工，保证土仓内土压稳定，防止出空土仓，水进入土仓后形成前后水力贯通通道。⑦推进过程中加强盾尾油脂的压注，防止盾尾漏浆。⑧从管片上拼装孔向管片外侧注双液浆，防止盾尾后的水进入盾尾前方。⑨洞门磨除施工期间实时观察接收套筒密封情况、主隧道变形情况。

（2）盾构接收：盾构磨洞门完成后，刀盘完全进入接收套筒，此时盾构机盾体逐渐进入钢套筒。①推进速度控制在 5mm/min 以内，严格控制盾构机推力不大于 5000kN。②密切观察钢套筒顶部的情况，一旦发现钢套筒密封处出现渗漏状况，压力过大时，打开钢套筒上的排浆口，进行卸压。③进入钢套筒时姿态控制：以实际测量的钢套筒安装中心线为准控制盾构机姿态，中心线偏差控制在±2cm 之内。盾构机在进入钢套筒后，密切注意姿态控制。④盾尾进入主隧道管片而未进入接收套筒时，盾构机停止推进，进行洞门封堵注浆施工。采用洞内与主隧道内沿洞门圈交叉注浆，浆液为水泥-水玻璃双液浆，配合比同洞门注浆。⑤盾构机盾尾脱出洞门管片前，对洞门 8 环管片通过管片吊装孔，采用14B 槽钢进行连接固定，形成 4 道拉紧装置，洞门处 3 环钢管片部分采用焊接固定。⑥洞门封闭完成后，盾构继续向前推进并拼装临时混凝土管片将盾构机完全推入接收套筒，在刀盘不转的情况下，排空舱内回填物，接收完成。

12.5.5　始发、接收套筒拆除条件

1. 注浆加固

如图 12-38 所示，始发、接收洞门处各设置 3 环微冻结管片，管片为多孔注浆环管片，每环管片上设置 20 个注浆孔。注浆浆液采用双液浆，浆液配合比为水泥：水＝1：1，水泥浆：水玻璃＝1：0.6，初凝时间控制在 90s，注浆压力控制在 0.3MPa。

2. 管片拉紧

始发、接收套筒拆除前，首先对正环最开始 8 环管片以及最后 8 环管片设置拉紧装置，钢管片部分采用焊接固定，其余混凝土管片固定在管片吊装孔，拉紧装置共设 4 道。

3. 微冻结加固

如图 12-39 所示，利用预设冻结管的钢管片对洞门周边土体进行冻结加固。冻结效果满足理论设计后，打设探孔，查看壁后是否存在漏水现象，同时对孔内冻结体进行测温，当温度低于－10℃且无漏水现象，表明冻结效果满足套筒拆除条件，如不满足，立即封闭探孔，继续进行冻结。

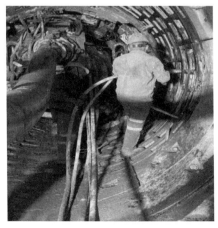

图 12-38　微冻结前注浆　　　　　　　　图 12-39　微冻结施工

4. 拆套筒及负环, 止水钢板焊接

(1) 拆除前通过套筒预留注浆孔及管片注浆孔进行探水, 确认无渗漏水情况后进行套筒、负环拆除及止水钢板焊接施工, 如图 12-40 所示。

(2) 拆除分部进行, 先拆两腰, 后拆拱顶, 最后拆拱底。拆除采用气割将套筒割除, 割除的同时进行封堵钢板焊接工作, 边拆边焊接封堵钢板。

(3) 封堵钢板焊接完成后, 将套筒上下部位与钢环彻底断开连接, 整个套筒拆除完成后, 随台车运输出洞。

12.5.6 洞门永久止水措施及接头环梁施工

(1) 洞门处注浆及微冷冻止水效果满足要求后, 拆除套筒及负环管片, 分段焊接封堵钢板作为永久止水措施, 封堵钢板厚度为 30mm, 要求采用水密性焊缝, 焊缝高度为 12mm, 焊接表面不得有气孔、夹渣和肉眼可见的裂纹, 并进行 100% 磁探伤。

(2) 解除微冻结施工, 并及时补充注浆。

(3) 封堵钢板防腐要求: 钢板表面采用粉末渗锌处理, 焊接破坏后应涂刷 702 环氧富锌底漆约 20um (一涂), 待固化后再涂无溶剂超厚膜型环氧涂料, 厚度约 1100um (三涂)。

(4) 待上述工序完成后, 如图 12-41 所示, 在钢管片与环梁间设置遇水膨胀止水橡胶, 浇筑 C40、P10 洞门环梁混凝土, 钢筋与钢管片焊接, 混凝土完全包裹封堵钢板及外露部分的钢管片。

图 12-40 接收端套筒拆除及封堵钢板焊接 　　　　图 12-41 洞门环梁施工

12.6 周边环境影响监测分析

12.6.1 监测方案与监测点布置

为了监控盾构隧道施工时对周围地表的影响程度和范围, 布置地表沉降剖面监测点进行垂直位移监测。在盾构进、出洞段及风险源影响范围内，约 5m 布设一个轴线点，距进、出洞段约 10m 布设一个监测断面，两侧测点对称于线间距中心布置。监测点平面布置如图 12-42 所示。

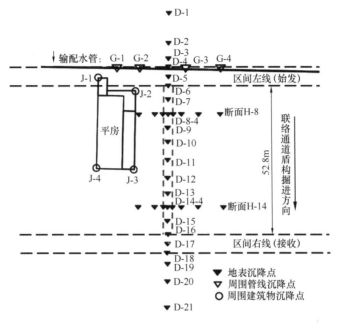

图 12-42　监测点平面布置图

12.6.2　地表沉降监测

1. 联络通道轴向方向

沿联络通道方向布设监测点 D-1～D-21，如图 12-42 所示，受联络通道施工影响，地表土体出现不同程度的隆沉变化：在破洞阶段，始发主隧道洞口对侧管片受顶推力作用、洞口侧管片受切削作用，周围土体在两侧分别呈现隆起、沉降；随着盾构推进、远离始发主隧道，此处土体变形略有恢复。后期盾构推进中，联络通道施工中间段处沉降变化明显，最大沉降值达到 10mm；两侧主隧道处土体受内支撑体系作用，地表沉降较为稳定；施工全过程中，存在部分监测点位地表沉降曲线波动明显的情况，但沉降曲线整体呈现 U 形槽形状，如图 12-43 所示。

2. 联络通道横断面

沿垂直联络通道方向分别布设断面监测点，随着施工推进，盾构依次经过 H-8、H-14 监测断面，分别对应联络通道 20 环、80 环位置。如图 12-42 所示，对于 H-8 监测断面上各点，随着盾构推进，联络通道正上方土体出现 2mm 沉降，较远处监测点受影响较小，呈现不明显的对称槽；盾构机远离监测断面至一定距离后，盾构施工对监测断面处地表沉降的影响逐渐减弱；伴随着浆液凝固失水等，工后沉降稳定在 10mm。即在外径为 3.35m、覆土厚度约为 22m 的深埋联络通道进行盾构法施工，造成其正上方土体出现 10mm 沉降，可认为施工过程对隧道上方地表土体造成一定影响。H-14 监测断面位于联络通道 80 环位置附近，受影响较弱，沉降量较为稳定，约 2mm，如图 12-44 所示。

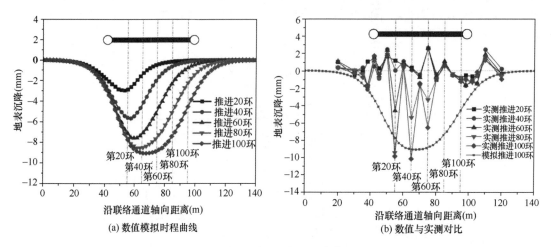

(a) 数值模拟时程曲线　　　　　　　　(b) 数值与实测对比

图 12-43　在不同施工阶段沉降曲线变化

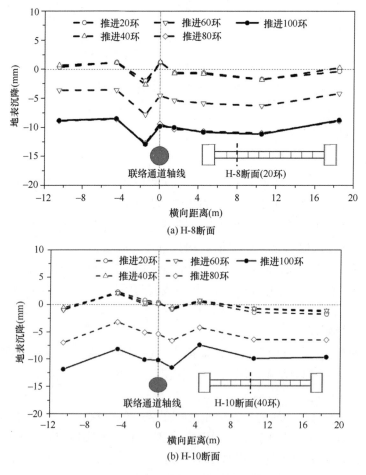

(a) H-8断面

(b) H-10断面

图 12-44　联络通道横向断面地表沉降（一）

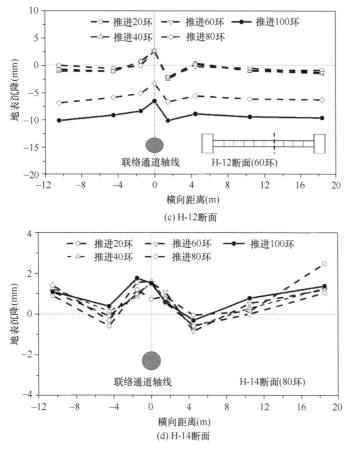

(c) H-12断面

(d) H-14断面

图 12-44　联络通道横向断面地表沉降（二）

综上所述，在联络通道施工过程中，各断面地表沉降受前期施工影响较小，待盾构通过监测断面后，地表沉降逐渐增大；地表沉降沿联络通道轴线呈现一定的对称性；因注浆等加固作用，联络通道轴向上方土体存在一定的隆起。

12.6.3　周围管线及建筑物沉降监测

1. 周围管线沉降

根据前述分析可知，联络通道隧道施工将引起地层损失，导致隧道上部土体产生一定的沉降变形，进而对地面的建筑物，尤其是采用浅基础的建筑物，以及浅埋的市政管线产生影响。联络通道附近存在市政输配水管（钢 DN1400、埋深 2.13m），位于始发主隧道正上方，在地表布设监测点 G-1～G-4，观测周围管线变形分布规律。如图 12-45 所示，在联络通道施工期间，周边管线竖向位移累计变化量最大为－4mm（G-4），平均沉降量为－2.6mm；管线差异沉降量最大值为 3.6mm（G-1～G-2），变形值小于可允许变形控制标准。

2. 周边建筑物变形

联络通道上方无建筑物，但周围存在低矮民房与联络通道距离较近且年久失修，为避免施工引起的不均匀沉降危及民房的结构安全，联络通道施工时，在建筑物基础底部沿长

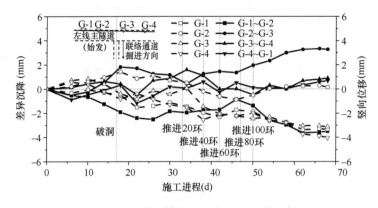

图 12-45　周围管线竖向位移及差异沉降

宽两个方向分别布设沉降观测点,以监测建筑物各阶段的沉降及差异沉降。周围建筑物与联络通道位置关系如图 12-42 所示,监测点布置在建筑物四角承重柱或墙上。

如图 12-46 所示,在联络通道盾构始发阶段,平房中邻近联络通道一边的测点 J-2、J-3 位置处产生隆起,距联络通道较远一边的测点 J-1、J-4 位置处产生沉降,可能是受盾构始发的顶推作用影响,导致离联络通道较近的土体产生隆起,而较远边产生沉降。随着盾构推进,施工对建筑物的影响增强,J-3 位置处隆起值达到 3.7mm,其余点位沉降值变化缓慢或逐渐恢复,趋向平稳。平房下侧外墙差异沉降最大,约为 4.6mm;上侧外墙差异沉降最小,约为 1.7mm。总体上,盾构法联络通道施工对浅基础低矮民房影响较小。

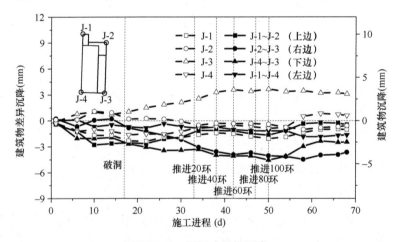

图 12-46　周围建筑物沉降

12.7　结语

本章结合天津复杂承压水地层特点及建设需求,系统性研究了盾构法联络通道相关技术,在既有技术的基础上,大胆创新思路,突破了该工法广泛性推广应用的相关问题,形成如下创新成果:(1)研发了满足狭小空间防火门设置需求的扩大直径联络通道管片及主隧道可切削特殊衬砌管片整体结构设计方案,解决了目前已实施盾构法联络通道内净空尺寸无法满足防火门净宽要求，不利于人员疏散的问题。（2）研发了富水软土地层盾构法联络通道施工全过程风险控制成套技术，其中 T 形接头注浆结合微冷冻加固临时止水技术为首创，解决了高水压软土地层盾构法联络通道始发接收漏水漏砂风险高的问题，具有较高的推广价值。（3）研发了主隧道特殊衬砌环可切削管片弱化技术，可提高盾构法联络通道进出洞时盾构机切削管片的施工效率，大幅降低了施工风险。

第 13 章　雄安地区基坑多道内支撑支挡结构 嵌固深度优化研究——以雄安新区至北京 大兴国际机场快线为例

13.1　引言

雄安新区至北京大兴国际机场快线（以下简称"京雄快线"）项目雄安段基坑采用上部放坡加下部多道内支撑支挡结构。基坑设计中出现了支挡结构嵌固深度满足构造要求，但嵌固段坑内土反力大于被动土压力的情况，按《建筑基坑支护技术规程》JGJ 120—2012 规定，支挡结构嵌固深度需增加至土反力小于等于被动土压力，对该规范要求，不同地区城市轨道交通项目执行情况不一致。为优化工程投资以及尽量减少基坑支挡结构对地下水补给连续性的影响，本章以京雄快线项目为依托，结合岩土勘察成果，采用理论分析、数值模拟以及工程类比的方法，研究并给出了雄安地区基坑多道内支撑支挡结构嵌固深度优化的建议，可为雄安后续轨道交通及建筑工程项目基坑支护设计提供参考。

13.2　工程背景

京雄快线项目在雄安范围总体呈东西走向，包括三站四区间，均为地下结构。以明挖区间基坑围护结构典型断面（图 13-1）为研究对象，基坑开挖深度为 24.14m，开口线宽度约为 76m，采用上部两级放坡、下部水泥土地下连续搅拌墙（TRD）垂直支护的方案，其中：放坡坡比为 1∶1.4；垂直支护部分开挖宽度为 20.7m，深度为 12.1m；TRD 内插型钢间距为 600mm，嵌固深度为 11m；竖向设置两道钢支撑，竖向间距为 6m，第一道支撑横向间距为 6m，第二道支撑横向间距为 3m。

基坑开挖深度范围主要分布素填土、粉质黏土、黏质粉土、粉细砂等土层，现状水位埋深约为 13.45m（图 13-2、表 13-1）。场地周边为空地，环境简单。

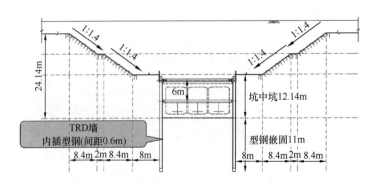

图 13-1　京雄快线明挖区间基坑围护结构典型断面

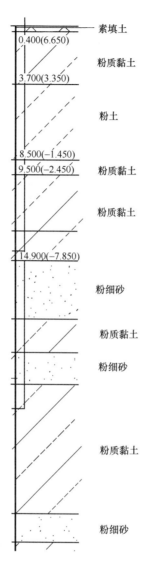

图 13-2　京雄快线明挖区间典型地质柱状图

京雄快线明挖区间土层力学参数　　　　　　表 13-1

序号	土层	厚度 (m)	直剪固结快剪		
			重度（kN/m³）	黏聚力（kPa）	内摩擦角（°）
1	素填土	0.70	19.5	18.00	12.00
2	粉质黏土	5.10	19.7	21.30	15.20
3	粉土	2.80	18.7	7.40	27.90
4	粉质黏土	2.70	20.1	23.30	17.60
5	粉质黏土	7.40	20.1	20.90	17.50
6	粉细砂	1.80	19.8	5.00	31.30

续表

序号	土层	厚度 （m）	直剪固结快剪		
			重度（kN/m³）	黏聚力（kPa）	内摩擦角（°）
7	粉质黏土	6.90	20.2	21.60	18.90
8	粉细砂	3.20	20.1	5.40	33.20
9	粉质黏土	7.00	20.2	20.00	19.40
10	粉细砂	2.84	19.8	6.00	33.10

采用理正深基坑软件设计京雄快线明挖区间基坑支护体系时，出现了坑底土反力控制 TRD 嵌固深度的情况：当嵌固深度满足规范中构造要求时（嵌固比取 0.2），TRD 嵌固深度为 4.8m，墙底抗隆起稳定性满足要求，但土反力验算不满足要求，为满足土反力验算要求，嵌固深度需增加至 11m，嵌固比为 0.456。

13.3　理论分析

13.3.1　现行规范要求及分析

现行行业标准《建筑基坑支护技术规程》JGJ 120—2012 要求，挡土构件嵌固段上的基坑内侧土反力不应大于被动土压力（式 13-1），当不符合时，应增加挡土构件的嵌固长度或取 $P_{sk} = E_{pk}$ 时的土反力。

$$P_{sk} \leqslant E_{pk} \tag{13-1}$$

式中：P_{sk} 为挡土构件嵌固段上的基坑内侧土反力标准值（kN）；E_{pk} 为挡土构件嵌固段上的被动土压力标准值（kN）。

《建筑基坑支护技术规程》JGJ 120—2012 所采用的弹性支点法计算原理是：将土体简化为弹性支座，将围护构件简化为坑底以下为土弹簧、坑底以上为支撑弹簧的弹性梁（图 13-3），根据土弹簧、支撑弹簧及围护结构之间的刚度关系，以有限元法计算土体位移，基于位移和土反力的线弹性关系，计算出土反力。计算出的土反力将随位移增加线性

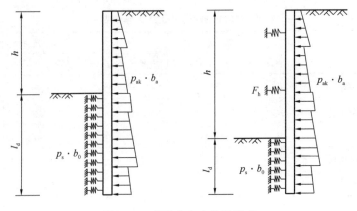

图 13-3　弹性支点法分析模型

增长，但实际上土的抗力是有限的，如采用摩尔-库仑强度准则，理论上嵌固段上基坑内侧土反力不能超过被动土压力，如超过则基坑内侧被动区土体破坏，引起围护构件底部失稳，发生"踢脚"现象。

北京市地方标准《建筑基坑支护技术规程》DB 11/489—2016、河北省地方标准《建筑基坑支护技术标准》DB13（J）/T 8468—2022 也要求，挡土构件嵌固段上的基坑内侧土反力不应大于被动土压力，在不满足时需调整围护结构的嵌固深度。

挡土构件嵌固段的土反力上限值控制条件 $P_{sk} \leqslant E_{pk}$ 为《建筑基坑支护技术规程》JGJ 120—2012 新增内容，原行业标准《建筑基坑支护技术规程》JGJ 120—99 无此控制条件。北京市地方标准《城市轨道交通工程设计规范》DB11/995—2013 中无此项要求。

13.3.2　岩土软件土反力计算分析

当前理正深基坑软件验算土反力算法尚需完善。一是理正深基坑软件采用朗肯土压力理论，不考虑支挡结构与土体之间的摩擦角，计算所得被动土压力值较实际偏小；二是《建筑基坑支护技术规程》JGJ 120—2012 提出计算 $P_{sk} \geqslant E_{pk}$ 时，除了增加嵌固段长度外，还可取 $P_{sk} = E_{pk}$ 时的分布土反力重新验算支挡结构受力状态，软件尚无此功能，因为基坑坑底以上支挡结构受到内支撑、外侧土体的约束作用，即使 $P_{sk} > E_{pk}$，在内支撑、支挡结构未出现破坏的情况下，坑外土体向坑内的位移尚需克服支挡结构的抗弯刚度，此时基坑仍为安全状态。

采用 Midas GTS 有限元软件对上述基坑围护结构典型断面进行模拟（图 13-4～图 13-8），结构采用摩尔-库仑强度准则，支挡结构嵌固深度为 11.1m。模型计算的被动区土体水平向合力（反映了土反力）为 2674kN。相同条件下理正深基坑软件计算的被动区

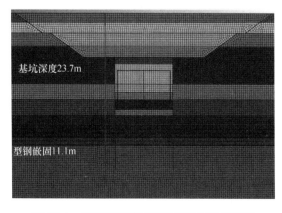

图 13-4　基坑围护结构典型断面有限元模型

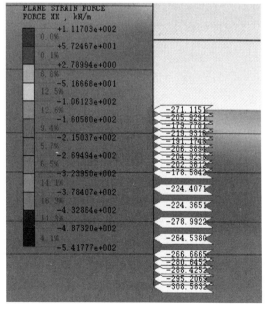

图 13-5　基坑内侧 X 方向土体单元应力云图

土压力为3187kN，被动区土反力为3182kN，嵌固比为0.47。若按数值模型，被动区土体水平向合力与被动区土压力平衡时，围护结构嵌固长度为9.5m，嵌固比9.5m/23.7m＝0.4。

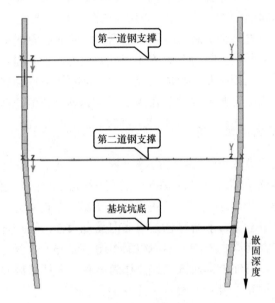

图13-6 基坑支挡结构位移图

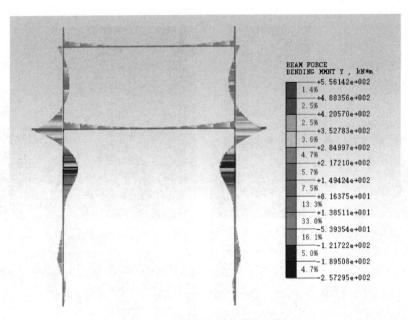

图13-7 基坑围护结构弯矩云图

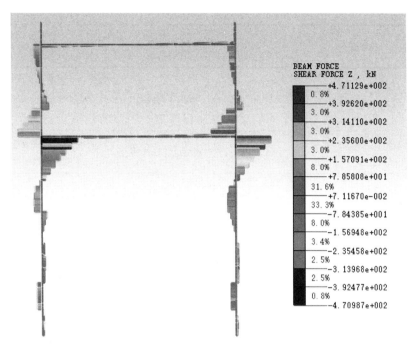

图 13-8　基坑围护结构剪力云图

13.3.3　其他地区类似工程经验

本章调研了其他地区城市轨道交通对规范中土反力验算要求的执行情况（表 13-2）。

不同地区城市轨道交通基坑围护结构土反力验算要求的执行情况　　　　表 13-2

地区	地质情况	嵌固比	嵌固比主要控制因素	土反力计算执行情况
深圳	以填土、粉质黏土、粉土及花岗岩、变质岩层为主	0.3 左右	围护结构内力	地层较好，嵌固比一般满足土反力验算要求，较少工程不满足时，不强制要求调整嵌固比
南宁	以填土、黏土及变质岩层为主	0.3～0.4	围护结构内力	地层较好，嵌固比一般满足土反力验算要求，部分工程不满足时，适当加大嵌固比
郑州	以填土、砂层、粉质黏土及粉土层为主	0.5～0.7	基坑稳定性计算	地质相对较差，存在土反力验算控制嵌固比的情况。按规范要求执行土反力验算
太原	以填土、砂层、粉土（黄土）层为主	0.5 左右	基坑稳定性计算	地质较差，存在土反力验算控制嵌固比的情况。太原地铁 1、2 号线初步设计专项论证意见：围护结构设计不需严格满足此要求

地区	地质情况	嵌固比	嵌固比主要控制因素	土反力计算执行情况
石家庄	以填土、砂层、粉质黏土及粉土层为主	0.35 左右	围护结构内力	地层与北京类似，嵌固比一般满足土反力验算要求，不满足时调整地勘参数
天津	以填土、黏性土、淤泥质土等沉积物为主	1.0 以上	基坑稳定性计算	地层较差，嵌固比基本为 0.6～0.8，对此项不关注

13.3.4　讨论

城市轨道交通工程基坑多为多道内支撑支挡结构，对于土反力验算控制支挡结构嵌固深度时是否执行规范要求讨论如下：一是规范所采用的朗肯土压力计算理论不考虑支挡结构与土体之间的摩擦角，计算所得被动土压力值较实际偏小。二是假设 $P_{sk} \geqslant E_{pk}$，支挡结构嵌固段产生了朝向基坑内侧的变形，由于内支撑、支挡结构刚度大，内支撑将提供部分嵌固段外侧土压力的反力，坑底以上支挡结构外侧土体土压力从主动土压力转变为被动土压力，也提供反力，围护体系再次达到平衡，基坑仍为安全状态。三是调研类似地层既有城市轨道交通基坑工程经验，极少发生坑底被动区土体破坏。四是地铁工程基坑较深，嵌固比普遍偏大，在满足基坑其他稳定性要求的同时按此项控制偏严。

13.4　结语

本章通过分析规范对 $P_{sk} \leqslant E_{pk}$ 要求的初衷以及理正深基坑软件计算原理，结合有限元软件分析及类似地层地铁基坑工程经验，提出对于雄安地区较小跨度的多道内支撑支挡结构基坑（如轨道交通明挖区间），在满足基坑其他稳定性设计及支护构件受力计算要求的情况下，挡土构件嵌固段基坑内侧土反力验算不作为嵌固深度设计的控制因素。

第14章 新生代地铁施工工人不安全行为原因分析及防范措施研究

我国自 1965 年北京地铁开始施工，已有 50 多年历史，已经进入了迅速发展的阶段，随着地铁建设的全面开花，施工安全事故频繁发生，一般来讲事故的发生因素主要由人的不安全行为、物的不安全状态等引起，而随着信息网络技术的不断发展，地铁施工也逐渐地迈向信息化和精细化管理，尤其是近几年智慧工地模式的出现，改善了地铁施工生产效率低和各项工序协调复杂的弊端。

14.1 地铁施工人员特征

14.1.1 文化水平较高

相较于以往人们对施工人员的认知，目前新生代地铁施工人员大部分为 70 或者 80 后，基本上完成了九年义务教育，对一些新的事物、新的工艺接受能力比较高，比如有很多工地工人活跃在抖音或者快手等网络交流平台，通过分享自己的日常工作，来获取一些流量，这都是新生代施工人员的典型代表（图 14-1）。

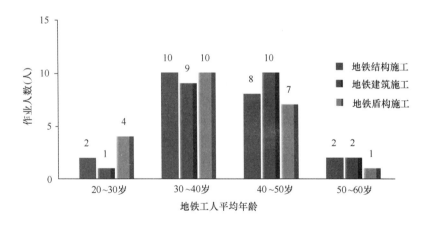

图 14-1 石家庄地铁 5 号线 06 工区谈固北大街站各工序 22 名作业人员统计

14.1.2 平均作业时间较长

目前，国内地铁施工现状往往是工期紧、任务重，而且地铁施工工序较为复杂，不可控因素较多，受周边环境制约较大，实际施工进度相较于计划工期往往滞后，所以地铁施工通常面临着抢工期的局面，很多工人面临着经常性加班（图 14-2）。

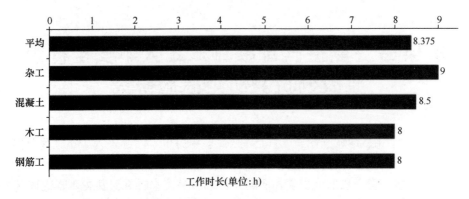

图 14-2　石家庄地铁 5 号线 06 工区谈固北大街站各工种工作时间统计

14.1.3　对生活环境要求较高

相对于老一代施工工人,他们不仅仅是为了赚钱而工作,更多地考虑了其周边环境是否能够满意,现在地铁施工工地的工人生活区配套设施要满足他们日常生活所需,包括:空调、洗浴设施、电动车停放区等,而且对厨房条件要求较高,大多数工人在结束一天工作后会选择和工友喝酒聚餐,来缓解一天下来的疲劳。

14.2　新生代地铁施工的不安全行为形成机制

人的行为形成过程是非常复杂的,可以理解为一个信息处理到输出的过程,主要包含信息感知、识别、思考以及最终的行为输出。基于上述理论,结合对现场工人工作生活深入的调查分析,来研究地铁施工工人的不安全行为形成机制,通常是工人在感受到刺激后,会对信息进行识别思考,并通过行为输出来对刺激做出反应,针对地铁施工恶劣和复杂的工作环境,可将刺激因素划分为内部和外部刺激,内部刺激主要是指个体自身的生理或心理因素,外部刺激指的是外界环境的影响。

14.2.1　个体行为

1. 习惯性不安全行为

在作业过程中经常存在一些低风险程度的不安全行为,工人们把这些安全隐患完全忽略,把这些习惯性不安全行为当成正常现象,比如氧气乙炔瓶未保持安全距离、高空作业不规范使用安全带等现象。

2. 盲目大意性不安全行为

盲目大意性不安全行为是当事人能意识到自身的行为存在不安全性,但认为自身水平较高或者为了省时省力或者节约成本而做出的行为,如在地铁工地经常发生的在钢支撑上行走、吊车超重作业或吊车支腿未完全打开即进行吊装作业等现象,这些都是当事人出于侥幸心理,认为这些行为不存在危险性。

3. 负面情绪性不安全行为

我们研究的主要是人的不安全行为，而人的情绪是复杂的，人的情绪是在其生活中所接触到的人或者事的直接反映，而情绪对人的行为影响是巨大的。相关文献资料表明，人处于正面情绪的时候，意识能够维持在一个较为觉醒的状态，能够更好地适应外部环境；而人处在负面情绪的时候，对外部环境的认知和思考容易受到限制，对外部环境变化的应对和适应能力较弱，很容易造成不良行为和后果。

4. 生理缺陷性不安全行为

每个人的智力、体力都是不相同的，对于工作的适应也相差很多。疲劳工作或者其他身体不适的情况下，在工地这种场合非常容易出现事故，尤其是有些施工工人具有生理缺陷，比如视觉或者听觉上的缺陷，导致这些工人无法正确地认知施工环境，对于一些安全隐患无法及时发现并处理，从而做出一些不安全行为。

14.2.2　外界环境

1. 管理环境

管理环境又分为班组管理环境、施工单位总包管理环境、监理单位监督管理环境以及政府单位监督管理环境。其中班组是对施工工人的直接管理者，也是其直接合同签订者，双方负有相互义务和责任，而往往一些不安全行为就是班组的管理者未管理到位，甚至是其违章指挥施工工人作业。

施工单位总包管理主要是为在其场地内施工的工人提供一个安全的工作环境，但目前由于地铁建设工期压力大，一些总包单位为了抢工期在安全管理上做出一些妥协，在安全管理上的投入认为无十分必要。

监理单位及政府单位监督管理是施工现场管理的最后一道关，监督管理主要是针对项目施工的安全管理体系是否配置合理，运转是否正常，对不安全行为或者不安全状态是否能够及时发现，是否能够及时制止。

2. 工作环境

一个好的工作环境对人的影响是巨大的，地铁车站施工时夏天顶着高温，冬天为了抢工期深夜加班，隧道区间施工通风性差且见不到阳光，隧道空间密闭狭小，在这种空间内还要忍受各种灰尘，这对一个个体来说无论是在心理上还是在生理上都是一个巨大的挑战，在这种环境下工作难以让工人专心投入到安全生产中去。

3. 生活环境

建筑行业的施工特点，让工人大多只能跟随班组集体居住，尤其是地铁施工大多在城市繁华地区，生活租房成本较高，工人生活区人员居住密度较高，且大多是临时设施，配套设施不全，生活质量难以得到保证。

4. 安全文化环境

当前，施工企业安全文化环境存在一些问题，一些企业管理者并不重视安全文化的建立，对于安全管理工作的重视程度远远不够，没有形成健全的安全管理体系和责任制度，员工对安全问题的认识和重视程度较低，存在侥幸心理，忽视安全操作规程，对新进场的工人安全教育缺乏系统性和针对性，安全教育千篇一律，安全管理制度的执行不够严格，甚至一些企业管理者在日常工作中对工人进行违章指挥。

14.3　基于施工安全的防范措施

14.3.1　注重施工人员群体行为特征的融入，实行早期预防

施工工人群体作业班组对于新鲜事物的接受能力更强，所以施工总包单位可以提供事前安全防护建议，重视日常前期干预体系，加强入场前安全交底，切实保证安全教育不假大空，而是根据工程本身的重难点加以分析，对施工人员存在的习惯性不安全行为实施干预，并同步辅以相应的教育与培训机制，让整体干预能力更为稳定，而且一个班组按照规章制度进行作业，也会给其他后续进场人员起到带头模范作用，让班组互相提醒互相监督，形成一个良好的安全施工氛围（图 14-3）。

图 14-3　施工培训

14.3.2　加强信息化管理，识别预控不安全行为

随着信息技术的进步，智慧工地也越发普遍，可以在安全巡检过程中及时将施工工人的不安全行为拍照上传至移动终端数据库中，及时预警提示"危险人员"；利用信息化监控技术精确识别施工工人进入危险区域的不安全行为，降低危险区域侵入行为的发生率。定期对终端数据进行归纳总结，对于经常性存在不安全行为的工人进行专人专项教育，对于不配合、拒不整改的予以清退处理。

14.3.3　加强安全教育，营造良好的安全生产氛围

在重大风险区域张贴一些通俗易懂或者配备一些典型事故的安全标语、宣传画，营造时刻注意安全的文化氛围，氛围对人的影响是潜移默化的，其次可以组建小型交流平台，让各工种作业人员交流安全理念，人员的理念决定意识，意识决定行为，要使施工作业人员主动学习，让其以学习安全懂安全为荣，适当可以增加一些激励措施（图 14-4）。

14.3.4　注重工人生活环境，满足工人基本需求

在新的环境下，施工企业要有担当，政府监督单位应该把一部分监督精力放在工人生活质量上，制定一些基本的行业标准，比如工人生活区应当配备空调、洗衣设施、厨房、

图 14-4　营造良好的安全生产氛围

电动车充电区等基本配套设施，施工单位应该安排专人负责工人生活区建设以及管理，制定工人生活区相应居住责任及义务，确保每个人的居住体验。

14.4　结语

关于人的不安全行为分析及相关措施研究在我国越来越多，且有很多学者对各个方面有较深入的研究。本章主要通过个体及外界环境影响两个方面来总结分析，施工单位应注重从施工班组群体人员特征角度入手，加强前期干预以及安全氛围的建设，并加大安全投入，利用好网络信息技术，建立具有各自工程特点的智慧型工地，加大对不安全行为的识别统计功能，将传统问题导向转变为目标导向，将经验管理转变为科学管控，根据人因风险前置理念，强化对各类风险与隐患的预判。在注重班组氛围的前提下，加大对施工个体的管理以及人文关怀，注重以人为本的理念。

第 3 篇　新技术篇

第 15 章　天津轨道交通智慧运维体系建设与应用

随着我国地铁建设的快速推进，地铁装备技术不断发展，设备状态检测/监测手段不断提升，地铁设备检修迫切需要向智能运维方式转变。天津轨道交通智慧运维体系建设以创建智慧运维天津模式为战略导向，聚焦运维管理突出问题，应用云计算、大数据、人工智能等新兴技术对维护、维修生产任务进行赋能，构建 1 个智慧运维中心、4 大应用专业、N 项智能检测/监测设备的"1＋4＋N"多专业智慧运维体系，实现关键设备实时监测、故障自诊断、寿命预测和专家系统综合决策功能。

15.1　引言

目前，天津轨道交通开通的运营地铁线路共有 10 条，线网覆盖 11 个市辖区，通车线路分别为地铁 1、2、3 号线，4 号线南段，5、6 号线，6 号线二期，9、10、11 号线，总运营里程 309km，预计到"十四五"末，将形成 14 条运营线路、总运营里程 500km 的城市轨道交通网络。随着城市轨道交通网络的不断扩大和复杂化，传统的运维模式已难以满足日益增长的需求。构建智慧运维体系成为提升轨道交通运营水平和保障能力的必然选择。

15.2　行业发展现状

随着云计算、大数据、物联网、人工智能、5G、卫星通信、区块链等新兴信息技术的飞速发展，京沪穗深等先行城市已建立起智慧运维模式。

北京地铁制定了在冬奥会之前的智慧轨道交通三年行动计划，即依托"一个智慧轨道交通中心""一批示范工程""一套标准体系"，打造五类智慧城轨应用体系。

上海地铁建立了包含车联网系统、轨旁车辆综合检测系统和车辆维护轨迹系统的车辆智能运维系统，创新运维体制，提升运维效率，降低运维成本。

广州地铁以车载、轨旁等在线监测系统＋大数据平台为核心，建立含城市轨道交通车辆、轨道、供电、通号、机电等全专业的设备在线监测及全寿命周期状态分析系统，实现修前预测、修中监控、修后评定效果，以达到提升检修质量、降低运维成本的目的。

深圳地铁着力打造"科技地铁"，从智慧出行、智慧运维、智慧施工等多个领域全面提升信息化水平。深圳地铁还以 5G 应用为实践契机，全面推进智慧运营、智慧服务、智慧维保三大应用场景。

2020 年 3 月，中国城市轨道交通协会发布《中国城市轨道交通智慧城轨发展纲要》（以下简称《纲要》），《纲要》是引领我国城轨行业智慧城轨建设，助推交通强国建设的指导性文件，为天津运营集团实现降本增效提供了解决方案——建设智慧运维并优化运维机制。

15.3　智慧运维体系方案

天津轨道交通智慧运维建设坚持"国家倡导、政府引导、协会指导、企业主导"的"四导"原则，以市委市政府"泛在互联、全域感知、智慧协同、安全可靠"为总体要求，以《纲要》为技术指导，以 PEOS（规划、示范、优化、推广）为实施步骤，以"安全、服务、效率、效益"为出发点和落脚点。

具体实施方面，天津在借鉴上海、北京、广州等城市智慧运维建设经验的同时，充分分析自身运维管理的痛点及难点，有针对性地解决实际运营中面临的问题。通过编制《天津轨道交通智慧运维建设行动方案》，提出依托智慧运维技术的企业降本增效实施方案，即构建多专业全生命周期智慧运维管理平台，形成"1＋4＋N"的综合运维管理体系。从状态的智能感知、车辆的智能运行、人员的智能管理、设备的智能维护等多个方面提升智能化水平，推进轨道交通全局智慧化维修模式及管理模式的创新，提高运维效率，降低运维成本。

其中"1"指的是 1 个智慧运维中心，"4"指的是车辆、通号、供电、工务 4 大专业智慧运维系统（图 15-1），"N"指的是 N 项智能检测/监测技术。智慧运维中心定位为多专业数据展示中心、多专业运维调度中心、多专业数据处理中心、线网应急决策中心；专业平台重点实现工务车载巡检、供电智能遥控、通号精准判断、车辆在线监控、车场自动运转。

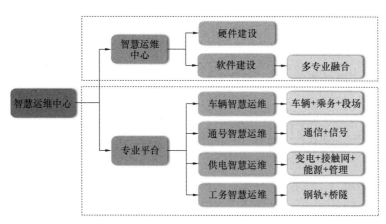

图 15-1　"1＋4"智慧运维平台

15.4　智慧运维建设

15.4.1　智慧运维中心

通过建立一套以实现快速定位结合部故障及隐患、多专业数据融合分析、设备设施智能管理为目的的多专业智慧运维系统，为车辆、通号、供电、工务等专业提供综合分析、综合调度、综合展示的一体化支撑平台，打破不同专业间的数据壁垒，实现多维可信数据采集、跨专业多元异构数据实时存取、健康度评测与故障诊断和运维数据的可视化，显著提高检修维护效率。

智慧运维中心首次采用"插拔式架构"前端服务整合技术，构建一个融合动态监测、优化配置、精准调度和协同运转功能于一体的多专业智慧运维大平台。可提供总览全局的一体化运维门户，满足线路级、线网级多专业运维应用需求。为跨专业运维调度和"一岗多职"的运维管理模式提供技术保障。同时创新采用数据共享平台技术，突破不同系统间联动的技术和管理难题，实现运维与运营联动、运维与企业资产联动，从而提高运营效率，实现资产的全生命周期精细化管理，为企业降本增效创造良好基础。

15.4.2　车辆智慧运维

车辆专业以"车辆在线""司机智管""段场自动化"为建设目标，依托地铁 4、10 号线新线建设项目，充分运用智能装备、大数据、通信等新兴技术，建设车辆智慧运维系统、乘务智慧管理系统和车辆段场智慧管理系统等智慧运维项目。车辆维修方面，通过建设轨旁综合检测系统和车联网系统，利用全息图像识别、无线数据采集分析等技术，实现车辆健康状态在线评估、车辆周期性检修向状态修的过渡，实现应急"一步排故"。司乘管理方面，通过建设乘务智能管理系统，利用疲劳检测、行为分析等技术，实现覆盖身体状态、出退勤、驾驶行为、行车风险等方面的司乘全过程安全管控；同时通过打造智慧健康司机公寓、研发司机生理及心理健康监测系统等方式，及时干预和监测异常变化，切实改善办公生活环境，提升工作效能。段场管理方面，通过建设段场信息化管理系统，利用视频监控、位置识别、冲突检测等技术，实现段场生产资源合理配置、作业行车安全联控。

15.4.3　通号智慧运维

通号专业以"通号进准判断"为建设目标，依托地铁 6 号线信号改造项目和天津站枢纽通信改造项目，在信号系统中增加转辙机、车载、ZC、计轴、轨道电路在线监测系统，在通信系统中对乘客信息系统、视频监控系统、无线传输进行智慧化改造，搭建包含监测中心、应急中心、分析中心、健康中心的通信、信号一体化管理平台，实现精准设备监测、精准故障定位、精准故障预测和精准管理决策。

该平台利用机器全息感知，实现系统关键设备监测覆盖达到 100%；利用智能诊断分析，实现故障处理的快速定位及智能化的维修指导和应急处置；利用智能隐患预警分析，实现设备劣化趋势实时盯控及多维度的运维质量评价，并针对设备劣化趋势及时提供维修建议，关键设备故障诊断预警准确率达 95% 以上；同时通过该管理平台实现业务流程数字化，替代较为繁杂的人工统计及分析工作。

15.4.4　供电智慧运维

供电专业以"供电智能遥控"为建设目标，依托地铁 6 号线和 9 号线改造项目，搭建包括设备状态实时感知系统、设备全寿命管理系统、生产业务一体化管控体系、专家诊断决策支撑系统的供电智慧运维平台。

平台通过对综合监控数据深度开发，预设关键供电系统故障应急场景，实现故障联动电力综合监控智能遥控；通过加装红外成像、局放监测、油色谱分析等变电站感知终端，实时监测关键设备系统运行状态、预警异常状态；借助视频分析手段，通过加装温湿度、声音、有害气体等变电站环境感知终端，实时监测供电设备设施环境状态，及时发现变电所安全隐患及缺陷；深度融合集团 OMC 等信息化系统，实现一点录入、多点联动的生产组织闭环管控；全方位、多场景推进平台建设应用，初步形成供电智能运维体系。

15.4.5　工务智慧运维

工务专业以"工务车载巡检"为建设目标，依托控制中心二期项目，搭建工务信息化平台，实现对检查数据分析、报警及趋势分析。同时在地铁 4、10 号线试点研发由轨道几何尺寸、钢轨表面状态、轨道动态加速度检测、道床检测等功能组成的车载轨检巡检系统，用于代替大型车和人工巡检，实现工务设备的高频检测和智能化大数据分析。

15.5　运维机制优化

15.5.1　探索多元化维修策略

系统分析各专业维保内容，基于维保成本、维保效率、维保质量等因素，合理选择自主维保、委外维保、合作维保等模式。在地铁 6 号线、10 号线车辆合作修、委外修模式中，学习中车的先进维保管理经验，推进车辆部件的精细维修。如齿轮箱油、空压机油等耗材，摆脱修程的限制，严格按照使用年限进行更换，避免过度维修；针对轮缘偏磨问题，利用大数据分析，结合适时镟修和架修转向架调头，延长车轮使用寿命，降低运维成本。其他专业依据设备重要程度、专业复杂性、维修频率、线路分布等因素，探索多元化的维修策略。

15.5.2　推进状态修和预防修

完善设备关键部件的状态修和预防修维护措施。依托智慧运维大数据中心，结合设备履历数据及实时运行和检修数据，判断设备故障趋势，诊断设备的运行使用健康状态，从而实现故障预警和分级报警，逐步推广预防修、状态修。如供电专业在大毕庄车辆段变电所建设示范项目，依托设备状态实时感知系统实现变电所的无人化巡检和预防性维修；通信专业在天津站视频监视系统和 UPS 电源系统实现无人化巡视和状态修。

15.5.3　开展全生命周期管理

一是从设备全寿命周期角度考虑成本管理与控制，对各专业重要设备配置适当的状态监测技术手段，提高服务可靠度，降低维修成本。二是不断优化完善标准化管理制度规程，优化作业程序，持续完善检修规程，开展通信、供电专业检修规程调整工作。三是开展车辆专业修程修制改革，线网推广均衡修检修模式；车辆列检周期由"双日检"延长至"四日检"，目前正在试点"八日检"；定修周期由 15 万 km 延长至 20 万 km，架修周期由 60 万 km 延长至 80 万 km。

15.6 试点应用成果

15.6.1 状态修和预防修方面

1. 车辆专业

地铁 4 号线、10 号线车辆智慧运维系统已上线，部署了 41 个 PHM 模型，可用于列检规程优化和故障预警，系统上线后在状态修和预防修方面起到显著作用。如：地铁 4 号线车门正线报出预警且仅出现一次，回库后检查车门锁闭后开关门组件摆臂与开关滚轮之间的间隙处于临界状态，现场调整后未再出现报出故障。地铁 10 号线监测到车门电机电流异常报警，对应车门缓冲头磨损故障，经预防性维修后避免了行车事件发生。基于故障树模型的司机应急"一步排故"上线后，可实现故障精准定位。如：牵引封锁排故时间由 5min 缩减到 1min 30s，有效指导司机快速定位故障及排故。

2. 信号专业

地铁 6 号线梅林路折返区信号道岔在线监测系统上线后，监测到道岔反位直流电压较正常定/反位直流电压（22V）偏低 5V，为 17V，系统自动预警，信号专业及时开展了预防性维修，有效避免了行车事件发生。车载设备在线监测系统上线后，监测到在线运营列车 644 车 ATP 主机板故障，系统自动预警，信号专业人员及时处置，确认列车板卡故障与平台预警一致，未造成行车影响。

3. 供电专业

直流系统中的越区隔开是在直流设备故障无法短时恢复时完成大双边供电的重要设备，越区隔开的稳定运行是保证快速隔离故障点、恢复越区供电的重要条件。供电智慧运维平台上线后，已在例行巡视中通过该模块发现了 3 站次越区隔开闭锁故障，并快速指导人员更换，保证了越区隔开的操作稳定性。

4. 工务专业

车载轨检设备上线应用后，检测到地铁 4 号线上行线路 DK25＋535m 处有轨道扣件松动，检测到地铁 4 号线下行线路 DK14＋764m 处，轨距偏大 6mm，工务专业当晚对现场数据进行人工复核及处置，有效避免了行车事件的发生。

15.6.2 运维机制优化及减员增效方面

1. 车辆专业

通过车辆智慧运维系统建设，应用智能设备自动化检测，代替人员检修，将检修周期从双日检调整成周检，精简维修人员，整体可减少日检班组配置人员 30%。在车辆部分系统上开展状态修，可优化均衡修规程项点 10%，可减少均衡修班组人员配置 10%。

2. 信号专业

信号系统基于智慧运维的检修规程发布实施，机房设备、车载设备巡视由日巡延长至周巡，信号机、计轴、轨道电路等设备由季度检改为状态修，年均减少巡检工时 34.7%，维护人员减少 26.8%。

3. 供电专业

无人化巡视变电所试点方面，通过例行巡视及专项巡视模型的应用，降低巡视工作量约 95%。通过接触网安全检测系统的应用，应急响应时间缩短 30%，维护工时减少 20%。

4. 工务专业

随着工务车载轨检巡检系统的上线应用，工务设备监测周期由目前每季度一次提升至每日至少 8 次，实现工务设备高频次动态检测，在全面提高钢轨、道岔等关键设备的管控水平的同时，优化了检修人员配置，达到了减员增效的目的。

15.7　结语

天津轨道交通智慧运维体系的构建与实践取得了显著成果，但仍需不断完善和发展。未来应进一步加强技术创新，拓展应用领域，提高智慧运维体系的智能化水平和适应性，以更好地服务于城市轨道交通的可持续发展。同时，可为其他城市轨道交通的智慧化进程提供宝贵的经验。

第16章 城市轨道交通新一代智能安检系统

16.1 公共安全分析

16.1.1 社会治安类

第一，暴力活动，暴力活动呈现家族化、年轻化、流动化、国际化趋势。第二，组织犯罪，违法犯罪活动日趋职业化、智能化，食品药品安全犯罪、电信诈骗犯罪、非法集资犯罪、环境污染犯罪等以组织犯罪形态出现，带来新的挑战。第三，群体事件，个体化事件向群体化事件转变，群体性事件表现方式呈现激烈化态势。第四，社会矛盾，各种社会矛盾因素越来越相互交织，发生连锁反应，个别利益诉求向群体利益诉求扩张，直接利益冲突向无直接利益冲突转变，具体利益诉求向抽象利益诉求拓展。

16.1.2 恐怖袭击类

恐怖袭击活动的危害性不仅体现在对直接对象的侵害，更体现在对整个社会秩序和国家安全的冲击。约92％的恐怖袭击活动中，恐怖分子都具有通过制造骇人听闻的惨案达到扩大影响、散播恐慌的目的，借此胁迫社会，体现出严重的社会危害性。

随着交通、通信等各类科技的发展和互联网社会的到来，人员的流动性和信息传播的迅捷性均显著增强。因此恐怖分子各地流窜、策划联络等也更加容易，信息传播速度和覆盖面在现代社会都得到了助力，恐怖袭击事件的影响力也随之提高，其造成的恐慌和负面效益也随之波及更加广泛的人群。

我国对于社会治安和恐怖袭击的早期预警和侦查还有待提升。安检作为交通运输安全工程的重要组成部分之一，在社会公共安全中发挥着越来越重要的作用。"十四五"规划中明确了"大安防"建设的目标和建设思路，安检向系统化、网络化、智能化发展成为必然趋势。

16.2 安检设备技术发展方向

安检设备通常是指机场、港口、海关、火车站、地铁站、大型活动举办地等场所使用的安全检查及探测设备，用以检测行人、行李或包裹中是否携带或隐藏了危险品、违禁物品、毒品等物品。目前，世界常用的安检设备大致包括安全门、金属探测器、通道式 X 射线安全检测设备、集装箱检测设备、炸药探测自动检测设备等。

16.2.1 主流安检技术分析

相比民航、铁路、快递、海关而言，轨道交通是最复杂也是最具挑战性的安检场景之一。这取决于轨道交通运输的特点，它不仅仅是一个点对点的运输系统，还要考虑乘客的随机性、多元性、复杂性。公共交通不具备机场、海关的精细检测条件，却要面临更为庞杂的检测对象。这就决定轨道交通的安检场景，既要安全、质量，又要通行效率，既要保证乘客的服务体验，还要有划算的经济成本。

按照被检测对象分类，轨道交通安全检测分为箱包检测和人体检测。

1. 箱包检测

（1）X 射线透射技术

X 射线透射技术是箱包安检领域应用最为广泛的技术，原理为通过发射高能 X 射线穿透被检测物品，通过放置于光源另一侧的接收装置分析透射后的 X 光并转化为电信号，可以对被检测物的形状进行描摹来显示轮廓，并按照有机物、无机物（金属）和混合物三种类别界定被测物品的材质。其优势在于技术成熟，穿透力强、价格较低，是目前主流的箱包检测手段。但受限于成本，其搭载的探测器精度普遍较低，对于有机物等低原子序数构成的被检测对象，无法检测射线前后的能级变化，因此无法实现对有机物的精准定性识别。

（2）三维 CT 技术

三维 CT 技术实际是医用 CT 的变种，其本质上还是利用高能 X 射线透射原理，搭载了精度极高的探测器，具有非常广域和精细的能量变化探测范围，通过射线前后能量的变化获取被检测物质密度和原子序数信息，借此来实现对轻物质、重物质的定性识别，但也存在成本极高、体积较大、检测过慢、辐射偏大等问题，目前应用在部分民航机场，不适合在轨道交通领域大范围推广。

（3）X 射线背散射技术

X 射线背散射技术基于康普顿散射理论，通过 $40 \sim 60\mathrm{kV}$ 的管电压加速电子撞击金属钯，激发低能级特性的 X 射线。其遇到不同的物质会发生不同的散射。康普顿背散射概率可以反映电子密度信息 ρ_e，而 ρ_e 与质量密度 ρ_m 有关系：$\rho_e = Z\rho_m/N_0 A$（Z 为原子核电荷数，A 为质量数，N_0 为阿伏伽德罗常数），除氢原子外，大部分物质 $Z/A = 1/2$，则可认为 $\rho_e = \rho_m N_0/2$，即康普顿背散射概率可以间接反映物质质量密度。基于以上特性，背散射对于低原子序数、低密度的违禁品（例如毒品、爆炸物等）具有较高的康普顿散射截面，能够产生较强的散射信号，因此背散射可成为安检领域很有潜力的违禁品检测技术。

因为背散射 X 射线的能量特性较低，因此辐射水平显著低于透射 X 射线，但也造成其穿透能力较低的特点。因此，在箱包检测设备上，可以同时部署两套检测系统，采用背散射-透射双源混合架构，以远低于三维 CT 扫描技术的成本获得对轻、重物质的定性识别检测能力。

2. 人体检测

（1）电磁感应

金属导电体受交变电磁场激励时，在金属导电体中产生涡流电流，而该电流又发射一个与原磁场频率相同但方向相反的磁场，金属探测器就是通过检测该涡流信号有无来发现附近是否存在金属物。

采用电磁感应技术的金属安检门搭配手持金属探测器是目前轨道交通安全检测领域中应用最为广泛的人体安检设备。优点在于低成本实现了金属探测，且体积较小，易于部署；但是缺点很明显，整套系统只对金属敏感，无法检测诸如陶瓷刀等复合材质制成的管制器械，更无法对乘客随身携带的液体、易燃、爆炸物报警。

（2）X射线透射技术

其工作原理与应用于箱包安检设备的原理相仿，但为了降低辐射剂量，部分设备降低了照射时间，采取脉冲式间隔发射原理，但因为透射X射线穿透能力强，且辐射剂量仍然较高，容易引发舆情及社会风险，因此不推荐为轨道交通等领域面向公众大规模使用的技术。

（3）毫米波技术

毫米波技术主要是通过毫米波源发射一定强度的毫米波信号，通过接收被测物的反射波，检测被测目标与环境的差异，然后进行反演成像。成像系统可以对包括塑料等非金属物体进行检测，其受环境影响较小，获得的被检测对象信息，可以有效地进行三维成像。

毫米波的成像分辨率大约在$3\sim7mm$左右，目前在国内有一定范围的应用和推广，主要的应用环境是机场。当前市场上应用的毫米波设备仍旧以轮廓识别为主，还不具备对物质种类进行定性识别的能力。而且因为其波长较长，因此穿透能力较差，对于冬季着装乘客的检测效果与夏季相比要显著下降（因此机场是较为可行的应用场景）。

（4）被动式太赫兹技术

太赫兹是一种波长介于红外线与微波之间的电磁波，波长为$3\mu m\sim1mm$，相比毫米波，太赫兹的穿透能力会更强。被动式太赫兹技术利用环境中已存在的太赫兹辐射，成像分辨率较低，但太赫兹不会引起对生物组织有害的电离反应，极大弥补了X射线检测和其他检测技术的缺陷，适用于对敏感目标的无损检测，但是因为太赫兹的波长和频率更接近红外线，会被人体本身散发以及外界环境的红外线干扰，难以满足轨道交通日益严苛的安全检测需要。

（5）主动式太赫兹技术

主动式太赫兹技术依赖于专门的激发源，如激光或电子源，通过调制激发源的性质产生太赫兹波，同时秉承了太赫兹本身的安全优势，主动式太赫兹可在安全检测、医学成像等多领域灵活应用。其产品形式相对复杂，包括太赫兹波源、探测器及数据处理系统。主动太赫兹成像相对于被动太赫兹成像具有更高的精度和灵敏度，受环境因素的影响较小，可提供更灵活的控制和更丰富的信息，能够"看到"大部分随身携带材料，如金属、陶瓷、塑料、货币、液体、凝胶和粉末，探测距离可达$4\sim10m$，成像速度可达6帧$/s$，非常适合在安检设备、医学诊断、大气与环境检测、生物检测和通信中推广应用。

（6）背散射技术

采用单一背散射技术实现人体检测，其管电压一般为$30\sim40kV$，并搭载精度更高的探测器，来实现人体成像检测。成像精度（线分辨率）目前最高可以达到0.3mm，具有很高的清晰度，同时还可以实现对有机物的定性识别，解决了传统设备仅对金属敏感的缺陷，可以通过一次成像辨别诸如酒精、汽油、塑性炸药、火药等有机违禁品。金属检测方面，因为背散射光子的动量较低，因此容易被带有较高正电荷的原子核吸收，探测器接收不到反射回来的光子，对于金属的成像一般以黑色表示，人体由有机物构成，底色是浅白色，反而可以凸显金属的形状。因此，利用背散射技术进行人身安检，可以同时对金属进行轮廓识别，对有机物违禁品进行定性识别。

上述主流安检技术对比见表 16-1。

主流安检技术对比表

表 16-1

技术分类	毫米波	太赫兹	X 射线背散射	X 射线透射
辐射类型	电磁辐射		电离辐射	
波长	1～10mm	3μm～1mm	0.1～10nm	1pm～0.1nm
成像分辨率	5～7mm	被动式约 10mm 主动式约 1～5mm	0.5mm	
穿透能力	一般	强	强	极强
检测速度	5s 较快	可实现无感非停留	3s 较快	3s 较快
是否具备定性识别能力	不具备	识域光谱技术	康普顿散射	一般不具备，三维 CT 具备
成本	较高	较高	较高	低

注：波长越短，频率越高，穿透能力越强，成像越清晰。

16.2.2　传统安检存在的问题

目前，全国轨道交通的安全检测工作主要按照"人、物同检"模式来执行，在大客流冲击下，安检现有的技术水平、工作机制和管理模式与严苛的安检标准、运营效率之间的矛盾日益凸显。传统安检设备检测能力不足、安检队伍人力成本过高、乘客通行效率低、服务体验差及系统集成度低等问题已成为制约轨道交通安检质量提升和服务效能提升的重大瓶颈。存在的问题主要体现在以下方面：

1. 检测精度方面

既有安检系统无法一次性检测液体、易燃易爆等非金属有机物，高度依赖安检人员的经验能力和责任心，容易造成漏检。

2. 投入成本方面

按照现有 1 机 1 门配置标准，每个安检点需配置 5～7 人/班次，按照最低 5 人标准计算，每个安检点的年人力成本约为 75 万元，天津轨道交通全线网年投入安检费用超过 5 亿元。

3. 通行效率方面

箱包检测方面，受检测原理限制，采用透射式技术的通道式 X 光机对于金属类物品检测性能较好，但对于有机物无法定性识别，还需要进行频繁的人工开包复验。

人体检测方面，严格人工手检的标准为 6～10s/人，安检点每小时最高通过效率仅为 600 人/h。如果加快手检速度，又无法兼顾安检质量。

4. 服务体验方面

对于非金属有机物类型的违禁品仍需要逐人摸排，拉低了乘客进站环节的通行效率和服务体验。另外，因通行效率低、人员服务态度差，安检环节极易引发乘客投诉。据统计，安检类投诉月均 1000 余起，占投诉总量的 20%。

5. 管理难度方面

安检队伍总量大，流动性高，人员素质参差不齐，管理者还需要考虑考勤、排班、到岗率等问题，直接提升管理成本。

综合以上问题，城市轨道交通通过改进管理手段、增加管理资源投入提升安检而取得的边际效益越来越低，而通过技术革新升级安检，已经成为行业主管单位、运营单位的迫切需求与共识。

16.2.3 安检系统的发展趋势

目前，日益严峻的国际安全形势、新型软硬件技术的推动、基础设施的更新改造需求等因素，推动了安检设备市场的发展。我国政府高度重视公共安全领域的投入，大力扶持高新公共安全技术。安检系统也随着用户需求的不断发展而呈现多样化、专业化的发展趋势，重点体现在以下几个方面：

1. 多样化

实践证明，依靠任何单一技术来解决安检问题是不切实际的。每项具体的安检技术从其诞生之日起，就决定了其具有某些技术优势的同时，也必然存在相对应的一些技术局限性。以上文提到的常用安检技术为例，用于常量炸药探测技术的双能 X 射线设备很难探测出隐藏的微量和痕量炸药，通常也很难通过它来判定液态危险品的危险程度；而用于微（痕）量炸药探测技术的离子迁移谱炸药探测仪能够判定具体炸药名称，却必须等待开机预热稳定，且需定期更换分子干燥剂等耗材；同样用于微（痕）量炸药探测技术的基于荧光淬灭技术的探测仪能够即开即用，却无法给出具体炸药名称，且需定期更换荧光管或荧光板等耗材。

因此，针对防爆安检工作实际需求的不同方面，研究开发基于不同技术原理的防爆安检设备，推动技术向多样化方向发展，是全面解决防爆安检问题必经的重要阶段。

2. 复合化

不同安检技术的研究将会产生不同的安检系统及设备。随着技术研究的逐步深入，必将会推出大量新型安检系统及设备。然而，大量不同类型的系统和设备将会对安检实际工作带来诸多不便。因此，走复合化技术路线，整合现有不同技术手段，推出复合性防爆安检产品，将会成为防爆安检技术研究的新热点。目前，将背散射技术和双能 X 射线技术整合在一台箱包安全检测设备上，实现对普通行李包裹和行李包裹内液态物品探测是复合化安检技术的优选应用。

3. 智能化

国外智能化安检发展较早，美国 TSA 在 2011 年推出了"未来安检站（Future Security Station）"概念，欧盟在 2012 推出了"新一代旅客安检系统"概念，并开展了 TASS（机场安全整体解决方案）项目研究。

随着国内安检工作的布局范围越来越广，国内从事安检工作的人员越来越多。然而，由于安检员整体专业素质不高，很难要求他们真正理解每台设备的技术原理，也很难保证每个安检员都能够正确操作使用设备并能通过设备准确判定是否有危险物品。因此，提高各类安检排爆设备的智能化水平，使设备在使用时给出的判定结果更加直观、明晰，是减少由人为因素带来误判的重要途径之一。

4. 网络化

2008 年以来，随着"物联中国"概念的提出，物联网概念、智慧城市概念持续发酵。已经轰轰烈烈启动的智慧城市建设对城市建设的方方面面均提出了智能化要求。安防工作也不例外，"智慧安防"当前已经成为安防工作发展的方向。所谓"智慧安防"，其实就是以信息化为核心，整合过去简单的安全防护系统，形成网络化的综合安防体系。作为智慧安防建设的重要方面，防爆安检领域也必将向着网络化方向发展。可以预见，在不远的将来，每台安检设备都将成为安检体系的一个感知终端，通过体系的网络层实现不同感知信息的上传，并通过体系应用层实现感知信息的汇总分析与综合研判，最终实现安检信息的综合化智能判断，从而大大提高安检效率，切实做好安检、防爆、反恐。

16.3　新一代智能安检系统探索与规划

16.3.1　背景

天津轨道交通集团有限公司"十四五"战略规划中提出，兼顾技术和管理创新，积极探索能够提高生产效率、降低生产成本和满足安全标准的先进工艺、先进技术、管理模式和管理机制的应用；聚焦重点投资，对于有助于提高集团造血能力，符合天津市产业政策，有助于推动京津冀协同发展，坚持制造业立市的产业，要积极发挥集团投资人的优势，在人才、技术、渠道、市场方面支持被投资企业与集团深入开展项目合作。新一代智能安检系统将采用自主设计、联合研发、委托制造、多极销售的产业模式，致力于打造天津轨道交通集团有限公司智慧、先进、科技的自主品牌，对内覆盖集团自有运营线路，有助于降低运营成本，提高安全质量，改善运营服务水平，对外辐射外部市场，打通高端产业和优势价值的输出渠道，培育新的经济增长点。

16.3.2　研究方向

天津城市轨道咨询有限公司以国家"大安防"建设的规划为指导，以满足市场需求为目标，基于 X 射线背散射和太赫兹技术，综合运用了 5G、大数据、物联网、人工智能等复合技术，研发完整的智能安检系统，具备高精度、高效率、高可靠度的特性，实现箱包复合检测和人身无感安检的开发目标，打造安检管理生态系统，服务安检对象、强化安检质量、提升安检效率、降低安检成本，使安检与安防系统完全融合在一起，达到安检的网络化、复合化、智能化、信息化、平台化。

16.3.3　研发过程

1996 年，全球首台背散射人体安检设备在美国问世，后续背散射技术被广泛应用于安全、医疗、航天、航空、工业探伤和军事领域。因为技术的敏感性，美国常年对华封锁。1998 年，清华大学核物理应用研究院王永庆教授接受技术攻坚的任务，组织技术团队进行攻关，于 2003 年完成背散射飞点扫描核心技术研发，一举打破美国的技术垄断，2011 年成功研发背散射人体安检设备（原型机）。2022 年，天津城市轨道咨询有限公司与鲲勋（天津）科技有限公司合作，共同设计开发了基于背散-透射的混合检测架构，研发了基于背散射技术的新一代智能安检系统。

本项目拟采用的主动太赫兹技术引自国家大科学工程 EAST "人造太阳"团队,其在太赫兹技术领域研究 20 余年,从事 EAST 国家大科学工程——等离子体太赫兹偏振干涉仪测量研究,具有国际领先研究水平,长期从事太赫兹激光诊断及关键技术研究,在太赫兹激光源、太赫兹成像、太赫兹激光干涉仪等技术领域处于国际领先水平。

系统采用产业合作模式,合作单位具备背散射、太赫兹成像的核心技术,以及核心设备定制研发条件。设备整装方面与中车四方(天津)公司合作,其作为世界一流的轨道交通装备制造企业,拥有先进的高端装备制造生产线,具备自动焊接、自动化工装、自动调试试验等能力,其产品的制造平台及生产工艺流程满足精益生产模式需求,能够适应多元化市场的转变,具备多品种快速转换和并行生产能力。基于中国电信天翼云云资源、算力及 5G 能力,打造安全、可靠、稳定的平台运行基础底座,建立场景模型,通过数据中台能力加载,实现各类数据融通,为未来实现数据要素成果奠定核心基础。

16.3.4 研发验证

1. 背散射扫描成像技术

采用的背散射扫描成像技术进行箱包检测,通过采用偏心圆桶的 X 光机点扫描向被检物发射单束光 X 射线,迅速地对检测对象进行横向和纵向扫描,背散射探测器捕捉每个扫描点被人体/箱包 180°反散射回来的光子,处理生成截面图像。X 射线在遇到不同原子序数的物质的时候会发生不同的背散射现象。通过对目标物背散射回来的 X 射线的收集、处理,通过软件算法,对原始图像的背散射信号进行梯度增强,提升信号在有效检测区间的分辨率,提升不同物质采集结果的区分度,最终呈现如照片一样的高清晰图像。背散射扫描成像图如图 16-1 所示。

图 16-1 背散射扫描成像图

2. 太赫兹成像技术

采用的太赫兹成像技术进行人体检测,搭载高功率太赫兹激光器光源,通过稳定输出 $0.65T$ 频段的太赫兹激光,照射到被检测对象表面后,接收系统接收太赫兹波并将其转换回电信号;太赫兹调制器负责将太赫兹信号进行精确调制,使其能够更好地和物体进行互动；而信号处理系统则负责将接收到的信号进行分析处理，从而获取关键信息。相较于行业内其他主/被动太赫兹产品，优势在于通过搭载自主化太赫兹激光器（源），太赫兹光学器件、材料，太赫兹图像数据处理硬件、软件等，实现更高频段的太赫兹频段，从而提升了检测图像的精度和分辨率，改善了过往太赫兹产品存在的分辨率低、穿透力差、系统工作不稳定与核心零部件依赖进口等问题。

3. 判图技术

智能安检系统融入智慧城轨技术发展潮流，增加分布控制、自动判图等新技术，开发专门用于箱包双源混检系统的智能识图软件，通过软件算法实现自我学习，具备智能判图、违禁品主动框选和报警联动功能。爆炸物粉末、毒品、存储液体的容器可通过一次成像判定状态，无需进行开包复检，简化安检流程，实现传统设备向智能安检设备的转变。面向未来，以政府和公安部门关于安防网络平台系统建设的需要为筹划，保留数据接口，形成有效数据流，可接入公安安防平台系统。

4. 云平台技术

云平台技术是通过智能分析中心、大数据中心和物联网管理中心，实现安检信息汇总管理、数据分析、挖掘、信息发放、数据共享、安检级别控制、设备管理维护等。智能分析中心实现智能识别、数据分析、数据挖掘等工作，并且将结果推送至用户端，以及安检大数据中心；大数据中心实现数据汇总、统计、存储，通过安检云平台，实现系统监控、监管、共享、管理，及向用户、公安部门的实时共享和告警推送；通过物联网管理中心可以实现指定一台或多台安检设备的软件升级、故障排查，以及安检级别的设置，临时提升或下调安检级别，实现临时针对某类违禁品的重点检测；与现有的安防网络实现无缝融合，联防联控，将安检与安防融为一体。

16.3.5　系统构成简介

1. 智能检测系统

（1）背散-透射双源混合箱包安检仪

采用了"背散＋透射"的混合技术架构，具备三视角立体成像能力，系统搭载AI智能识图模块，利用"背散＋透射"的融合算法，采样物品的轮廓和物质种类信息，通过一次过机，复合检测，实现真正的定性识别，既能降低开包复检的频次，也能规避人工识图引起的漏检。同时，系统还采用了端边云架构来实现集中判图与报警信息推送，再通过 AI 技术可自动快速识别潜在的危险物体，辅助判图员更快速、更精准判图，达到安检判图减员增效的目的（图 16-2）。

（2）通道式快速无感人体检测仪

图 16-2　背散-透射双源混合箱包安检仪

图 16-3 通道式快速无感人体检测仪

使用太赫兹主动成像技术，研发具备高精度三维立体成像能力的人体检测设备，搭载智能识别算法，具有违禁品自动检测和报警功能，能够准确识别危险品、管制刀具等隐匿违禁物品，并采用"精准画像"的形式进行绿色健康的人体安检，检出图像分辨率高、清晰度好，为旅客提供了非接触式的无感安检体验（图 16-3）。

（3）集中判图模块

基于云边端架构，通过 5G 定制网络连接，实现远程判图和集中判图。集中判图系统具备灵活部署、分布显示、结果同步、权限切换等优势，并能与安检云平台连接，兼容智能识别与人工辅助标注两种模式，并能根据不同客流特点，实行匹配的行包和决策机制。

2. 智能管理模块

研发满足多维度管理需求的人员管理模块，通过生成的车站三维矢量地图，搭配人员可穿戴终端，基于 5G 专网环境实现考勤认证、轨迹巡控、动作检测等功能，真正降低车站对于安检人员的管理负担。

3. 智能处置模块

针对安检查获的违禁/限带物品，开发由快速智能处置台、双向存储柜、视频监控及电子标签模块构成的智能处置系统，全方位优化危险品登记、存储环节的工作流程。

4. 安检票检合一接口

融合安检-验票环节，打通数据接口，通过开放地铁 APP 授权申请，在乘客安检的同时完成"刷脸验票"，实现真正意义上的安检票检合一，提升乘客进站体验。

5. 安检云平台

应用云计算、大数据、物联网、人工智能、5G 等新兴信息技术，将安检云平台作为智能安检系统的网络服务底座，采用数字孪生技术绘制可视化管理界面，集成安全态势感知、设备状态控制、人员管理统计、物资定位管理、风险告警提示等系列功能，实现一平台管所有的功能与定位。

16.3.6 应用及实践

新一代智能安检系统目前已在天津地铁 5 号线文化中心站、6 号线解放南路站完成试点部署，作为首批次试点车站进行功能验证和管理融合，取得了良好的社会效益和经济效益，为交通运输安全工程提供了示范借鉴。后续将作为天津轨道交通集团有限公司重点项目，进行线网范围内的大力推广。

16.4　结语

　　随着四网融合、智慧轨道的发展，城市轨道交通安检必然将通过技术革新而进行升级换代。基于背散射、太赫兹技术的新一代智能安检系统已经通过技术验证、工程实践，显示了其良好的技术性能和可观的经济效益。随着新一代智能安检系统与智慧车站建设的进一步结合，相信未来将会重新塑造城市轨道交通整个车站的安全管理理念和模式。

第17章 智能线网运营调度应急指挥中心系统

17.1 引言

本系统立足于城轨线网综合运营协调与管控层面，服务于城轨线网运营调度与应急指挥领域，以信息高度融合、大数据应用技术为支撑，结合数据中台、可视化等技术，以多专业、多线路、多运营主体的网络化运营指挥业务流程为主线，提出了大规模城轨线网运营管控的一体化模型，实现了一套基于混合式大数据架构、跨平台、标准化的，以线网运营状态实时监控、调度指挥、应急联动、客流分析、信息共享为核心业务的线网调度指挥中心平台。

17.2 背景

城市轨道交通作为城市综合交通体系中的一部分，针对城市轨道交通呈现出的网络化格局，线网运营的综合监管能力、服务水平、效益提升和安全保障能力面临着挑战。近年来虽然多种调度指挥和安全监控系统广泛应用于各条线路，但这类系统更多地偏重于线路综合监控和自动控制，对于线网层级的应急协调处置缺少统一规划和系统设计。西方发达国家和地区，城市轨道交通发展得较早，信息化程度较高，多数已建成集行车指挥、安全监控、资源调配为一体的综合运营管理系统，并进一步朝着人性化、智能化、多功能化的方向发展。国内城市轨道交通线网建设方面，比较发达的城市规划建设了轨道交通网络运营指挥中心，初步实现了信息采集、集中监控、应急处置等功能。但由于城市规模、管理模式和体制等方面的差异，现有系统主要针对某些特定的业务，没有形成网络化多层级调度指挥、智能应急及信息编播的一体化应用，综合能力较弱，现有系统架构较为单一，对于大量多源异构类数据信息的综合挖掘及评估分析有待提升，在运营效益增值服务方面有待加强。

针对国内轨道交通网络化规模的迅速扩大和运营管理模式的日益复杂，从信息融合、数据资源挖潜角度，对建设基于数据仓库、大数据平台的综合性网络化运营指挥系统的需求日益迫切，亟须解决数据接口标准不一、信息共享水平低、无法支撑数据资产效益的发挥等问题，需要在统一操作平台下开展线网运营监视、调度管理、集中指挥及数据深度分析，支持网络化运营条件下的线网指挥中枢的功能，提供有效的决策手段。

17.3 建设目标及方法

17.3.1 建设目标

系统从网络化运营管控角度切入，旨在实现信息高度融合、网络化运营调度业务支撑、大数据挖掘及智能多级联动的应急管理应用，攻克多项关键技术，为全国城市轨道交通企业提供一套先进、高效、可靠的技术保障系统的范型，从而有效应对各城市网络化格局下衍生出的运营调度复杂性和动态传播性导致的防控能力弱的问题。本系统的设计建设遵循相应的国际标准和国内标准，具备可靠性、可扩展性、兼容性及灵活性。

从城市轨道交通网络化运营角度，结合大数据、数据中台、物联网技术，基于多种模式的大数据平台混合式架构，构建线网智能调度管控平台。作为"平台"，提供了一个全线网运营状态监控、智能决策、应急管理、统计分析、信息发布的新型综合性信息共享资源库；作为"系统"，实现了线网运营效果评估、预警预测、实时动态调度、快速响应联动、运营策略与资源挖潜的网络化运营业务的功能。

17.3.2　建设方法

系统立足于城轨线网综合运营协调与管控层面，以监控信息高度融合、大数据应用技术为支撑，以网络化运营指挥业务流程为主线，从"三个层次、五个维度"提出大规模城市轨道线网条件下的运营管控一体化模型，建立一套基于混合式大数据架构、跨平台、标准化接口的智能运营调度应急指挥平台。

1. 架构体系设计

研制面向城市轨道交通网络化运营监控指挥的、基于混合式大数据平台的架构体系，以实现面向全网信息高度融合、运营调度业务支撑、线网运营效果评估、大数据挖掘的运营全业务、全周期的集成应用创新。

建立一套基于数据采集层、平台数据融合层、平台技术组件层、数据业务分析模型层、业务应用访问层的五层架构体系（图 17-1），从"数据融合"和"业务导入"两个层次上解决城市轨道交通庞大基础数据门类分散式管理难以融合于综合决策业务的问题，从数据特性角度制定多维度分析和业务流程建模，浓缩和汇聚主要的业务单元，形成一套网络化调度监控指挥系统可以调用的最直接的资源库。

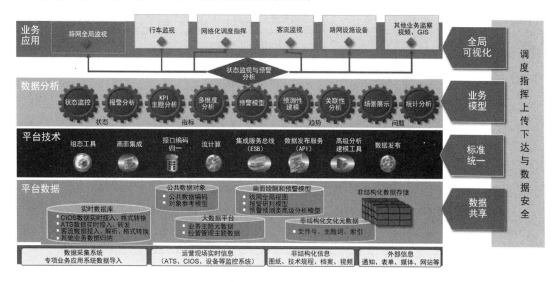

图 17-1　系统架构体系

2. 业务技术融合

在线网执行层面，立足于多专业、多线路、多运营主体规划线网智能运维系统，根据城轨"站、线、网"三个层级（图 17-2）的各类监控业务数据特征，构建"八个专业平台、四个功能中心"的运维系统，创立针对重点关注或大型故障的分级、分类、预警、报警的标准体系和辨识方法。构建了基于"三维车站模型、线路行车实时调度监视、线网客流与行车调度"的运营状态综合监视预警技术，运维系统与综合监控实现故障联动预警，从数据分析、智能研判、辅助决策角度为线网运维提供了智能分析手段。

（1）结合三维虚拟现实技术、实时监控组态技术、视频识别智能分析技术，形成一套集线网、线路、车站三维实景设备监控的递阶分层、三位一体的可视化监控技术，填补传统监控系统无法满足多个视角同时展示需求的空白。

（2）应用 DAP（数据采集平台）标准化平台，实现车辆、信号、通信、供电、段场、机电、工务、站务八个专业平台，资产中心、采购中心、人力中心、信息中心四个功能中心一体化联动的综合运维系统，采用移动 PDA、二维码、RFID 技术以及可视化监控技术，实现多维度、智能化的故障数据监控预警与维修作业。

（3）利用物联网监测技术，根据城轨各类机电设备运行特征的海量数据和故障阈值，创立了一套针对"车站级就地控制""线路级监控调度""线网级高级别故障报警维修联动"的智能化研判算法，构建了一种适应于线网运营及维修作业的一体化创新管理模式。

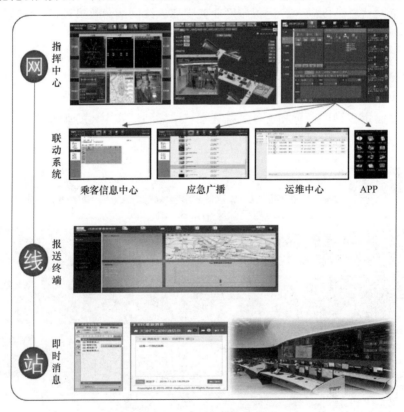

图 17-2　城轨三个层级应用

3. 数据驱动方案

综合利用物联网、大数据技术，形成基于实时库与关系型历史库的数据仓库、基于 hadoop 架构的大数据应用库的混合式数据架构方案（图 17-3），并实例化为轨道交通数据共享平台，实现城市轨道交通线网层面的数据标准化，提供城轨全线网运营数据采集平台化服务，保障业务所需的各类在线数据、历史数据对大数据的平滑接入和便捷应用。

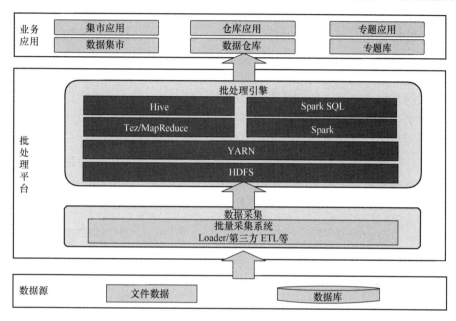

图 17-3　大数据架构方案

（1）将城轨线网的信号、机电设备、客流的监控信息、基础设施资产信息、运营组织调度和计划信息、票务站务维修等运营业务信息等作为基础数据源，根据业务归属和关联关系划分为生产类、管理类、业务类、线网级管理与基础平台类，设计对接实时库、大数据平台的业务主题数据的模式，形成一套统一的城轨线网综合信息化的大数据接口标准。

（2）将基于结构化数据、数据仓库、hadoop 平台的数据管理平台化，建立了一套基于数据实时计算的标准化数据的快速处理方法，进一步引入统一的数据模型、制定报警处理规则，将不同专业系统的业务流程归一化。构建统一、标准化的元数据管理、数据质量、数据安全和数据服务体系，对数据资源占用、存储、规划和配置策略以及大数据应用提供支撑。

17.4　系统建设成果

17.4.1　业务功能

建设了一套基于混合式大数据架构、跨平台、标准化接口的网络化运营监控指挥的基础软件系统，具备线网运营状态实时监控、调度指挥、应急联动、运营评估与策略优化的能力，成功应用于天津地铁线网控制中心的建设，形成的运营指挥体系如图 17-4 所示。

系统由以下部分组成：

1. 线网综合监视及运营调度子系统

实现线网运营协调、安全监管、线网行车监察、线网客流监察诱导、线网供电监察、线网机电监察、线网通信监察、视频监视、乘客信息、信息组团和系统联动等。

2. 线网应急事件处置与协调子系统

实现线网突发事件应急处置及协调工作。通过 GIS（地理信息系统）系统辅助定位，利用周边资源分布信息，得到动态的数字化预案。结合现代化通信技术和手段、空间信息技术、现场视频、视频会商及相应救援物资设备的调度，实现对突发事件的流程化处置。

3. 线网信息共享及发布子系统

实现与线网数据中心等上层网络的信息互通；通过通信系统、PCC（信息编播中心）系统等相关辅助系统实现轨道交通与政府部门、公众服务部门及滨海新区线网中心间信息的交互；实现对轨道交通内部线路以及相关职能部门的信息发布。

4. OCC（线路控制中心）运营信息报送子系统

通过运营信息报送系统给各线路 OCC 提供相关信息，在各线 OCC 的调度控制台上设置运营信息报送终端获取线网 ETC（应急处置中心）提供的信息，实现日常管理、信息

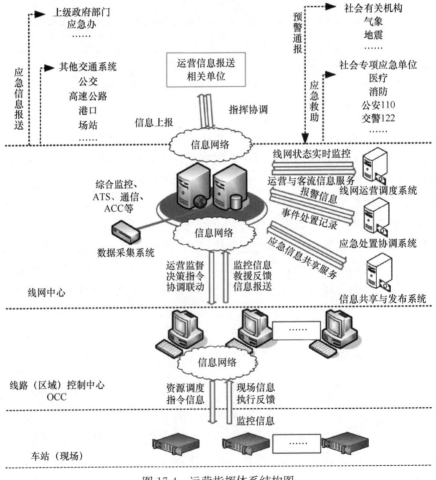

图 17-4　运营指挥体系结构图

交互、资料查询功能。

5. 数据管理子系统

建立整个系统基本参数的后台管理工作，提供基础字典管理、设备报警管理、应急资源管理、报表报告管理、信息发布管理、系统资料管理、系统管理等基本功能。

6. PIS（乘客信息系统）控制中心

功能定位于全线的公共职能，将各线都涉及的媒体编播功能、设备管理及监视功能、运营管理功能、外部系统接口功能进行统一集成和集中，优化全线网管理，提高全线网运行效率，提高系统管理及操作处置的响应及时性。

7. 热线中心系统

接听热线电话，并对乘客来电内容进行记录、分析、传递、反馈。

17.4.2　系统能力

利用大数据挖掘技术和网络通信技术，实现对结构化数据、媒体和文件类非结构化数据按照时空序列的组合，应用于线网运营的群媒体通信集中式信息发布。针对线网应急调度管理，实现了突发事件应急响应一键式联动、多层级跨部门协同联动、信息直达和处置全过程时序记录自动生成等功能。

（1）形成了信息同步与群媒体通信一体化的能力，实现了将信息发布排程、突发事件通知的模板化定制与多媒体通信方式的绑定，实现对语音、短信、传真、邮件、微信、微博、即时通等多种通信方式与指挥调度业务环节的适配，以及全过程留痕技术。

（2）针对城轨线网级应急调度在突发事件处置过程中对上级部门协调资源、同级交通行业互助、多运营主体之间衔接、内部对线路和车站级的应急指挥的多层级立体式指挥协调体系，构建了统一信息发布规则、紧急指令强制推图、实时交互反馈等功能，实现了根据事件信息自动研判推荐响应级别、现场实况和多种辅助监控信息的一键式联动、多层级用户参与的全过程主动式应急处置功能。

（3）构建了围绕线网运营监管为主题域的运营评估主数据分析模型，并基于大数据平台构建元数据管理体系和数据挖掘技术，形成了运营调度联动、网络化运营换乘衔接、特殊运营场景下运力运量匹配动态调整方案的一整套网络化运营组织优化算法和方案，实现了运营统计评估的多维查询检索。

17.5　系统效益

"智能线网运营调度应急指挥中心系统"作为建立在各条运营线路之上的运营综合协调和应急指挥管理平台，承担着全线网的统一运营与协调管理，同时为线网提供了应急处理的支撑，具备信息集中、协调指挥、应急处理、信息共享与发布的综合管理能力。系统平台目前覆盖了天津地铁1、2、3、4、5、6、6二、9、10、11号线十条线路，实现了轨道交通网络化运营下的应急指挥协调、物资维修管理、施工管理以及全线网数据的采集、存储、挖掘分析，大幅提升了全市地铁线网系统的运营调度效率与应急处置能力。

1. 提高了应急辅助决策能力

解决了网络化运营后对应急指挥决策支持的智能化需求，通过系统可实现对线网行车、客流及设备数据的综合监视，辅以数据仓库中的丰富数据资源来支持路网突发事件的处置工作，进一步确保路网的安全运营。在线路运营中发生意外事件时，如地面交通拥堵、相关车站大客流疏散、某车站发生重大事故或灾害等情况，可通过系统协调线路运营计划，有效、高效地处理应急事件，以确保各线路尽快恢复正常运营。

2. 网络化运营管理能力得到加强

线网应急事件处置协调系统主要包括应急值守、应急预案的制定和管理、应急资源管理、综合预测预警、应急指挥、应急地理信息应用、突发事件处置总结评估和应急模拟演练及培训等功能模块，实现了高效、快捷、可扩展、易维护的应急数字化处置，为全路网运营决策提供全方位支持，充分发挥了全线网运营效率，提高了网络化运营管理水平。

3. 运营服务水平得以提升

系统通过信息发布子系统向外界包括各线路控制中心、热线中心、编播中心、线网内部运营人员、管理人员、外部单位和新闻媒体发送与轨道交通有关的信息，包括各类预警信息、公告信息、运营信息、客流接驳等信息，同时又搜集、汇总与轨道交通运行相关的外部信息，为轨道交通线网运营提供信息渠道，为乘客提供多方位服务，实现城市信息互通和共享。

17.6　结语

本系统为应急处置提供快速救援手段，提高了城轨重大事故和突发事件的快速反应能力和科学决策，为综合维修提供了有效的预防手段，有效地预防了事故的发生，降低了事故发生率，减少了损失。与城市各级应急平台体系对接，保障了城市交通运输安全，在构建和谐社会、保障生命财产安全方面取得了巨大的社会效益。

第 18 章　城市轨道交通车站建设阶段碳排放研究

18.1　研究背景及目标

城市轨道交通凭借其快速、准时、舒适等特点，其规模在中国发展迅速，并成为城市客运系统的重要组成部分，在缓解城市交通拥堵方面发挥着重要作用，因其能源清洁且大运量的运输特点，城市轨道交通的单位客流运距的碳排放较低，被视作"绿色出行"的交通方式选择。然而，由于建设规模与客流总量的庞大，其产生的能耗与碳排放总量仍然较大，不容忽视。此外，从全生命周期的角度看，城市轨道交通运送客流的"绿色收益"仅限于运营期，但建设期也是生命周期的重要组成部分，城市轨道交通工程包含区间隧道、车站、变电所、车辆基地等基础设施，而基础设施建设又涵盖土建、装饰、给水排水、供电等大量专业，建设过程将耗费巨量的人工、建材与机械，产生碳排放，这证明城市轨道交通建设期的碳排放在全生命周期中占比显著，城市轨道交通车站作为其中的主要组成部分，其建设期碳排放计算与分析研究不容忽视。

18.2　项目基本情况

本项目基于全生命周期评价理论，在 ISO14064 系列标准和 GHG Protocol 框架的基础上，采用基于工程定额的清单法，建立了城市轨道交通车站建设期碳排放计算模型，对车站碳排放总量与特征进行计算分析，碳排放计算分析工作依托天津市等 4 座城市轨道交通典型车站，各车站的工程概况如下。

18.2.1　昌凌路站

天津地铁 10 号线一期工程昌凌路站，位于天津市西青区昌凌路与雅乐道交口西侧，与地铁 5 号线换乘。本车站为地下 3 层岛式车站，采用盖挖逆作法施工。车站中心里程右 DK12＋320.210，站台宽度为 13m。车站主体结构尺寸为：长 150.31m，宽 22.5m，车站标准段埋深约 25.51m，车站端头井埋深约 27.91m。车站土建工程由主体结构和附属结构两部分组成。本车站共设 2 组风亭、3 个出入口和 1 个连接通道，车站总建筑面积为 18060.67m²。昌凌路站平面图如图 18-1 所示。

18.2.2　丽江道站（地铁 7 号线）

地铁 7 号线丽江道站位于卫津南路与丽江道交口东侧，与地铁 10 号线丽江道站呈"L"形节点换乘，毗邻中石油桥，靠近天津市经济贸易学校，包括车站主体及附属 D 出入口、附属 E 出入口、附属 3 号风道，丽江道车站及附属建筑面积为 23587.48m²；丽江道下穿地道剩余工程建筑面积为 6011m²，长度为 173m（其中箱体段长度为 27m、U 形槽

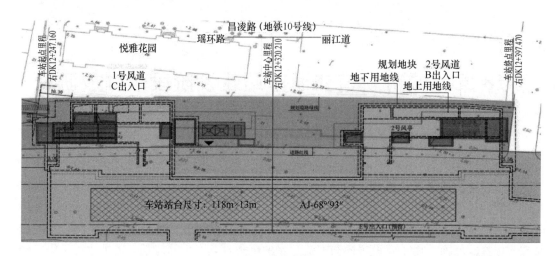

图 18-1　昌凌路站平面图

长度为 146m)。车站总长 278.8m，为地下三层双柱三跨矩形框架结构，标准段宽度为 22.7m，基坑最大开挖深度为 27.2m，13m 岛式站台，共设 2 个出入口和 1 组风亭。丽江道站（地铁 7 号线）平面图如图 18-2 所示。

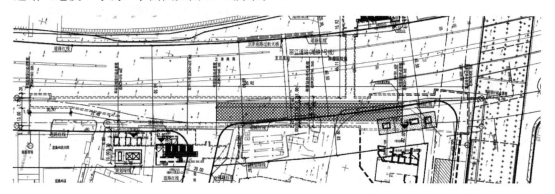

图 18-2　丽江道站（地铁 7 号线）平面图

18.2.3　京华东道站

京华东道站位于地铁 5 号线梨园头车辆段地块范围内，车站周边现状为绿地、水域及农林用地，规划主要为交通场站用地、轨道交通工程配建 P＋R 停车场、商业、住宅等，为天津地铁 5 号线调整工程终点站，起讫里程为：右 CK35＋943.526～右 CK36＋137.226，有效站台中心里程右 CK36＋040.026。车站位于天津地铁 5 号线西青区车辆段地块范围内，为地上二层、地下一层岛式站台车站，站台宽度为 12m。车站地下部分长 259.5m、地上部分长 176.7m。车站地面一层为站厅层，地下一层为站台层，采用明挖顺作法；站前设单渡线，站后设置车挡；车站共设 2 个出入口、2 个风道，与主体结合设置；车站总建筑面积为 18378.20m²。京华东道站平面图如图 18-3 所示。

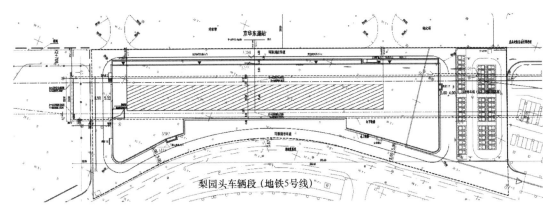

图 18-3　京华东道站平面图

18.2.4　丽江道站（地铁 10 号线）

天津地铁 10 号线一期工程丽江道站包含车站主体、3 个出入口与 2 个风道，车站为地下 2 层明挖车站，站台宽 13m，车站总长 238.5m，净宽 20.3m，总建筑面积为 22210.58m²，与地铁 7 号线换乘并在车站东端设置与地铁 7 号线的联络线。丽江道站（地铁 10 号线）平面图如图 18-4 所示。

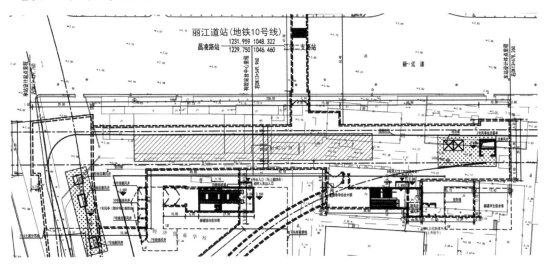

图 18-4　丽江道站（地铁 10 号线）平面图

18.3　城市轨道交通车站建设期碳排放计算方法

18.3.1　全生命周期评价理论

ISO14064 系列标准定义，标准完整的生命周期评价主要包含四个阶段，即目标与范围的确定、清单分析、环境影响评价和结果解释（图 18-5）。本章选取温室气体为评价指标，从城市轨道交通建设期的全生命周期角度评价车站建设的环境影响。

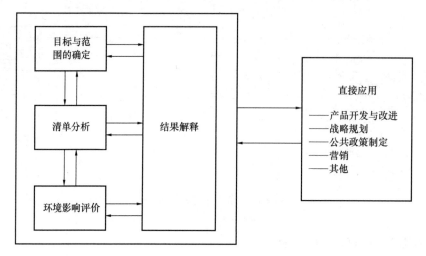

图 18-5　ISO 生命周期评价框架

18.3.2　温室气体核算体系

温室气体核算体系（GHG Protocol）发布的《温室气体核算体系：企业核算与报告标准》（以下简称《企业标准》）为企业和其他组织提供指导和建议，旨在帮助他们制定有效的战略来减少温室气体排放并提高透明度和标准化。《企业标准》中将经营边界内的温室气体排放分为三类：

范围一：直接温室气体排放，对应项目拥有或控制的直接排放源，主要包括生产、建设、经营过程中一次能源燃烧所致温室气体排放。

范围二：电力产生的间接温室气体排放，即核算项目所消耗的外购电力产生的温室气体排放。

范围三：企业价值链间接碳排放。此范围的排放是项目活动的结果，但并不是产生于该项目拥有或控制的排放源。

18.3.3　模型边界

基于 ISO 14064 系列及 GHG Protocol 的碳排放核算标准，结合城市轨道交通车站工程碳排放源分布特点及排放结构，划定城市轨道交通建设期碳排放计算边界。

1. 时空边界

时间边界为车站建设时间周期，即：城市轨道交通车站项目中标与审批通过后，从开工准备阶段项目启动、各专业进行施工，到建设完成、竣工验收后准备投入运营之前。从建筑全生命周期角度划分，即为建材生产、建造施工两个阶段。

空间边界为车站建设红线范围，即：施工过程中，进行能源材料供应与转化、构件生产单元过程活动所排放温室气体的空间地点。

2. 系统边界

系统边界为：地铁车站项目在自项目启动，至交付运营前的时间边界内，在建材产地进行的原材料开采、运输、生产加工为建筑材料的生产过程；以及建造施工期间现场土建工程的场内运输、构建安装制作工序施工等一系列与车站建设期相关的活动产生的直接、间接环境潜在影响，在建设期系统边界内可以定义边界外的输入和输出的物质流和能量流，如图 18-6 所示。

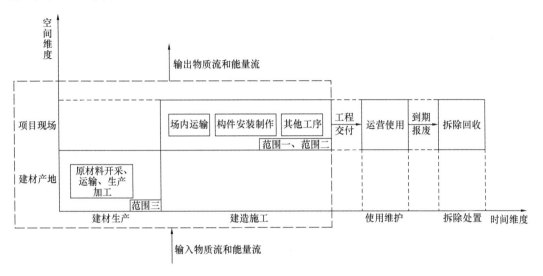

图 18-6　地铁车站建设期评价框架

根据图 18-6，定义系统输入物质流为建筑原材料和产品，主要指在建设期土建施工所用到的建筑材料，如商品混凝土、钢筋、预制混凝土构件等，以及机电安装过程中所用到的材料，如电缆、钢支架、导线等。输入能量流包含一次能源和二次能源。一次能源指的是化石能源（汽油、柴油、天然气、煤、重油、煤气等），二次能源指电能。

在地铁车站建设期内，系统还将向外输出物质流和能量流，定义输出物质流为建设期内工程产生的多余材料、产品、设备或建筑垃圾、渣土、废水等未在时间、空间边界内成为工程成品一部分的物质。输出能量流为建设期内向外输出的能量，如利用建筑垃圾、生活垃圾发电产生的电能。

3. 计算边界

基于 ISO 14064 系列标准及 GHG Protocol 标准，划定城市轨道交通车站建设期碳排放计算边界。

范围一：直接温室气体排放，主要为大型机械、车辆和施工设备一次能源使用产生的排放。

范围二：间接温室气体排放，主要为用电机械和设备二次能源使用产生的排放。

范围三：其他间接温室气体排放，主要包括建设过程中外购的建筑材料及运输产生的碳排放，主要为混凝土、水泥砂浆、钢筋、型钢等。

4. 温室气体计算范围

2006 年发布的《IPCC 国家温室气体指南》（以下简称《指南》）中列举了 9 类温室气体，包含二氧化碳（CO_2）、甲烷（CH_4）、氧化亚氮（N_2O）、氢氟烃（HFCs）等。《指南》列举了各行业排放情景涉及的温室气体种类，"建筑"领域最主要的温室气体为 CO_2、

CH_4、N_2O，本项目将这三种气体作为地铁车站建设期温室气体计算的边界，气体 GWP 值见表 18-1。

地铁车站建设期主要温室气体 GWP 值　　　　　　　　　　表 18-1

温室气体	CO_2	CH_4	N_2O
GWP 值	1	23	296

18.3.4　计算过程

1. 计算方法

排放因子法是 2006 年 IPCC 在《指南》中提出的，是碳核算方法中应用范围最广、最普遍的一种。《指南》把有关产生温室气体活动发生程度的信息（称作"活动数据"或"AD"）与量化单位活动的排放量或清除量的系数结合起来，这些系数称作"排放因子"（EF），计算方法如式（18-1）所示。

$$排放 = AD \times EF \tag{18-1}$$

车站建设期的碳排放总量是范围一、二、三温室气体活动水平的总和，如式（18-2）所示。

$$E_{\text{total}} = E_{\text{scop1}} + E_{\text{scop2}} + E_{\text{scop3}}$$
$$= \Sigma AD_{\text{scop1}} \times EF_{\text{scop1}} + \Sigma AD_{\text{scop2}} \times EF_{\text{scop2}} + \Sigma AD_{\text{scop3}} \times EF_{\text{scop3}} \tag{18-2}$$

式中：E_{total} 为车站建设期产生的碳排放总量，单位为 $kgCO_2$ eq.；E_{scop1}、E_{scop2}、E_{scop3} 分别为建设期范围一、二、三的碳排放，单位为 unit；AD_{scop1}、AD_{scop2}、AD_{scop3} 分别为范围一、二、三的活动水平数据，EF_{scop1}、EF_{scop2}、EF_{scop3} 分别为对应数据的碳排放因子，单位为 $kgCO_2$ eq./unit。

范围一的碳排放 EF_{scop1} 计算方式如式（18-3）所示。

$$E_{\text{scop1}} = \Sigma AD_{\text{mach,柴油}} \times EF_{柴油} + \Sigma AD_{\text{mach,汽油}} \times EF_{汽油}$$
$$= \sum_{i=1}^{m} s_i q_i \times EF_{柴油} + \sum_{j=1}^{n} s_j q_j \times EF_{柴油} \tag{18-3}$$

式中：$EF_{柴油}$、$EF_{汽油}$ 为柴油、汽油的碳排放因子，单位为 $kgCO_2$ eq./kg；$AD_{\text{mach,柴油}}$、$AD_{\text{mach,汽油}}$ 分别为柴油机械和汽油机械的活动水平数据；s_i、s_j 分别为第 i、j 种柴油、汽油机械的台班数；q_i、q_j 分别为第 i、j 种柴油、汽油机械的单位台班耗油量，单位为 kg。

范围二排放 EF_{scop2} 计算方式如式（18-4）所示。

$$E_{\text{scop2}} = \Sigma AD_{\text{mach,电}} \times EF_{电}$$
$$= \sum_{i=1}^{m} s_{电,i} e_i \times EF_{电} \tag{18-4}$$

式中：$EF_{电}$ 为电力的碳排放因子，单位为 $kgCO_2$ eq./(kW·h)；$AD_{\text{mach,电}}$ 为电力机械的活动水平数据；$s_{电,i}$ 为第 i 种电力机械的台班数；e_i 为第 i 种电力机械的单位台班耗电量，单位为 kW·h。

范围三排放 EF_{scop3} 计算方式如式（18-5）所示。

$$E_{\text{scop3}} = \sum_{i=1}^{m} s_{建材,i} \times EF_{建材,i} \tag{18-5}$$

式中：$EF_{建材,i}$ 为第 i 种建材的碳排放因子，单位为 $\text{kgCO}_2\text{eq.}/\text{unit}$；$s_{建材,i}$ 为第 i 种建材的使用数量。

2. 活动水平数据获取

活动水平数据获取基于施工期的工程量定额清单，具体通过天津当地通用概预算软件获取每个车站工程土建与机电专业的工程量清单，其中包含单元工序种类数目与建筑材料和机械使用情况，通过软件的汇总统计功能得到各专业单位工程的料、机用量，如图 18-7 所示。

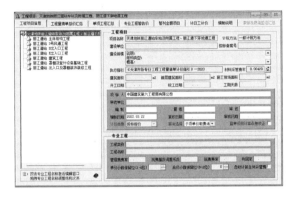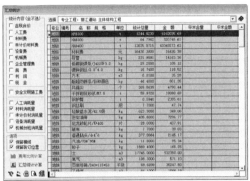

图 18-7　概预算软件预算工料机清单

3. 碳排放因子选取

中国生命周期基础数据库（CLCD）给出的碳排放因子数据是目前相对完善且适合中国的碳排放数据库。本章基于 CLCD 给出的碳排放因子进行计算。车站工程现场施工机械一次能源使用以柴油和汽油为主，其碳排放因子见表 18-2。

一次能源二氧化碳排放系数　　　　　　　　　　表 18-2

化石能源	碳排放系数（$\text{kgCO}_2\text{eq.}/\text{kg}$）
汽油	3.94
柴油	4.00

$EF_电$ 根据《企业温室气体排放核算方法与报告指南 发电设施》（2022 年修订版）取值 $0.581\text{kgCO}_2\text{eq.}/(\text{kW}\cdot\text{h})$。

$EF_{建材,i}$ 取自 CLCD，表 18-3 列举了部分主要建材的碳排放因子。

城市轨道交通车站建设期常用材料碳排放因子　　　　　　　　　　表 18-3

名称	单位	碳排放因子（$\text{kgCO}_2\text{eq.}/\text{unit}$）
钢管	kg	2.81E+00
钢筋	kg	2.62E+00
型钢	kg	2.59E+00
电焊条	kg	3.19E+00
C30 预拌混凝土	m³	3.21E+02
C50 抗渗混凝土	m³	3.84E+02
素土	m³	6.16E-01
防锈漆	kg	5.89E+00
石英砂	m³	5.37E-03
砂子	kg	2.79E-03

4. 计算原则

本章在尽可能保证结果准确性的前提下，对计算过程进行简化，原则如下：

城市轨道交通土建工程涉及的产品、设备种类繁多，本章将质量占比小于0.01%的材料排除在计算范围外；机电工程中的产品、设备排放因子难以获取，因此在计算中不予考虑，仅计算安装过程使用机械和部分材料。

施工人员生活所产生的温室气体排放微小，不予考虑。

18.4 计算分析结果

18.4.1 案例介绍

案例工程共有4个车站，车站结构形式与面积见表18-4。

案例车站结构形式与面积 表18-4

车站名称	结构形式与工法	建筑面积（m²）
昌凌路站	两柱三跨三层盖挖逆作法	18060.67
丽江道站（地铁7号线）	两柱三跨三层明挖法	23587.48
京华东道站	地上两层、地下一层地下部分明挖法	18378.20
丽江道站（地铁10号线）	两柱三跨两层明挖法	22219.06

18.4.2 碳排放总量与强度指标分析

案例工程范围一、二、三碳排放、排放总量见表18-5。

案例工程车站碳排放汇总表 表18-5

车站名称	建筑面积（m²）	范围一（tCO_2 eq.）	范围二（tCO_2 eq.）	范围三（tCO_2 eq.）	总排放（tCO_2 eq.）
昌凌路站	18060.67	4019.64	1985.24	97796.87	103801.75
丽江道站（地铁7号线）	23587.48	3294.25	1498.82	98773.99	103567.07
京华东道站	18378.20	3285.98	1817.14	68559.85	73662.97
丽江道站（地铁10号线）	22219.06	3568.48	1049.60	80169.56	84787.65

车站建设期碳排放强度如图18-8所示。4个车站平均碳排放强度为4.45tCO_2 eq./m²，经过对比分析，昌凌路站碳排放强度最高，达到5.75tCO_2 eq./m²，是唯一的盖挖形式施工的车站，高于另外三个明挖车站，证明在工法方面，在结构形式相同的条件下，盖挖车站相较于明挖车站碳排放强度更大；丽江道站（地铁7号线）与京华东道站均是三层的明挖车站，前者排放强度大于后者，证明全明挖车站相较半地下明挖车站碳排放强度更大；结构形式方面，三个三层车站的碳排放强度均大于丽江道站（地铁10号线）（两层），证明车站层数对碳排放强度影响显著。

各车站范围一、范围二、范围三比例如图18-9所示，四个车站范围一平均占比3.75%，范围二平均占比2.00%，范围三平均占比94.25%，发现，范围三最大，范围一

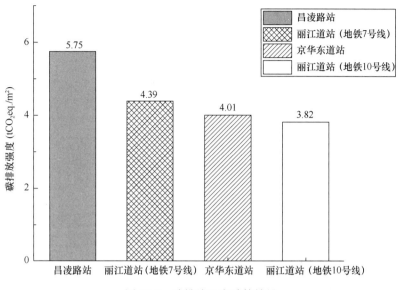

图 18-8　碳排放强度计算结果

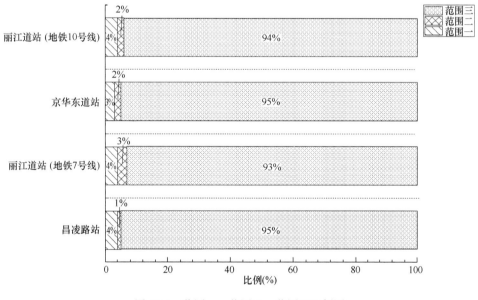

图 18-9　范围一、范围二、范围三比例图

次之,说明建材的生产与运输是最主要的碳排放来源,其中钢筋、混凝土等主要建材的贡献最大。

18.4.3　碳排放结构分析

土建装修与机电设备碳排放计算结果如图 18-10 所示,可见土建和装修占车站建设期碳排放绝大多数比例,土建装修工程碳排放占总碳排放的 99.81%,机电设备碳排放占总碳排放的 0.19%。

图 18-11 为车站机电设备分部分项工程碳排放结构图,通风空调与供暖工程材料占比

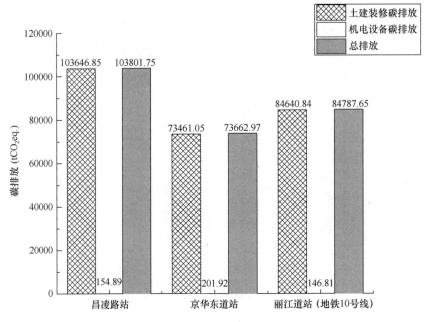

图 18-10　土建装修与机电设备碳排放计算结果

最大，为 89％，动力照明工程材料占比最小，为 58％。在机电专业中，机械的排放占比较大，说明现场施工的能耗产生的排放是值得关注的。

图 18-12 为机电设备碳排放专业排放结构图，可见通风空调与供暖专业是机电设备产生碳排放的主要来源，占比达到 68.13％。

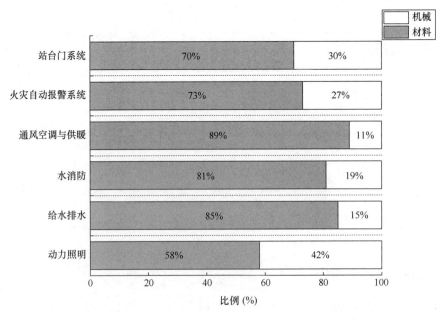

图 18-11　车站机电设备分部分项工程碳排放结构图

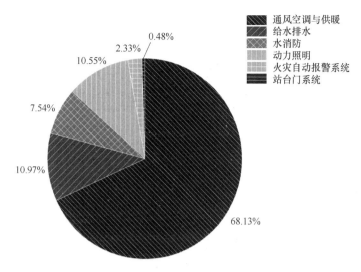

图 18-12　机电设备碳排放专业排放结构图

18.5　结语

本章基于 LCA 理论，建立了城市轨道交通建设期碳排放计算模型，计算分析了车站建设期土建和机电专业的碳排放，结果表明：

（1）车站平均碳排放强度为 4.45 $tCO_2eq./m^2$，车站排放强度与车站层数呈正相关；在结构形式相同的条件下，盖挖车站相较于明挖车站排放强度更大。

（2）范围三碳排放平均占比为 94.39%，建材的生产与运输是最主要的排放来源。

（3）土建装修工程碳排放占车站全部碳排放的 99.80%。

（4）机电工程碳排放中，机械设备占比比较大，说明机电安装中的机械使用明显比土建专业要多；通风空调与供暖专业是机电设备产生碳排放的主要来源。

第 19 章　天津轨道交通光伏发电
项目助推绿色城轨发展

19.1　引言

　　天津，作为一座历史悠久、文化底蕴深厚的城市，近年来在经济发展和城市建设中取得了显著成就。然而，随着城市化进程的加快，能源消耗和环境污染问题也日益凸显。为了实现可持续发展，天津积极响应国家节能减排、绿色发展的号召，加快推进绿色能源项目。天津轨道交通光伏发电项目应运而生，成为天津推动绿色发展的又一重要举措。

19.2　光伏发电项目在城市轨道交通应用的优势

　　在城市轨道交通系统中应用光伏发电项目，其优势是显而易见的。

　　首先，它完全符合当今全球绿色低碳的发展理念，对于减少碳排放、缓解环境污染具有积极作用。通过在城市轨道交通的站点、车辆段等区域安装光伏组件，我们可以直接将太阳能转化为电能，供轨道交通设施使用，这不仅能够减少对传统电力的依赖，还能有效降低运营成本。

　　其次，光伏发电项目的应用可以充分利用轨道交通设施的闲置空间。在不影响轨道交通正常运营的前提下，光伏组件的安装可以最大化地利用屋顶、墙面等空间，提高土地资源的利用效率。此外，光伏组件的寿命长、维护成本低，也进一步增强了其在城市轨道交通应用中的竞争力。

　　最后，城市轨道交通本身作为用电大户，对电力的需求量大且稳定。光伏发电项目的引入，不仅可以为轨道交通提供稳定、可靠的电力供应，还可以缓解电网供电压力，提高供电可靠性。在紧急情况下，光伏发电系统还可以作为备用电源，为轨道交通设施提供电力保障，确保城市轨道交通的安全稳定运行。

19.3　光伏发电项目在城市轨道交通应用的现状

　　目前，在全国已有 10 多个城市的城市轨道交通系统开始尝试应用光伏发电项目。这些项目通常与城市轨道交通的建设规划相结合，从设计之初就充分考虑光伏发电的需求，实现与轨道交通系统的无缝对接。在实际运行过程中，这些光伏发电项目不仅能够满足部分轨道交通设施的用电需求，还能够通过智能电网系统实现电能的优化调度和分配，提高能源利用效率。目前，上海、天津、青岛和北京走在各个城市前列，尤其以上海起步最早而且发展最为迅速。上海轨道交通的光伏发电项目规模超过 50MW，技术也相对成熟，应用场景多样，为其他城市提供了宝贵的经验。天津轨道交通光伏发电项目紧随其后，结合本地实际情况，进行了一系列创新尝试，取得了显著的成效。

天津轨道交通光伏发电项目在站点设计、光伏组件选型、安装布局等方面都进行了深入研究和实践。通过优化设计方案，确保光伏组件能够充分吸收太阳能，提高发电效率。同时，项目还注重与周边环境的协调，力求实现光伏发电与城市景观的和谐共生。

在运营管理方面，天津轨道交通光伏发电项目建立了完善的运维体系，定期对光伏组件进行清洁和维护，确保其正常运行。同时，项目还利用智能化技术，对光伏发电数据进行实时监测和分析，为优化能源管理提供数据支持。

随着天津轨道交通光伏发电项目的深入实施，其在节能减排、降低运营成本、提升能源利用效率等方面的优势逐渐显现。未来，天津将继续加大投入力度，扩大光伏发电项目的规模和应用范围，推动绿色城轨发展迈上新台阶。

此外，天津还将加强与国内外其他城市的交流合作，共同探索光伏发电技术在城市轨道交通领域的应用前景。通过分享经验、交流技术，推动全球绿色城轨的发展，为构建美丽地球贡献力量。

19.4　天津轨道交通光伏发电项目介绍

19.4.1　项目整体介绍

天津轨道交通充分利用地铁车辆段、车站、高架线路及建筑物屋顶等资源大力发展光伏发电项目。目前已建设完成地铁 6 号线大毕庄车辆段一期和二期、2 号线李明庄车辆段、9 号线胡家园车辆段、5 号线双街停车场和北辰科技园北站光伏项目，总建设规模达到 20MW，年发电 2300 万 kW·h，年产生经济价值 1500 万元，年节约标准煤 9200t，减少二氧化碳排放 23000t。以分布式光伏应用为基础，通过"空气源热泵＋能源智慧管理"等多要素绿色低碳应用，大毕庄车辆段成功获颁"碳中和证书"，成为轨道交通行业首个零碳示范基地，实现低碳效益、经济效益双丰收。目前在建有 4 号线民航大学车辆段、6 号线南孙庄地铁站和津静市域（郊）铁路光伏项目，其中津静市域（郊）铁路光伏项目以津静线一期工程基于能量路由器及协同控制的柔性牵引供电系统绿智融合示范"为依托，成功立项中国城市轨道交通协会示范工程项目，该项目将研制国内首套面向城轨分布式光伏接入的柔性直流供电成套装备，形成首个面向城轨分布式光伏接入的柔直系统工程方案，打造绿色低碳示范线路。预计到"十四五"末，天津轨道交通将再建成双桥河车辆段、海教园车辆段和胡家园车辆段二期等 5 个光伏项目，装机容量累计达到 54MW，年发电量 6000 万 kW·h，年产生经济价值 3900 万元，年节约标准煤 24000t，减少二氧化碳排放 60000t，在总规模和技术上处于全国领先水平。

19.4.2　项目建设时遇到的困难及解决方案

1. 技术方面遇到的困难及解决方案

在天津轨道交通光伏发电项目的建设过程中，技术方面确实遇到了一些挑战和困难。首先，光伏组件的选型、布局以及安装位置需要考虑多种因素，如光照条件、建筑结构、空间利用等，这要求我们在设计时进行深入的研究和精细的规划。为了克服这些困难,我们与专业的光伏技术团队紧密合作,进行了多次方案讨论和优化,确保光伏组件能够充分吸收太阳能,提高发电效率。

其次,在屋面进行光伏建设需保护好屋面防水层,保证防水层的完好性是光伏发电项目在城市轨道交通建设中不可忽视的重要环节。为确保防水层在光伏组件安装过程中不受损坏,采取了以下措施:(1)在光伏组件安装前,对既有防水层进行全面检查,确保无破损、无渗漏。对于发现的破损部位,及时进行修补,确保防水层的完整性。(2)在光伏组件安装过程中,采用专业的安装工艺和设备,避免对防水层造成破坏。(3)对安装人员进行严格的培训和考核,确保他们熟悉防水层的保护要求和安装规范。(4)加强光伏组件与防水层之间的密封处理,采用高质量的密封材料,确保光伏组件与防水层之间的连接处无渗漏。(5)在光伏项目完工后,定期对防水层进行检查和维护,及时发现并处理潜在的问题,确保防水层的长期有效性。通过以上措施,成功地解决了防水层保护的问题,保证了天津轨道交通光伏发电项目的顺利实施。这不仅有助于提高光伏发电系统的运行效率和稳定性,还有助于延长城市轨道交通设施的使用寿命,为城市的可持续发展贡献力量。

最后,光伏发电系统的并网运行和智能化管理也是一个技术难题。需要确保光伏发电系统与城市轨道交通的电网系统能够无缝对接,实现电能的稳定供应和智能调度。为此,我们采用了先进的并网技术和智能化管理系统,对光伏发电系统进行实时监测和调控。与电网公司密切合作,共同研究并制定了一套完善的并网方案,确保光伏发电系统能够安全、稳定地接入城市电网。同时,建立了智能化管理平台,对光伏发电数据进行实时采集、分析和处理,为优化能源管理提供有力支持。

通过以上技术方面的解决方案,成功地克服了天津轨道交通光伏发电项目建设过程中的困难,确保了项目的顺利实施和高效运行。这些措施不仅提高了光伏发电系统的发电效率和稳定性,还为城市轨道交通的绿色发展提供了强有力的技术保障。

2. 项目施工方面遇到的困难及解决方案

在天津轨道交通光伏发电项目的施工过程中,挑战主要集中在施工环境、材料供应以及人员组织等方面。

首先,施工环境多变且复杂。由于项目涉及多个车辆段、车站以及高架线路,施工地点分散,部分区域施工空间受限,给施工带来不便,特别是部分建筑屋顶不是上人屋面,屋顶施工载荷不足。为此,制定了详细的施工方案,充分利用现有资源,合理安排施工顺序,避免施工冲突。同时,采用先进的施工技术和设备,如轻型吊装设备、高空作业平台等,以适应不同施工环境的需求。针对上人屋面载荷不足的问题,特别设计了轻质光伏组件和安装支架,减轻屋顶的载荷压力,确保施工安全和质量。

其次,材料供应也是一个重要问题。由于光伏发电项目所需材料种类繁多,部分材料还需要定制,因此材料供应的及时性和准确性对施工进度至关重要。为了确保材料供应的顺利进行,与多家行业头部供应商建立了长期合作关系,提前进行材料预订,并制定了应急预案,以应对可能出现的供应中断情况。

最后,人员组织也是项目施工过程中的一大难题。由于项目规模较大,需要投入大量的人力资源,而施工人员的技能和素质直接影响到项目的质量和进度,同时地铁车辆段属于安全管理非常严格的区域,对进场施工人员管理非常严格。为了解决这个问题,通过加强施工人员的培训和管理,确保他们具备相应的技能和知识。同时,建立激励机制,提高施工人员的工作积极性和责任心。

针对以上施工方面的困难，我们采取了一系列有效解决方案。第一，加强与业主、设计单位和监理单位的沟通协调，确保各方对项目的需求和目标有清晰的认识。第二，优化施工方案，采用先进的施工技术和设备，提高施工效率和质量。第三，加强项目管理和监督，确保各项工程能够按照计划顺利进行。

3. 项目安全方面遇到的困难及解决方案

在项目安全方面，天津轨道交通光伏发电项目也面临着一系列挑战。

首先，光伏组件的安装和维护工作需要在高空进行，这要求操作人员必须具备较高的专业技能和安全意识。为确保作业安全，采取多项措施，一是加强操作人员的安全培训，确保他们熟悉高空作业的安全规程和操作技巧；二是为操作人员配备齐全的安全防护装备，如安全带、安全帽等，以降低高空作业的风险；三是建立严格的作业审批和监护制度，确保每次高空作业都有专人负责监护，及时发现并纠正潜在的安全隐患。

其次，光伏发电系统的电气安全也是项目安全的重要方面。采用高品质的电气设备和材料，确保光伏发电系统的电气性能稳定可靠；同时，建立完善的电气安全管理制度，定期对电气设备进行检查和维护，及时发现并处理潜在的电气故障；加强对操作人员的电气安全培训，增强他们的电气安全意识，确保在操作过程中能够严格遵守安全规程。

最后，在应对自然灾害等突发事件方面制定相应的应急预案和措施。与气象部门保持密切联系，及时获取天气信息，以便在恶劣天气条件下采取相应的防护措施。同时，建立应急响应机制，一旦发生突发事件，能够迅速启动应急预案，组织人员进行抢险救灾工作，最大限度地减少损失。

4. 项目管理方面遇到的困难及解决方案

在天津轨道交通光伏发电项目的实施过程中，项目管理方面也面临着一系列挑战。

首先，项目的规模和复杂性要求在进度控制、质量控制以及成本控制等方面做到精准高效。为确保项目能够按时按质完成，采取分阶段实施、定期审查项目进度的方法，并建立严格的质量检查机制，确保每个环节都符合标准要求。同时，对项目的成本进行精细化核算和控制，避免浪费，确保项目的经济效益。

其次，项目涉及多个部门和单位的协作，如何有效沟通和协调各方资源成为关键。为此，建立了项目协调机制，定期召开项目协调会议，及时解决各方在项目实施过程中遇到的问题。同时，加强与供应商、施工单位的沟通协作，确保各项资源的及时供应和合理利用。

最后，由于项目涉及光伏发电等新能源技术，对于新技术的掌握和应用也是项目管理的一个难点。通过组织技术培训和学习，提升项目团队的技术水平和应用能力。与专业的技术团队和机构保持紧密合作，及时获取最新的技术信息和支持。

5. 空间布局方面遇到的困难及解决方案

在城市轨道交通系统中，空间资源十分有限，如何合理利用空间布局进行光伏发电项目的建设是一个重要的问题。为了在不影响轨道交通正常运营的前提下，最大化地利用屋顶、墙面等空间进行光伏组件的安装，进行了详细的现场调研和测量，结合轨道交通站点的具体情况，制定了合理的空间布局方案。充分利用站点的屋顶、墙面等闲置空间，通过合理地设计和安装，实现了光伏组件的高效利用。同时，考虑光伏组件与建筑外观的协调性，以确保整体的美观性。

6. 运营管理方面遇到的困难及解决方案

在光伏发电项目的运营管理方面，如何确保光伏组件的正常运行、及时发现和处理故障，以及实现电能的优化调度和分配等都是需要考虑的问题。

建立完善的运维体系，定期对光伏组件进行清洁和维护，确保其正常运行。利用智能化技术，对光伏发电数据进行实时监测和分析，及时发现和处理潜在问题。

7. 与用电方在协调机制方面的解决方案

（1）加强与用电方的技术沟通和培训，使其充分了解光伏发电技术的原理、优势以及运行特点，增强其对项目的理解和认同。

（2）针对用电方的特殊需求和规定，灵活调整光伏发电项目的接入和调度策略，确保在满足其需求的同时，也能实现光伏电能的最大化利用。

（3）建立定期的沟通会议和联络机制，及时共享项目进展、运营数据以及可能存在的问题，共同商讨解决方案，确保双方之间的信息畅通和协同配合。

（4）制定详细的应急预案和协同处置流程，明确在出现故障或异常情况时的责任分工和处置步骤，确保能够迅速响应并有效应对各种突发情况。

19.4.3　项目环境效益评价

在天津轨道交通光伏发电项目的实施过程中，天津轨道交通光伏建设团队注重环境保护和可持续发展，努力将项目的环境效益最大化。一是，通过利用太阳能资源进行光伏发电，有效地减少了化石能源的使用，从而降低了碳排放和环境污染；二是，在项目实施过程中，注重节约资源和提高资源利用效率。通过优化设计方案、选用高效光伏组件、合理利用空间布局等措施，实现了资源的最大化利用，减少了资源浪费。

1. 项目社会效益评价

天津轨道交通光伏发电项目不仅带来了显著的环境效益，更在社会层面产生了深远影响，为城市的可持续发展注入了新的活力。

首先，项目的实施推动了新能源技术的普及和应用，提高了城市的科技含量和创新能力。其次，项目促进了能源的节约和成本的降低，为天津轨道交通系统的稳定运行提供了有力保障。通过利用光伏发电技术，实现电能的自给自足，降低对外部能源的依赖，同时也减少了电费支出，提高了经济效益。最后，项目的实施还带动了相关产业的发展和就业机会的增加。

2. 天津轨道交通光伏发电项目中最新的技术应用

在天津轨道交通光伏发电项目中，采用了一系列最新的技术应用，以提高项目的发电效率、降低运维成本并增强项目的可持续性。

采用高效的 N 型光伏组件，这种组件具有更高的光电转换效率和更长的使用寿命，能够在有限的屋顶和墙面空间内实现更大的发电量。与传统的 P 型组件相比，N 型组件具有更低的温度系数和更好的弱光性能，能够在各种天气条件下稳定运行。

引入"能量路由器"技术，将光伏发电系统与轨道交通站点的用电系统紧密结合。通过"能量路由器"的调控，可以实现光伏电能直接向地铁牵引供电和余电上网，进一步提高了电能的利用率和经济效益。同时，"能量路由器"技术还能够对电能进行实时监测和优化调度，确保电力系统的稳定和安全运行。

在运维方面，采用无人机巡检和远程监控技术。无人机可以定期对光伏组件进行高清拍摄和检查，及时发现和处理潜在的问题。远程监控技术则能够实时监测光伏系统的运行状态和发电数据，为运维人员提供及时、准确的信息支持。通过这两种技术的结合，可以提高运维效率和准确性，降低人力成本，确保光伏系统的长期稳定运行。

注重光伏组件与建筑外观的协调性和美观性。通过优化设计和创新安装方式，在津静市域（郊）铁路光伏项目中将光伏组件融入轨道交通站点的建筑外观中，既满足了发电需求，又保持了建筑的整体美观性。

19.5　扩大其他形式的绿色低碳项目在城轨中的应用

在推动城市轨道交通的绿色低碳发展方面，除了光伏发电项目，还可以考虑扩大其他形式的绿色低碳项目在城轨中的应用。以下是一些可能的策略和措施：

19.5.1　绿色建筑材料和技术的广泛应用

在轨道交通站点的建设和改造中，可以采用环保节能型建筑材料和技术。例如，使用节能门窗、保温隔热材料、绿色照明系统等，降低建筑物的能耗和碳排放。同时，推广绿色建筑认证和评价标准，引导行业向绿色低碳方向发展。

19.5.2　利用空域场地建设风力发电设施

在推动城市轨道交通绿色低碳发展的过程中，除了广泛采用绿色建筑材料和光伏发电技术，还可以积极探索和利用空域场地建设风力发电设施，进一步丰富和拓展绿色低碳项目在城市轨道交通中的应用。风力发电作为一种清洁、可再生的能源形式，具有巨大的发展潜力。在城市轨道交通项目中，可以利用车站、车辆段等区域的空域场地，安装立轴风力发电设备，将风能转化为电能，为轨道交通系统提供清洁的能源供应。

19.5.3　推广智慧能量管理系统

推广智慧能量管理系统，是扩大其他形式的绿色低碳项目在城轨中应用的又一重要举措。通过引入先进的信息化技术，对轨道交通系统的能源消耗进行实时监测、分析和优化，从而提高能源利用效率，降低运营成本，并减少对环境的影响。智慧能量管理系统能够实现能源消耗的实时监测。通过在关键设备和区域安装传感器和监控设备，可以实时获取能源消耗数据，并进行可视化展示，有助于我们及时发现和解决能源浪费问题，提高能源使用的精准性和效率。智慧能量管理系统可以对能源数据进行深入的分析和挖掘，通过对历史数据的整理和分析，可以了解能源消耗的规律和趋势，为制定科学的能源管理策略提供依据，还可以利用数据分析工具进行能源预测和优化，实现能源消耗的精准控制。引入人工智能技术，可以对能源管理进行智能决策和优化，提高管理效率和质量。例如，系统可以根据实时数据自动调整设备运行模式和参数，以达到最佳的能源利用效果。

19.5.4　应用高效节能的地铁车辆

高效节能的地铁车辆是城市轨道交通绿色低碳发展的重要组成部分。可以从以下几个方面推动地铁车辆的节能设计和技术应用：

（1）优化车辆结构设计，采用轻量化材料和技术，降低车辆自重，减少能耗。通过选用高强度、低密度的材料，以及合理的结构设计，可以有效减轻车辆重量，提高能源利用效率。

（2）应用先进的动力系统和节能技术。采用高效、低能耗的电机和传动系统，以及先进的能量回收技术，可以显著提高地铁车辆的能源利用效率。例如，采用再生制动技术，可以在车辆制动时将部分动能转化为电能并回馈到电网中，实现能源的循环利用。

（3）推广绿色照明和智能空调技术。地铁车辆内部的照明和空调系统是能耗的主要来源之一。采用 LED 等高效照明灯具和智能空调控制系统，可以大大降低能耗，提高乘车舒适度。

（4）加强车辆维护和运营管理。定期对地铁车辆进行维护和保养，确保其处于良好的运行状态，减少因故障和磨损造成的能耗增加。同时，优化列车运行图，合理安排列车的发车间隔和行驶速度，减少空驶和制动次数，进一步降低能耗。

通过以上措施的实施，进一步扩大绿色低碳项目在城市轨道交通中的应用范围，推动城市轨道交通向更加环保、高效的方向发展。

19.6　结语

目前，天津轨道交通在践行"绿色城轨"上已取得了显著的成效，但仍需持续努力，进一步拓展和深化绿色低碳项目在城市轨道交通中的应用。未来，天津轨道交通将继续致力于推动绿色低碳发展，通过不断优化能源结构、提升能源利用效率、推广绿色建筑材料和技术、扩大可再生能源应用等方式，实现轨道交通行业的可持续发展。

第 20 章　石家庄轨道设施设备智能运维管理平台的探索与研究

20.1　平台架构

石家庄市轨道交通集团有限责任公司规划建设的智能运维综合管理平台，是可承载多条线路，包含车辆、信号、通信、供电、机电、AFC 等多个专业的生产运维系统，适用于综合运维管理、分专业运维管理等多种管理模式。以静态的设备资产为基础，动态的设施实时状态数据、运维数据的智能应用为核心，结合大数据挖掘和海量运营数据治理，探索维修资源和维修模式最佳匹配机制、多专业协同作业信息融合分发机制、维修资源的网格化调度和动态管理机制，形成轨道交通设施设备智能运维综合管控平台新架构，如图 20-1 所示。

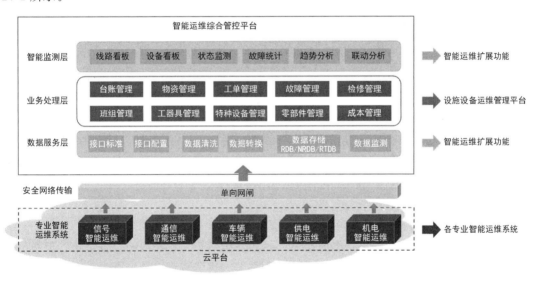

图 20-1　石家庄轨道交通设施设备智能运维综合管控平台架构图

1. 安全监控

使用监控设备状态感知、智能预警、数据分析等方法，由机器分析代替传统人工分析，贯彻"单一到融合、传统到智能、有效到高效"的设备管理目标。

2. 智能分析

构建智能数据采集、业务处理的标准，为故障诊断、健康评估、故障预测、维修决策、联动执行提供可靠的数据来源，提升各专业、工班派班和排故效率。

3. 辅助决策

搭建车辆、通信、信号、供电、机电、AFC 等多专业系统设备状态评价机制体系，实现对设备寿命、故障率、负荷率等综合评价，对多阶段并存设备提出针对性的对策意见和差异化维护策略。

4. 精细管理

实现多专业系统设备的一体化动态管理模式，掌握设备投运、运维、检修直到退役的状态变化趋势全寿命周期管理，实现成本规制精细化管理。

20.2　建设方案

为提升设备管理的精细化水平，确保地铁运维的高效与安全，提出了一套全面的智慧运维管理方案。首先，这套方案以设备寿命管理为核心，通过编码管理最小可维护单元，实现对设备全寿命周期的跟踪与管控。其次，对生产业务流程进行优化，加强了各专业管理流程的标准化与一体化。再次，通过构建与其他生产管理信息化系统的互联互通体系实现数据共享与高效协同。此外，在维修保障方面，建立任务联动管理模式，确保故障发生时能迅速响应并处理。最后，通过搭建专业综合评价模型，为设备的故障诊断、健康评估及维修决策提供了智能化支持。这一系列策略共同构成了全面、高效、智能的设备管理体系。

1. 设备寿命管理策略

对设施设备最小可维护单元进行编码，通过记录设备出厂、安装、运行、维护和部件更换等业务，形成设备寿命管控结构树模型，实现对每一台设备形成全寿命周期综合管控。设备信息包括：设备名称及编码、物理位置、部件和最小单元、设备分类名称及编码、供应商信息、维修信息、变更信息、故障信息。

2. 生产业务流程管控内容

通过梳理和优化石家庄地铁运维生产业务管理流程，实现设备规范、生产计划、流程执行、交付投用等方面业务模块的高度融合，实现专业管理流程标准化、可视化、一体化管理，具备运营质量安全管理、设备管理、计划管理、施工管理、故障管理、检修管理、应急抢修、物资管理、目标管理等业务。

3. 与其他生产管理信息化系统互联互通

建立业务标准、流程标准、数据标准，规范系统接口，实现设施设备运维管理系统与施工管理系统、乘务管理系统、运营目标管理系统、物资管理系统、资产管理系统的互联互通，实现数据共享，架构图如图 20-2 所示。

4. 维修保障任务联动管理模式

对全线各专业系统关键设备进行状态监测，在发现故障警告的第一时间，能够利用信息系统快速下发故障维修任务，自动触发故障工单生成，并指派专人负责现场维修。故障处理后将维修记录和结果进行实时反馈，实现维修维护任务的高效联动管理。

5. 专业综合评价模型

建立专业分析的数据模型和综合评价体系，从数据到信息、信息到知识、知识到决策以及决策到价值，为故障诊断、健康评估、故障预测、维修决策、联动执行提供更智能、更贴近于设备真实状态的管控手段。已经实现按照专业设备大类、站点和线路进行线网设备健康度状态评价、评分。

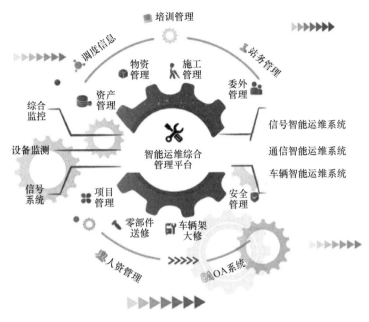

图 20-2　智能运维综合管理平台互联互通体系架构图

20.3　建设难点

如何通过智能运维综合管理平台实现各专业生产运维系统的标准化接入，实现具备状态监测、故障处理、备品备件管理等功能的智能运维系统，提供更全面、有效和及时的运营维护服务是诸多城轨单位遇到的难题。石家庄地铁通过如下方式解决了上述问题。

20.3.1　统一数据协议和标准的数据格式

通过数据采集层连接各专业系统，解决通信机制不同、数据协议不同的问题，实现后端与数据平台进行统一数据格式通信、统一组织存储。数据接收及存储过程包含状态数据、告警数据、故障数据和维修信息的接收及存储。

20.3.2　建立远程监测系统进行状态感知

建立远程监测系统，将专业系统中关键设备的状态参数进行统一收集处理，利用故障告警相关算法及数据可视化技术，实现关键设备的远程状态监测及告警，实时掌握所有在线运营关键设备的状态，保证所有接入的关键设备都可以远程集中管理，具备基于数据可视化技术的状态感知能力。

20.3.3　分专业分层级的多维度可视化

通过可视化技术，展现系统逻辑组成及主要设备实时运行状态，使系统运行状态能够从整体到细节得到全面详细的视觉展示。以车辆运行监测系统为例，展示内容包括系统全景图、专业子系统看板、设备详情看板、告警与故障列表、全线故障点分布、分专业故障

173

点分布、分专业故障信息统计等内容。

20.3.4 建立标准的维修维护流程保障任务联动

通过对全线各专业系统关键设备的状态监测，在发现故障警告的第一时间，能够利用信息系统快速下发故障维修任务，系统自动触发故障工单生成，并指派专人负责现场维修，故障处理后将维修记录和结果进行实时反馈，实现维修维护任务的高效联动管理。

20.3.5 建立故障诊断决策模型达到快速定位

通过对关键设备的故障模式分析，形成准确高效的故障定位能力，当发生故障警告或设备异常时，维修维护人员能够利用故障诊断算法模型，快速定位故障位置，在下发故障工单的同时，推送故障可能发生的原因和维修方案，通过维修方案的精准推送，为维修任务提供有效指导。

20.4 技术优势

20.4.1 故障智能预警技术

集中监测获得的历史维护数据，使用聚类、故障树算法思想构建关键设备的实时工作状态模型。该模型利用支持向量机、神经网络方法，实现实时工作状态的评估，预报设备可能发生的故障。接入车辆、通信、信号等专业维护系统的故障预警数据，实现各专业预警数据联动分析和统一处理。

20.4.2 健康管理及预测技术

构建关键设备健康度等级评价机制，参考故障状态模型，对设备健康度影响因素进行分析。对设备的实时健康度进行量化打分，为现场维护作业提供可靠参考。

20.5 结语

通过智能运维综合管控平台的建设，研究多专业互联互通的实时数据共享及高效联动机制；研究最佳维护时间的选择、物料与设备状态的匹配、维修方法的调整和改变；重构设施设备运维业务流程，提升员工协同工作效率。

石家庄市轨道交通集团有限责任公司通过研究资产管理与运维一体化结合的大数据挖掘和海量运营数据治理，为智慧运营辅助决策提供标准化的关键数据；通过设备设施运营管理及应用服务信息化柔性支撑技术，实现线网级设备设施系统从资产管理到智能运维的一体化全生命周期管理，依靠系统有效提升了精准化管理水平。

第 21 章 "绿色创效、精益运营"
——轨道交通高质量发展的实践与探索

21.1 企业财务收支基本情况

石家庄市轨道交通集团有限责任公司（以下简称"轨道集团"）于 2010 年成立，一期工程开通运营 1、2、3 号线路，建成投用里程 78.2km，建成车站 60 座，最高日客运量 295.78 万人次，地铁客运量占石家庄公共交通出行总量的 44％以上，累计运送乘客 7.28 亿人次。石家庄市轨道交通二期工程建设规划 58.85km，于 2022 年 8 月获得国家发展改革委批复，包括 4、5、6 号线一期以及 1 号线三期工程，目前石家庄已形成四线同建的新高潮，项目建成后进一步拉开城市框架，提升城市品质，为石家庄建设增添鲜明底色。

截至 2023 年末，轨道集团资产总额达 603.5 亿元，营业总收入主要包括票款收入和广通商收入，营业总成本主要包括营业成本、税金及附加和财务费用。财务收支情况如下：

21.1.1 营业总收入

2023 年营业总收入为 2.44 亿元；2022 年营业总收入为 1.61 亿元；2021 年营业总收入为 2.27 亿元。2021—2023 年，轨道集团营业总收入整体呈上升趋势，主要为客流量增大、票款收入增加。2022 年受疫情影响，客流量减少；开展优惠乘车活动，导致 2022 年不含税平均票价下降。

21.1.2 营业总成本

2023 年营业总成本为 22.6 亿元；2022 年营业总成本为 20.33 亿元；2021 年营业总成本为 16.78 亿元。2021—2023 年，轨道集团营业总成本呈上升趋势，主要为营业成本、财务费用逐年增加。其中，财务费用主要为银行贷款利息费用，随着建设投资所需资金不断增加，银行贷款融资越来越多，相应利息支出逐年增加。

21.1.3 净利润

考虑成本规制，轨道集团 2023 年净利润－0.02 亿元，2022 年净利润－0.03 亿元，2021 年净利润－2.55 亿元。

石家庄地铁自 2017 年首开通以来，随着城市轨道交通建设和运营规模的不断扩大，客运量呈递增趋势，2021 年后运营线路及车站数较稳定，除去疫情影响，随着便民惠民活动的开展，客运量仍呈现稳中有升的走势；轨道交通是耗电大户，总体耗能指标不断增长，同时运营成本不断增加，轨道集团的盈利状况也受到越来越多的关注。

21.2 关键要素规律性分析

21.2.1 建设与运营的规律性关系

地铁建设与运营之间存在着密不可分的关系。建设是运营的基础，为地铁网络的形成提供物质保障；运营则是建设的目的，通过高效的列车运行和优质的服务，满足广大市民出行需求。第一，建设阶段的前瞻性规划对后期运营效率至关重要。第二，运营经验应用于新线建设和既有线路改造。第三，地铁建设与运营相互补充，相辅相成。

21.2.2 日常维保和大修更新的规律性关系

地铁设备的日常维保和大修更新是相互依存、相互影响的。为了确保地铁设备的正常运行和延长使用寿命，需重视日常维保工作，及时发现并修复潜在问题；同时，也需根据设备的使用寿命和性能退化规律制定合理的大修更新计划，对设备进行全面、深入的检查和维修。通过制定合理的维护计划和更新策略，可以确保地铁系统安全、高效运行。

日常维保与大修更新频率主要取决于设备的类型、使用频率、工作环境以及设备出厂建议。一方面，日常维保工作定期开展，设备性能稳定，故障率低，大修更新的频率则会相应降低，且备件的更换相应减少，从而减少大修成本。另一方面，大修更新结果反过来影响日常维保，大修更新后，设备的性能得到恢复，使用寿命得到延长，为日常维保工作提供了更好的条件，同时大修更新过程中发现的问题和解决方案也可以为日常维保工作提供重要的参考和借鉴。

目前，石家庄地铁持续开展故障件自主维修、零部件自主适配工作，并逐步优化电客车及各设备设施修程修制，加强技术创新，在不降低检修质量的前提下，有效降低维护维修成本。

21.2.3 固定与变动之间的规律性关系

1. 客运量固定与变动之间的规律性关系

石家庄地铁自2017年首开通以来，随着新段线及延长线的开通运营，客运量呈递增趋势，2021年后运营线路及车站数较稳定，除去疫情影响，随着便民惠民活动的开展，客运量仍呈现稳中有升的走势。城市出行方式和市民出行习惯的改变也是影响地铁客运量的客观因素，如共享单车、电动汽车的出现，均影响地铁客运量的浮动；站内多元化商业模式的开发，可将消费流转变为地铁客流。

2. 运营收入固定与变动之间的规律性关系

地铁运营收入由固定收入和变动收入组成。固定收入指相对稳定、可预测的收入，主要包含票款收入和政府补贴；变动收入指受多种因素影响，波动性较大的收入，主要包含广告、商业、民用通信等资源经营收入。固定收入和变动收入的平衡，可实现地铁经营的稳定性和可持续发展，固定收入为地铁提供稳定的现金流，变动收入为地铁提供新的增长潜力。

3. 运营成本固定与变动之间的规律性关系

随着地铁新段线的开通，运营成本呈递增趋势，在运营线路与站点数相对稳定的前提下，运营成本仍然体现为逐年增长。地铁运营需综合考虑固定成本和变动成本的构成及影响因素，应通过优化运营管理，实现成本控制。同时要加强固定成本和变动成本的统筹，提高运营效率和盈利能力。

21.3 降本管理及增收措施

21.3.1 加强运营创新管理

1. 差异化管控措施，降低设备能耗

以"谁用能、谁管理、谁负责"的原则，坚持计划用能、合理用能、节约用能。从设备管理、能源消耗、计量统计、监督检查、能源定额、节能技改、宣传培训7方面进行严格规定。针对通风空调系统，制定不同季节、不同月份差异化管控措施，针对车站电扶梯、照明设备实行分客流量、分时段控制。

2. 研究控车策略，降低牵引能耗

通过对地铁3号线调试列车进行试验，列车可通过调整ATO牵引控车策略达到降低能耗的目的。优化司机操作流程，减少非载客时间段内照明及空调的开启时间，降低牵引能耗。

3. 进行技术改造，提高资源利用

推进LED照明灯具改造项目。其中，地铁1号线一期14座车站全寿命周期内节电量约298万度，节约电费约187.74万元。同时，减少了备件费用、危废处理费用支出，降低了人工维护成本。自主优化自动售票机乘客显示屏，自动售票机乘客显示屏由优化前的常亮状态优化为自动熄屏，年节电量约6万度，年节约电费约3.78万元。

4. 整体委外，深度借助外部成本优势

探索业务外包、劳务派遣等委外用工形式，在用工成本较高的自有岗位中引入外部专业人员，充分利用外部资源成本优势，持续推动一线用工成本逐步降低。

5. 故障件自主维修

为带动专业技术人员提高技能素质，提高故障修复率，延长工机具使用寿命，解决设备维护过程中的难题，并有效保障客运服务使用需求，运营人员开展了AFC专业自主维修、机电通号自主维修、车辆自主维修、机具及客运物资自主维修，节约采购成本约1300万元。

6. 加强工作室技术创新

石家庄地铁运营分公司设有省级创新工作室2个（李芳斌创新工作室和王旭创新工作室），市级创新工作室2个（魏赫男创新工作室和AFC创新工作室），以创新工作室为基础，强化技术创新，开展技术攻关及成果转化等技术创新活动。在自主创新、效能提升及成本节约等方面发挥了较大作用。取得专利及软著成果142项，申报技术创新课题218项，完成技术攻关57项，自主开发了对账、运维管理、数据应用三大类应用软件，自主适配零部件22种，各创新成果均已应用在地铁运营当中，创新改善效果显著。每年节约运营成本约 600 万元。

21.3.2　创新思路，提升经营效益

1. 盘活附属资源，增加经营收入

结合风险收益分析，深入推进广告、商业、民用通信资源经营工作。积极开发地铁站内广告、语音广告、站口 LED 广告、站内展览场地、站内及附属空间商业、自助设备场地、商业接口等资源，同时主动对接意向客户，开展项目评估及招商相关工作，实现各项目收入的持续性与稳定性。目前，已出租商业面积 14830.53m²，已出租商业自助设备点位 276 处。

2. 提升地铁客流，增加票款收入

石家庄地铁常态化开展多项便民惠民乘车举措，平均票价处于较低水平，在现有票价政策基础上，分公司开展了多项便民举措以提升地铁客运量，不断增强地铁出行影响力，目前城市轨道交通客运分担率已超 44%。为助力市民便捷出行，石家庄地铁不断调整行车组织。以乘客需求为导向，探究优化服务措施，在提升地铁客流的同时，为乘客提供了更优质的乘车体验。

21.4　创新技术手段，强化电力能耗管控

石家庄地铁在建设和运营阶段，开展重点用能设备系统（车辆、供电、环控、照明、电扶梯等）节能技术研究，应用了行业内大部分的创新节能措施，并取得了良好的发展成效。

21.4.1　推进绿色新能源技术

地铁 1 号线一期工程西兆通车辆基地建成国内首个 1000kWP 分布式地铁车辆段光伏发电项目，每年可为车辆段自身运行以及维修基地提供 100 万度绿色电能，新建线路场段全面推广应用此技术。

21.4.2　高效空调系统在线全面应用

地铁 2 号线一期工程在河北省首次全线应用了风水联动的节能控制系统，实现了风系统和水系统的联动控制与联合调节，降低了空调系统设备耗电量，节能率可提高 38% 以上。地铁 2 号线一期工程全线应用了蒸发冷凝设备，蒸发冷凝技术无需在地面设置冷却塔，全寿命周期年综合费用为传统冷却塔系统的 92%，共节约 2200 余平方米宝贵的城市用地。

21.4.3　车辆牵引供电系统节能技术应用

地铁 2 号线一期工程的全线 8 座牵引变电所各设置 1 套额定容量为 2.5MW 的中压能馈再生能量吸收装置。每年节省电费约 200 万度，取消轨底风道风口的施工，节省项目投资。地铁 6 号线一期工程研究应用双向变流技术，具备正向供电和回馈再生能量功能，节能率约 20%。地铁 4 号线、5 号线一期工程车辆应用永磁牵引技术，牵引节能率达 25% 以上。

21.4.4　智慧赋能、推动数字转型

二期工程新建线路开展智慧化、智能化转型工作。以搭建智能运营组织、智能安全运维、智能技术装备等体系为抓手，以数字化改革为动力，研究应用多种智慧创新技术。在车站管理方面，新建线路应用智慧车站管控平台、智能照明、变电所智能巡检机器人；在设备运维方面，研究应用通信智能运维、信号智能运维、车辆智能检测系统、智慧运维大屏、智能轨检车等维护保障平台；在乘客服务方面，应用刷脸出行、智能安检、综合资讯屏、无人客服票亭等智慧化设备，实现客运服务提质、降本、增效。

石家庄地铁以"节能降碳"为主线，从"供能-用能"角度出发，以信息化和数字化为基础，以智能技术和先进装备为手段，在清洁能源、节能设备的基础上，利用能量和信息网络的智能交互，结合城轨智能化运行，从"源、网、荷、储"多环节进行挖掘节能降碳能力，构建城轨一体化协同综合节能体系。

21.5　可持续发展的政策建议、对策及措施

21.5.1　共建研究课题与资源共享

各轨道交通企业可针对发展过程中的共性问题，组建不同的课题研究组，共同研究探讨智慧化运营、可持续发展、融合创新等前瞻性课题及节能减排、弓网磨耗、减振降噪等技术性课题，在课题研究中分析利弊，提出有利于行业发展的具体措施，并在行业中进行成果分享，各轨道交通企业可根据自身发展水平，将成果转化为相应决策。

21.5.2　地铁列车及关键设备零部件标准统一

列车及关键设备零部件统型后，除生产更为专业化、规模化，有利于降低生产成本外，也可降低地铁运营的零部件采购成本和采购周期，并减少运营库存保有量。在检修过程中也因各线路列车和设备零部件的通用性，大大提高了检修效率和检修能力，提升列车和设备运行的可靠性。

21.5.3　完善并细化行业标准和制度

通过梳理现有标准和制度内容，全面分析行业现状，并调研各轨道交通企业实际需求，不断完善并细化行业标准和详细指南，实现涵盖不同技术水平、不同区域、不同运营环境的标准规范，并建立制造、设计和运营需求一体化的标准参考。

21.5.4　立足本企业，加强行业对标

根据石家庄地铁发展现状，通过与行业标准及行业内其他企业对标，识别自身优势与不足，深入分析原因、查摆问题，不断探索新的运营模式和管理方法，实现石家庄地铁高质量发展。

21.5.5　加强资源开发力度

以全生命周期管控为主线，探索规划、建设、商业经营管理全产业链开发新模式，打造一批具有示范引领作用的创新经济产业。

21.6　结语

城市轨道交通是高投入、高成本、回报周期长的重资产行业，同时也是高科技、高品质、高附加值的现代化产业，石家庄地铁在国家主管部门、地方政府和行业协会的引领下，积极探索、持续发力，为建设交通强国、推动城轨行业高质量发展做出应有的贡献。

第 22 章　城市轨道交通综合支吊架
体系创新思路与实践探索

22.1　引言

22.1.1　现状情况介绍

城市轨道交通由于具有运量大、污染小和安全可靠性高等优势，已成为我国各大城市重点发展的公共交通方式。截至 2023 年 12 月，北京地铁运营线路共有 27 条，运营里程达 836km，车站 490 座（其中换乘站 83 座）。2024 年，在建轨道交通线路 11 条，里程共 222.1km。随着城市轨道交通建设的快速发展、轨道交通技术和设备系统功能的日益完善以及新建车站复杂性的提升，轨道交通设备专业中所需管线的种类和数量日趋增多，为了在有限的空间中避免吊杆重复、减少与结构的连接点，达到节约空间、提高施工效率、方便后期管线维护及扩容等需求，从地铁 10 号线一期开始，综合支吊架首次投入到了北京轨道交通建设的应用中且取得了良好效果，并由北京地铁开始逐步推广至全国范围。

近年，北京轨道交通运营线路逐年增加，综合支吊架应用占比也逐年增加。在最早使用的北京地铁 10 号线一期及 9 号线项目中，综合支吊架的应用范围为走廊内及站台端部用房外侧走道上方。后期在车站应用中由于站台公共区也存在管线安装困难等情况，又逐步增加了站台公共区的使用范围需求，如图 22-1、图 22-2 所示。

图 22-1　综合支吊架及抗震支吊架　　　　　图 22-2　综合承载大横担

在招标阶段，由于各专业的管线位置、数量尚且无法做到稳定等原因，管线综合专业无法明确各断面实际负载管线的需求，综合支吊架不具备出具准确剖面图的条件，招标清单依据设计院提供的工程数量、规格、型号，按照构件组成或重量编制。在实施阶段由施工单位负责综合支吊架图纸的深化，发承包双方依据深化图纸进行结算。

综合支吊架应用之初，由于专业的欠缺以及可参考的经验匮乏，工程量清单一直按照构件组成的模式进行计量，结算时面临非标准构件多、费用争议大的问题；随着应用越来越广泛，为了解决构件组成计量模式在招标和结算中的问题，参考了外省按照重量模式计量的方式，但结算时又面临深化设计不经济、投资不可控的问题。两种清单模式的计量从建设单位、设计单位、施工单位、供应商等多个角度都存在不同的问题。

22.1.2　存在的问题

1. 设计标准不统一

综合支吊架是一个复杂的系统工程，涉及专业多，实际工作中缺少统筹各专业的技术标准。市场主体对综合支吊架的认知各不一样，各设计院的设计标准不一致。同时，设计图纸还存在深化精度不足，较多的如大样图遗漏、剖面缺少槽钢型号等差错漏碰事项，既影响了现场施工，也不利于发承包双方准确确定价格。

2. 现场浪费多

综合支吊架由机电安装单位施工，不仅要考虑本合同内风管、电气桥架、水管的施工顺序，还需协调其他专业如通信、FAS、综合监控等桥架施工顺序及工期，施工现场各专业交叉作业多，同一机电合同内也存在多专业同时施工的情况，对机电安装单位的经验与水平提出了较高的要求。在实际工作中，往往会发生风管与水管高度冲突、风管与结构梁高度冲突等管线碰撞问题，造成已加工的支吊架面临拆改移、产生重复用工及现场废料的问题，导致现场难以对所有材料进行精准管理，且在各类非标连接构件均需单独采购的情况下，普遍会出现浪费的现象。

3. 价格争议大

市场上综合支吊架各品牌的组成构件种类繁多，施工单位在进行图纸深化时，选用的综合支吊架品牌各有差异。若招标清单采用构件组成计量，增补清单多，与招标清单出入较大，价格争议大、谈判困难；若招标清单采用重量计量，各品牌相同功能构件的重量差异较大，发承包双方对构件重量标准难以达成一致意见，争议较大。

4. 投资不可控

施工单位是深化设计的实施主体，往往从自身收益最大化的角度深化图纸，建设单位和设计单位对深化图纸的经济性把控难度较大。另外由于非标构件多，造成增补清单多，增补单价难以充分发挥合同的竞价效果。这些因素均给建设成本带来了不可控的增长。

另外，综合支吊架概算预计按每站150万元批复。但是就结算数据来看，目前已通车线路每站结算费用均超过概算批复金额，部分新签订合同中综合支吊架费用已经超过每站300万元，并呈逐年上涨趋势。

轨道交通属于政府投资项目，不允许结算超概算的情况发生，更与近年来提质增效的要求相悖。随着综合支吊架应用得越来越广泛，亟须解决设计标准、投资控制等方面存在的问题，因此有必要研究出系统性的解决方案。

22.2　实施目的

综合支吊架具有吊杆不重复、与结构连接点少、施工效率高、空间节约、后期管线维护、扩容方便等特点，因此在机电工程领域得到了广泛的应用。但由于综合支吊架各厂家产品设计不同，招标时图纸设计深度不够，造成合同管理过程中出现了招标清单不统一、深化图纸无体系、经济指标偏差大、谈判争议问题多等一系列问题，并影响投资控制。为有效解决上述问题，并合理控制投资，有必要统一图纸绘制形式，有必要研究综合支吊架体系的造价模式，从而切实有效地达到降本增效的目的。

22.3　实施过程

22.3.1　提出解决思路

长久以来，所谓的改进都遵循着一种单向惯例，遇到一个问题之后思考着如何解决这个问题，解决这个问题之后又面临着因为这个问题带来的另一个需要解决的问题，不仅没有让本质问题得以解决，反而更让问题陷入了某种"循环"当中。

对于创新，我们打破惯例，摒弃缺乏社会意义的改进，从两个维度出发：第一是创新思路；第二是创新流程、能力、行为与成果。

为此，重新审视计量模式的问题，把单纯追求解决问题变成一种对关系的探讨，将创新思路聚焦在带给综合支吊架计量影响的诸多主体关系上进行反思。通过对典型标准岛式车站的考察、分析与测算，提出了按照支架路由布置的长度，以承载重量划分挡位的延米计量的新思路。

从表面上看，延米似乎仅仅是对传统构件、重量计量单位的调整，但背后实际蕴含的是对建设单位、设计单位、施工单位之间主动与被动关系的根本性改变，即建设单位从综合支吊架的功能出发，提出各类管线的承载需求，施工单位为使综合支吊架满足承载需求自行深化图纸；清单按照承重范围以延长米为单位设置，价格仅与承重相关，与深化图纸无关。创新理论及创新思路的效能如图 22-3、图 22-4 所示。

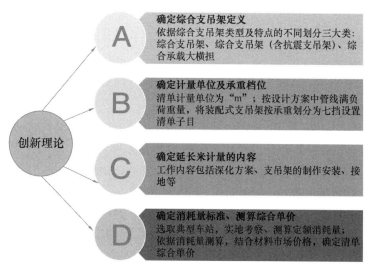

图 22-3　创新理论图示

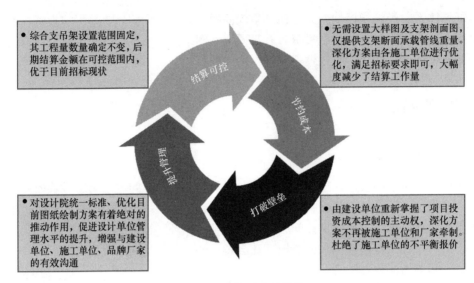

图 22-4 创新思路的效能

22.3.2 工作开展路线

组织各线路设计、施工、供应商、招标代理、造价咨询、造价主管部门等相关单位进行问题交流，调研各线路在执行过程中遇到的问题，调研以问卷调研、专家访谈、实地调研、开会交流、数据分析等方式开展。

1. 调研综合支吊架的布置情况

选取典型车站进行调研，选取标准：站型形式一致、具有代表性，且各阶段数据齐全，车站形式具有大众性，不特殊，有结算数据、图纸完善。同时，基础资料完善，便于设计院按新思路重新绘制图纸。

2. 确定典型车站综合支吊架的设计标准

请设计院专家开展综合支吊架交流，通过多次会议讨论，确定综合支吊架承重步距，各设计院分别按新思路要求分别绘制图纸，不断优化改进后最终形成统一图纸绘制标准。

（1）选取 8 座车站的图纸，结合各专业规范，通过理论计算及现场测量汇总各专业管线重量，计算同口径下支吊架承重。

（2）通过跟踪、实测北京地铁既有线和在建线，对比分析不同时期的地下站各专业管线重量及综合支吊架重量，总结综合支吊架承重范围。

（3）通过专题交流，总结不同车站的综合支吊架设计和布置方式，反复讨论并初步形成绘制要求，各自按所选取站型分别研究图纸设计方案。

（4）由于各设计院理念不同导致最终形成的设计方案存在差异，组织专题会进行图纸差异原因分析，排除各影响因素，最终形成统一的设计标准，各设计院按统一的设计标准调整图纸。

3. 测算综合支吊架的成本

因支吊架槽钢理论重量偏差较大，通过现场调研统一支吊架所用槽钢理论重量。现场调研了地铁 12、14、17、19 号线等部分车站，对各品牌槽钢进行现场称重，统一重量标准，现场品牌涉及康驰、中奕亚泰、爱格瑞思、慧鱼等。按所选车站原图纸进行综合支吊架槽钢质量计算，并与现场测算数据进行对比分析。

按新思路测算现场安装消耗量，首先驻场测算收集工料机消耗的基础数据，然后开展单个测算样本的计算及分析，最后对多个样本的数据开展数理分析，编制确定消耗量标准。

22.4 主要创新点

22.4.1 制定图纸绘制标准，规范图纸设计

以往的综合支吊架图纸经历了三个阶段，但却存在以下问题：首先，截面多、工程量计算复杂，并且图纸经常缺少断面图或者与实际不符；其次，图纸多、人员投入大、核算费用少、投入产出不匹配；最后，在轨道交通领域，未实现 BIM 正向设计，倒膜时间长且异形构件多，不利于设计把控。图纸绘制标准如图 22-5 所示。

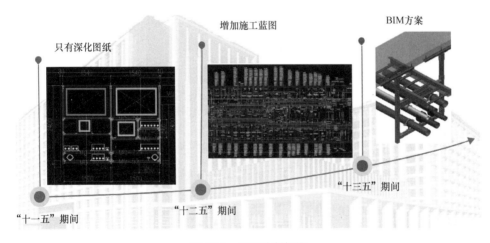

图 22-5 图纸绘制标准

新的图纸绘制标准：按统一的荷载标准，以建筑物外墙为界，在图纸中明确支吊架承载重量、敷设范围及长度，其每一变化荷载重量的具体长度在图纸上进行明确标注。

22.4.2 综合支吊架体系

目前，轨道交通工程的一般做法是先做综合支吊架，再根据规范相关要求安装抗震支吊架，造成了材料的极大浪费。而且一般在城市轨道交通工程中，机电设备管线在狭小的空间需要分专业、分层、交叉布置，对抗震支吊架系统的设置及形式提出了很多要求，空间不足、安装维修不便。因此，需采用抗震支吊架与综合支吊架结合布置。

抗震支吊架与综合支吊架结合设置的解决方案，一方面很好地解决了机电安装过程中各管线独立安装需占用较大的安装空间，且管线错综复杂的问题，另一方面这套支吊架体系能很好地兼顾良好的抗震效果。与传统型钢角铁支架对比分析，综合支吊架与抗震支吊架有较大的优越性，在工程建设上，这套支吊架体系兼顾了实用功能与观感，既提高了工

程质量，又节约了成本，还增强了重点部位的安全性能。

1. 综合支吊架设置范围

（1）设备管理区走廊、站台端门外走廊，换乘通道无吊顶区域采用集成吊顶形式（综合支吊架体系）。

（2）当车站站厅层及站台层公共区无吊顶时，采用集成吊顶形式（综合支吊架体系）。

2. 图纸绘制形式

本次综合支吊架体系新绘制形式结合了设置范围及承重挡位，图中主要标注承重挡位序号及对应设置长度即可。

（1）图层、颜色、字体等要求，如图 22-6 所示。

GZ-综合支吊架标注			■红
GZ-综合支吊架定位			■白
GZ-综合支吊架范围			■蓝

图 22-6 图层、颜色、字体

每个综合支吊架承重挡位长度定位标注采用 rs9.ccfang 字体，平面图内承重挡位图例圈内字体采用黑体，出图字高 400mm，宽度因子为 0.8。

（2）承重挡位图例，如图 22-7 所示。

① ① 承重≤400kg/m

② ② 400kg/m＜承重≤600kg/m

③ ③ 600kg/m＜承重≤800kg/m

④ ④ 800kg/m＜承重≤1000kg/m

⑤ ⑤ 1000kg/m＜承重≤1200kg/m

⑥ ⑥ 1200kg/m＜承重≤1400kg/m

⑦ ⑦ 1400kg/m＜承重≤1600kg/m

图 22-7 承重挡位图例

（3）平面绘制要求：根据承重挡位图例，标注综合支吊架范围内的各承重挡位所在位置及长度，如图 22-8～图 22-10 所示。

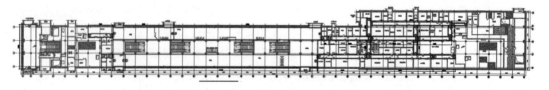

图 22-8 站厅层综合支吊架（含抗震支吊架）设置分布平面图

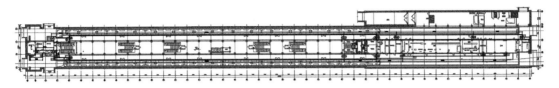

图 22-9　站台层综合支吊架（含抗震支吊架）设置分布平面图

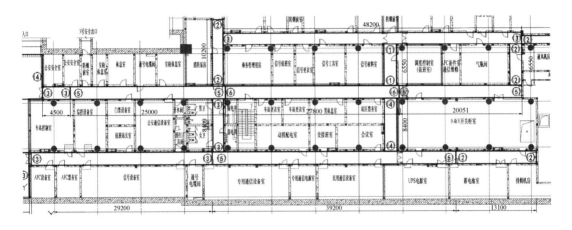

图 22-10　站厅层综合支吊架（含抗震）设置分布局部平面图

22.4.3　统一管线承重标准，杜绝冗余浪费

1. 各专业管线重量标准

结合现有规范及既有工程经验，各专业各类管线指定重量标准，包含风管标准重量表、水管标准重量表、供电桥架重量表、动照桥架重量表、弱电桥架重量表（通信、FAS、门禁、综合监控、人防、站台门、AFC 等）。以风管为例，见表 22-1。

风管标准重量表（单位：kg/m）　　　　　　　　　　　　表 22-1

矩形长边风管尺寸	复合风管	防火板风管 （保温＋防火板）	普通保温风管	不保温风管
$b \leqslant 1000\text{mm}$	72.1	138.0	73.2	50.9
$1000\text{mm} < b \leqslant 1500\text{mm}$	100	172.4	91.3	63.6
$1500\text{mm} < b$	164.1	248.3	131.6	91.5

注：表中数值应为管道重量乘以附加重量系数以后的数值。

2. 综合支吊架管线承重挡位划分

根据管线综合排布，结合各专业重量可计算得出综合支吊架所需承受重量，从而归纳出车站综合支吊架（含抗震支吊架）可分为以下几个承重挡位，见表 22-2。

序号	承重挡位
1	承重≤400kg/m
2	400kg/m＜承重≤600kg/m
3	600kg/m＜承重≤800kg/m
4	800kg/m＜承重≤1000kg/m
5	1000kg/m＜承重≤1200kg/m
6	1200kg/m＜承重≤1400kg/m
7	1400kg/m＜承重≤1600kg/m

车站综合支吊架（含抗震支吊架）承重挡位　表22-2

22.4.4 编制标准化工程量清单，消除价格争议

工程量清单是工程项目的基础，被视为项目的蓝图。工程量清单中列出的每个特征都与价格直接相关，这对于项目整体成本至关重要。

一直以来，现行国家标准《建设工程工程量清单计价规范》GB 50500及配套计算规范，无综合支吊架体系清单编制标准，造成造价咨询单位不同、综合支吊架体系工程量清单编制形式不同。

目前，清单编制形式大致分两种类型：第一种类型，按综合支吊架组成构件的明细编制工程量清单，如C型槽钢、加强型直角连接件、可调型直角连接件、斜拉连接件、防晃支架、镀锌卡子、锚栓等分别进行工程量清单编制。第二种类型，按综合支吊架的重量编制工程量清单，按重量形式存在两种计算方式，方式一是工程量包含主体槽钢及安装附件重量；方式二是工程量仅为主体槽钢重量，安装附件包含在价格中。

以上两种类型均存在不同程度的问题，如图22-11所示。

图22-11 综合支吊架两种计量模式问题分析

为了解决上述问题，创新了清单编制标准，即以功能需求为目标导向，按综合支吊架承载重量范围，根据支架承重按设计图示尺寸以延长米计算工程量，编制工程量清单。

依据综合支吊架类型及特点不同，将综合支吊架体系分为三类：综合支吊架、综合支吊架（含抗震支吊架）、综合承载大横担。工程量清单规则举例见表22-3。

工程量清单规则　　　　　　　　　　　　　　表22-3

序号	项目编码	项目名称	项目特征描述	计量单位	工作内容	工程量计算规则
1	08B001	综合支吊架	1. 名称：综合支吊架； 2. 材质； 3. 部位； 4. 承重：$t \leqslant 400$； 5. 锚栓种类； 6. 接地材质、规格； 7. 其他	m	1. 制作、安装； 2. 补刷油漆； 3. 接地； 4. 运输等全部工作内容	根据支架承重按设计图示尺寸以延长米计算
2	08B002	综合支吊架（含抗震支吊架）	1. 名称：综合支吊架（含抗震支吊架）； 2. 材质； 3. 部位； 4. 承重：$400 < t \leqslant 600$； 5. 锚栓种类； 6. 接地材质、规格； 7. 其他	m	1. 制作、安装； 2. 补刷油漆； 3. 接地； 4. 运输等全部工作内容	根据支架承重按设计图示尺寸以延长米计算
3	08B003	综合承载大横担	1. 名称：综合承载大横担； 2. 材质； 3. 规格； 4. 锚栓种类； 5. 其他	m	1. 吊架制作、安装； 2. 补刷油漆； 3. 接地； 4. 运输等全部工作内容	按设计图示大横担尺寸以长度计算

22.4.5　编制消耗量标准，投资控制有依据

根据标准化工程量清单，开展消耗量测算，并充分考虑工程实际情况和市场价格波动等因素，编制了综合支吊架体系的消耗量标准和预算定额，包括工程概况、编制依据、人工费用、材料费用、机械费用、间接费用以及其他费用等内容。

1. 选取测算样本

考虑到不同线路安装条件不同，选取多条线路不同支架承重的多个样本。

样本的选取原则：以通用性为基本原则，剔除特殊线路或者特殊车站，如大部分管线采用自焊式支架进行固定安装，仅少量采用综合支吊架的车站不应作为样本，以确保样本的合理性、有效性。

2. 驻场测算收集工料机消耗的基础数据

工料机消耗量测算是制定消耗量标准的基础，针对选择的样本工程，对综合支吊架安

装过程中的人工消耗量、材料用量、机械使用情况等进行实地考察和收集，并对收集的数据资料进行整理，以确保准确性和完整性。

3. 单个测算样本的计算及分析

单个样本的选取应包含消耗量标准子目划分的各项子目，每个子目的支架承重范围不同，对选取车站的各个支架承重单个样本子目进行统计和分析。此外，考虑到不同线路安装条件不同，选取多条线路不同支架承重的样本分析数据，保证定额消耗量标准的全面性。

4. 多个样本的数理分析，测算消耗量标准

由于消耗量标准具有一定的通用性，需要对多条线路多个车站综合支吊架的不同子目划分进行样本汇总整理，进行详细的消耗量分析。针对有效的样本数据采用算术平均或加权平均等数理分析方法，编制消耗量标准。

首先对某一线路车站的不同支架承载重量的工料机消耗量进行分析，重点分析不同承重的工料机的增量关系；然后再选取多条线路不同承载重量的支架进行工料机增量关系分析，找出差异较大的样本，根据图纸分析差异原因；最后，把有效且合理的多个样本数据，根据不同线路同等承载重量支架的工料机开展算术平均和加权平均分析，得出通用的消耗量标准。

22.5　实施效果

22.5.1　提升管理水平

本项目通过反思既有线在管理过程中出现的问题，探索出综合支吊架计量模式的创新思路，并通过创新思路的实践，提升了管理水平。

（1）制定了图纸绘制标准，为建设管理单位数字化的发展奠定了基础。

（2）统一规范了管线承重标准，防止过度深化图纸，避免了品牌导向的趋势，从源头做到精细化管理。

（3）创新性地按照支架路由布置的长度，以承载重量划分挡位编制招标清单，化解了深化图纸对造价的影响，进而对建设单位、设计单位、施工单位之间主动与被动的关系做出了根本性改变，减少了合同履约过程中的价格争议，有利于加快结算进度。

（4）测算确定了消耗量标准，为合理确定造价提供了依据。

（5）有利于控制投资，可在确保安全的情况下投资合理，降低超概算风险。

22.5.2　创造经济效益

本项目的创新思路已运用到轨道交通 13 号线扩能提升工程、17 号线未来科学城公交换乘中心工程、新机场线（草桥—丽泽金融商务区）工程，以 13 号线扩能提升工程为例，以投标报价为基准，与以往模式相比，每站可节约投资 150 万元以上，扭转了结算超概算的情况，全线共节约 2550 万元。

以通常线路设计规模为例，新增线路一般包含 20 座地下站，每座标准地下站节约投资可达到 150 万元以上，并且每新增一条线路节约投资可达到 3000 万元。随着轨道建设

的持续发展、车站数量的不断增加，综合支吊架体系新思路节约的建设投资金额将不断增长，以北京轨道交通三期规划线路建设测算，预计将节约投资 1.25 亿元，创新实践价值日益凸显。

22.5.3 发挥社会效益

1. 节约了各参建方的管理成本

新思路下的图纸绘制，节约了设计单位、施工单位、监理单位等相关单位的沟通时间，大大减少了建设单位、造价咨询单位、施工单位确定工程造价的人力投入。

2. 为行业起到示范借鉴作用

在外省市的同行业调研与交流中发现，重庆、成都等地的综合支吊架管理均存在类似困扰，本项目新思路的探索与实践能够为兄弟城市起到很好的示范借鉴作用，为困扰其他城市的综合支吊架问题纾困。

3. 为行业提供了计价依据参考

本项目开展了工料机消耗量标准的测算及编制工作，确定了综合支吊架体系的消耗量标准，为合理确定工程造价等提供了计价依据。与造价主管部门沟通，后续形成并发布《北京市消耗量标准》，为行业提供计价依据。

22.6 结语

一个好的创新思路及应用除了创新与创效更应具有延展性，随着科技的进步，数字经济作为一种全新的经济形态，正在改变着传统的发展方式与社会结构。为此将搭建综合支吊架综合管理平台，此平台可通过图纸识别管道及管径进行自动算量，后台形成对应工程量清单，在项目实施过程中通过数据库对价格进行实时分析，并随着应用的推广以及数据的扩充建立大数据指标库，最终接入投资平台，实现协同管理。

第 23 章　狭小空间盾构侧向补偿始发方案研究

23.1　引言

盾构施工以其快捷高效的特点，成为地铁隧道施工的优先选择。常规盾构始发有 2 种方案，一种为整体始发，即足够长度基坑可用于盾构及后配套台车安装，连成整体调试完成后掘进；另外一种为分体始发，将盾构机及少部分后配套设备吊入始发井，待掘进完成足够空间后，完成全部配套台车安装。但是在城市核心城区，盾构始发场地往往受到周边环境的严格限制，导致盾构始发方案须因地制宜采取各种组合形式。诸多学者针对盾构区间始发方案进行了相关研究，其中王德超以济南地铁某区间风井为对象，研究了 3 种不同风井长度时盾构机分体始发方案，认为 83m 分体始发方案具有最好的综合效益；王刚介绍了北京地铁 8 号线鼓什区间设置的 11m 长盾构始发井及 7m 长出渣口，完成了盾构分体始发方案；钟志全提出了一种在长度 22m 竖井中的盾构分体始发施工技术；刘金峰以武汉轨道交通 6 号线马钟区间为例，介绍了在始发井长度为 17m 情况下的盾构分体始发技术；张志鹏等以北京地铁 10 号线火终区间为例介绍了在 300m 小半径曲线上，始发井长度为 19m 的盾构分体始发施工技术；翔宇等在小半径曲线隧道内，以 44m 长始发井进行盾构分体始发。以上研究的共同点为盾构隧道正线有条件设置始发井和渣土口。目前，基于盾构侧向始发的研究内容较少，全海龙以长春地铁 1 号线自南区间为例，介绍了盾构平移及始发接收施工技术，即盾构不在正线上方，通过将盾构侧向平移至正线工作面进行掘进，渣土及管片通过平移通道的龙门起重机运输；赵康林以青岛地铁 8 号线闫南区间为例，介绍了始发井及出渣井在正线隧道一侧的始发情况；李爱民以北京地铁 19 号线牛金区间为例，介绍了一种双线盾构侧向分体始发的方案。

本章通过对以往盾构始发方案的研究，结合工程实际，主要研究在区间正线无法实施盾构始发井，且需侧向始发的情况下，如何优化方案及如何解决优化方案后带来的新问题。

23.2　工程概况

23.2.1　地质水文条件

北京地铁昌平线南延工程学院桥站—西土城站区间（以下称"学西区间"）全长 1309.932m，拱顶覆土约 18.1～27.9m，底板埋深约 24.9～33.9m。

学西区间主要穿越地层为粉质黏土④层、粉土④$_1$ 层、细中砂④$_2$ 层、卵石⑤层。区间主要穿越层间潜水（三）层，稳定水位标高为 19.060～19.280m，水位埋深为 29.3～29.6m，区间最低点进入层间潜水（三）5.5m，如图 23-1 所示。

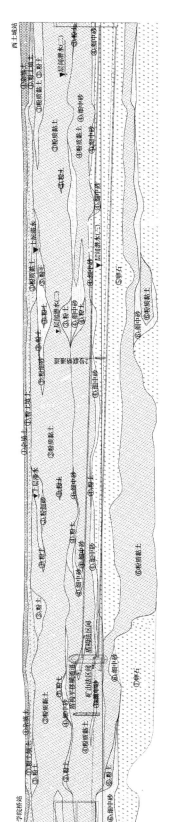

图 23-1 区间水文地质情况

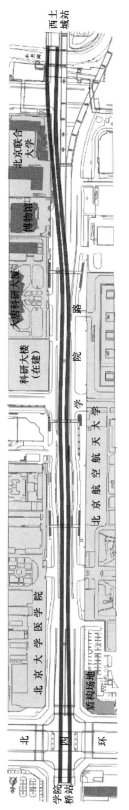

图 23-2 区间周边环境

23.2.2 周边环境及场地条件

为响应北京市地下水资源保护的要求，结合区间地下水位较高的实际情况，区间拟采用盾构法施工，主要场地及周边环境限制条件为：（1）区间北端学院桥站为暗挖车站，无法提供盾构始发场地。（2）区间上方为城市主干道路，车流量较大，无法实现区间上方设置盾构始发井。（3）可用施工场地仅为学院桥西南角，线路西侧"L"形场地，宽度为23m，中线长73m，占地面积仅为2950m²，场地距离学院桥站约120m（图23-2）。学西区间周边环境和场地条件以及地下水资源保护要求，决定了工程需要在狭小空间条件下进行盾构侧向始发。

23.2.3 工期条件

本工程依据全线通车时间节点与区间洞通时间节点开展工程筹划，区间土建计划工期仅为23个月，其中始发结构实施控制时间为14个月。盾构始发结构包含盾构始发井、盾构侧向始发通道、出土井、盾构出土通道、反向隧道等；盾构掘进环节包含盾构机安装就位、盾构始发、盾构掘进、盾构到达西土城站弃壳接收等诸多工序。常规侧向平移分体始发需23个月，无法匹配项目施工节点目标。通过设置延伸钢环及钢环内填料补偿始发阶段切削不均衡的侧向补偿始发技术，以及通过优化平移横通道施工工法及位置，能够有效调整暗挖段区间隧道及出土通道工序时间，缩减整体工期6个月以上。

23.2.4 盾构设备条件

盾构设备的尺寸、重量条件决定盾构始发结构的大小及形状，本区间盾构机双线采用土压平衡盾构机，刀盘直径为6280mm，管片外径为6000mm，管片内径为5400mm，管片长度为1200mm。主机长度为8588mm，主机含后配套总长度约为85m。若满足整体始发条件，盾构反向隧道长度需大于85m。

23.3 盾构始发方案比选

学西区间盾构在狭小空间条件下进行侧向始发施工，主要考虑工期、造价、安全、始发便利性几个方面，初步比选出三个始发方案，并对三个方案进行对比。

23.3.1 常规侧向平移分体始发方案（方案1）

1. 始发结构施作及盾构施工步序

（1）明挖法施工①盾构始发井，完成二次衬砌结构；同期倒挂井壁法开挖②出土井，完成二次衬砌结构。

（2）洞桩法施工③盾构平移横通道，并完成二次衬砌结构；同期台阶法开挖⑥出土通道1。

（3）CRD法开挖④始发断面隧道，台阶法开挖⑤标准断面隧道至学院桥站，完成二次衬砌结构。

（4）台阶法开挖⑦出土通道2及⑧出土通道3。

（5）盾构组装后平移至左线始发，掘进至 85m 以上，后配套可以全部置于隧道内并恢复正常掘进，同时组装右线始发。

（6）左右线的出土井及运输通道可作为盾构出土、管片运输通道，直至掘进完成，将后配套及拆解后盾构设备从盾构井吊出，始发结构及步序平面图如图 23-3 所示。

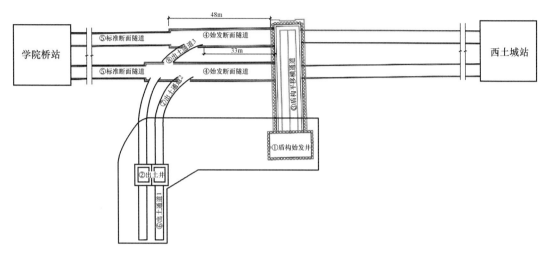

图 23-3　方案 1 始发结构及步序平面图

2. 方案优缺点

目前，类似方案在地铁施工中应用较多，且修建始发井、平移通道、反向隧道、出土竖井及通道工艺相对较为成熟，风险易控。缺点主要是：（1）工期长，平移通道工期为 10 个月，完成后再施工反向隧道工期为 6 个月，合计工期为 23 个月，施工工期较长，无法匹配项目 23 个月完成施工的节点目标；（2）断面大，风险高，盾构机平移通道断面净宽达 11m，施工过程中采用 PBA 工法开挖形成大断面，群洞效应明显，多次受力转换，施工风险较高；（3）盾构井及平移通道利用率低，掘进过程平移通道与线路垂直，不能作为材料运输通道，占用场地，利用率低；（4）分体始发功效低，受场地限制，反向隧道长度小于盾构机及后配套台车长 85m，需分体始发。

方案 1 始发工期为 23 个月，施工进度安排如图 23-4 所示。

序号	施工项目	工期（月）	1	2	3	4	5	6	7	8	9	10	11	12	13	14	15	16	17	18	19	20	21	22	23
1	①盾构始发井	5																							
2	②出土井	3.5																							
3	③盾构平移横通道（洞桩法）	10																							
4	暗挖段	④始发断面隧道	6																							
5	区间隧道	⑤标准断面隧道	4																							
6		⑥⑦⑧出土通道	2																							

图 23-4　方案 1 始发施工进度横道图

23.3.2　平移转体整体始发方案（方案 2）

1. 始发结构施作及盾构施工步序

（1）明挖法施工①盾构始发井，完成二次衬砌结构；同期倒挂井壁法开挖②出土井，完成二次衬砌结构。

（2）台阶法开挖③施工横通道。

（3）CRD法施工④盾构平移横通道，完成二次衬砌结构；同期台阶法施工矿山法区间⑤标准断面隧道，完成二次衬砌结构；同期台阶法施工⑥出土通道。

（4）CRD法开挖盾构⑦始发断面隧道，完成二次衬砌结构。

（5）盾构组装后轴向平移、转体至左线整体始发，横通道设置皮带输送机输送渣土至出土井，掘进至85m以上，由平移通道至出土井出土，始发结构及步序平面图如图23-5所示。

（6）待左线施工完成，右线隧道施工同左线。

（7）出土井可作为盾构出土通道，横通道可作为前期掘进时出土通道，平移通道可作为前期及后期管片运输通道，直至掘进完成，将后配套及拆解后盾构设备从盾构井吊出。

方案2始发工期为16.5个月，施工进度安排如图23-6所示。

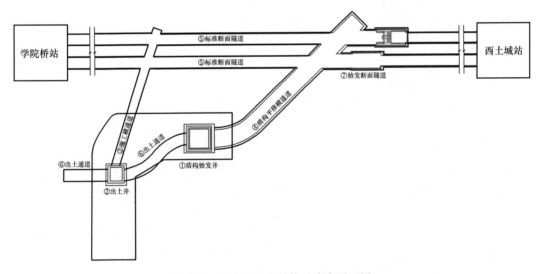

图 23-5　方案2始发结构及步序平面图

序号	施工项目	工期(月)	1	2	3	4	5	6	7	8	9	10	11	12	13	14	15	16	17	18	19	20	21	22	23
1	①盾构始发井	5																							
2	②出土井	3.5																							
3	③施工横通道	2.5																							
4	④盾构平移横通道	8.5																							
5	暗挖段区间隧道⑤标准断面隧道	6																							
6	⑥出土通道	2																							
7	暗挖段区间隧道⑦始发断面隧道	3																							

图 23-6　方案2始发施工进度横道图

2. 方案优缺点

平移转体整体始发方案优点主要是：（1）盾构由横移变为前移，平移通道净宽由11m优化为9m，采用CRD工法较方案1断面减少，开挖导洞减少，风险降低，工期仅8.5个月；所有反向隧道均由出土井施工，缩减了整体工期。（2）盾构始发井及平移横通道可作为盾构掘进运输通道，利用率高。（3）盾构洞门至反向隧道总长85m，满足盾构整体始发要求。缺点主要是：（1）平移横通道完成后，再开挖盾构始发通道作为盾构始发断面，增加工期3个月。（2）斜向开挖盾构始发通道马头门，开挖跨度为13m，斜向安装格栅，施工精度要求高，掌子面暴露时间长，施工安全风险大。（3）平移横通道东端多次开斜向马头门，群洞效应明显，地层变形量大，路面为学院桥挡墙，挡墙不均匀沉降风险较大。

23.3.3　平移转体侧向补偿整体始发方案（方案 3）

1. 始发结构施作及盾构施工步序

（1）明挖法施工①盾构始发井，完成二次衬砌结构；同期倒挂井壁法开挖②出土井，完成二次衬砌结构。

（2）台阶法开挖③施工横通道。

（3）开挖完成施工横通道后完成区间⑤标准断面隧道及⑦始发断面隧道暗挖施工，完成二次衬砌结构；同期完成⑥出土通道。

（4）CRD 法施工④盾构平移横通道，并完成二次衬砌结构。

（5）安装异形延伸钢环。

（6）盾构组装后轴向平移、转体至右线，于异形延伸钢环部位整体始发，横通道设置皮带输送机输送渣土至出土井，掘进至 85m 以上，由平移通道至出土井出土。

（7）待右线施工完成，左线隧道施工同右线；出土方式、管片运输方式及拆解方式同平移转体整体始发方案。始发结构及步序平面图如图 23-7 所示。

方案 3 始发工期为 13.5 个月，施工进度安排如图 23-8 所示。

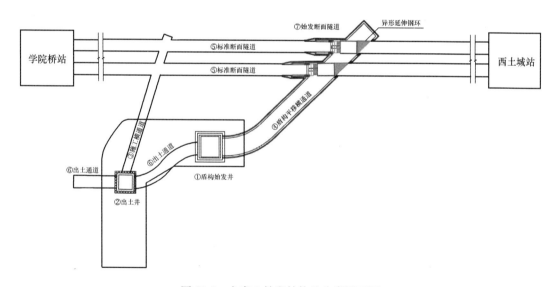

图 23-7　方案 3 始发结构及步序平面图

2. 方案优缺点

方案 3 优点除包含方案 2 的优点以外，还有减少始发通道施工时间，总工期缩短 3 个月，且整体始发效果与方案 2 相当。缺点是盾构始发平面为斜面，需要进行补偿始发，需研究盾构侧向补偿始发技术，同时多处采用暗挖施工，需研究盾构侧向补偿始发沉降控制。

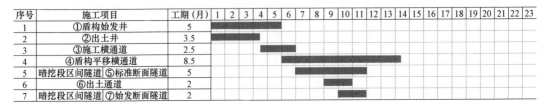

序号	施工项目	工期(月)	1	2	3	4	5	6	7	8	9	10	11	12	13	14	15	16	17	18	19	20	21	22	23
1	①盾构始发井	5																							
2	②出土井	3.5																							
3	③施工横通道	2.5																							
4	④盾构平移横通道	8.5																							
5	暗挖段区间隧道⑤标准断面隧道	5																							
6	⑥出土通道	2																							
7	暗挖段区间隧道⑦始发断面隧道	2																							

图 23-8　方案 3 始发施工进度横道图

23.3.4　方案对比小结

从工期、工程造价、施工风险三个方面对备选方案进行对比，详细信息见表 23-1。可见在本工程概况、水文地质条件、工期条件及周边环境条件的背景下，选择平移转体侧向补偿整体始发方案是较优化的方案。

方案比选　　　　　　　　　　　　　　　　　　表 23-1

项目	方案 1	方案 2	方案 3
工期	23 个月	16.5 个月	13.5 个月
工程投资	5116 万元	3575 万元	3270 万元
施工风险	中	高	中
盾构工效	低	高	高

23.4　补偿始发技术难点及风险监测

补偿始发方案的风险主要为：一是盾构侧向补偿始发技术风险；二是暗挖群洞施工及侧向始发沉降控制风险。

23.4.1　盾构侧向补偿始发技术难点

侧向始发盾构刀盘与平移通道呈 45°夹角，在盾构转体平移后，需设置补偿始发部分使刀盘与开挖面平行，补偿始发部分面临 4 方面的技术难点：（1）异形延伸钢环安装要点；（2）异形延伸钢环内部填充材料的选择；（3）异形延伸钢环内部管片处理；（4）始发阶段盾构参数控制。

1. 异形延伸钢环安装要点

（1）安装定位要求钢环的中心线、线路中心线两条控制线重合，分段点焊，与洞门预埋钢环焊接，使其稳固。

（2）钢环安装完成后，连接螺栓按顺序紧固后需进行检查并复紧，对筒体位置进行复测，检查与盾构机中心线是否重合。

（3）钢环与洞门预埋钢环进行焊接连接，焊缝沿钢环一圈内外侧满焊。

（4）分段点焊，与洞门预埋钢环焊接，使其稳固钢环。

（5）左右两侧及底部需通过焊接 H200 的型钢斜支撑，每道斜支撑间距为 1.5m，防止盾构机掘进时钢环发生位移。

2. 异形延伸钢环内部填充材料的选择

填充材料采用膨润土、粉煤灰微膨胀砂浆等混合料，通过试配让其抗压强度、渗透性能和塑性与加固后的土体相近，无侧限抗压强度不小于0.8MPa，渗透系数小于1.0×10^{-6}cm/s。同时为保证盾构刀盘在切削填充料时不发生脆性破坏，对其塑性指标提出以下要求：抗弯强度大于0.5MPa，弹性模量小于1500MPa。注浆示意图如图23-9所示。

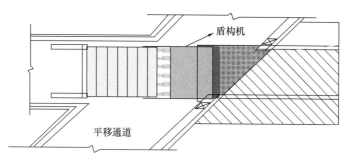

图23-9　注浆示意图

3. 异形延伸钢环内部管片处理

如果拆除钢环及支撑，斜向切削平移通道内的管片，再施作洞门环梁，由于切除的管片不成环，且一侧有土压力，另一侧对应反作用力与之平衡，结构状态不安全。因此考虑保留钢环与支撑，反向隧道内的二次衬砌延伸进入平移通道，与钢环内管片相连接，形成整体；平移通道的其他区域进行回填，保证钢环位置管片两侧整体受力均衡。

4. 始发阶段盾构参数控制

盾构补偿始发期间，在异形延伸钢环推进过程中，相当于在"复合地层"中推进，为保障盾构顺利始发，加强各项盾构参数控制，控制效果如下：

盾构始发补偿阶段，1～15环盾构推力控制在7000～10000kN，如图23-10所示；1～15环推进速度控制在2.5cm/min，如图23-11所示；1～15环刀盘扭矩为900～2100kN·m，如图23-12所示；1～15环刀盘转速为0.8～1.6r/min，如图23-13所示；1～15环上土压力为0.8～1.6bar，如图23-14所示；1～15环每环出土量为41.0～43.0m³，如图23-15所示。

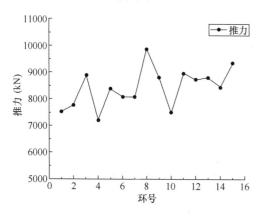

图23-10　1～15环盾构推力曲线图

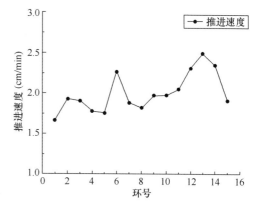

图23-11　1～15环推进速度曲线图

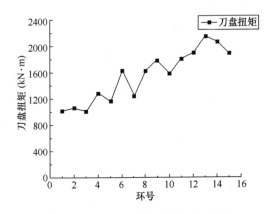

图 23-12　1～15 环刀盘扭矩曲线图

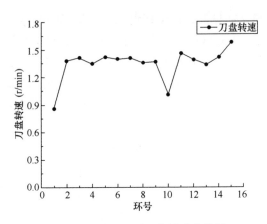

图 23-13　1～15 环刀盘转速曲线图

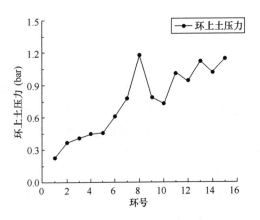

图 23-14　1～15 环上土压力曲线图

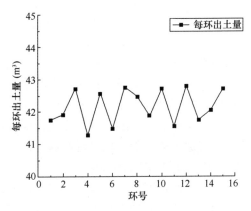

图 23-15　1～15 环每环出土量曲线图

23.4.2　盾构侧向补偿始发技术风险预测

1. 盾构侧向补偿始发钢环受力分析

在异形钢环始发过程中，钢环的受力以及钢环与端墙预留钢板处的连接是盾构能否顺利始发的重点，也是本工程的难点。为保证盾构工程的顺利始发，对盾构始发过程异形延伸钢环的受力进行有限元模拟，以找出整个钢环安装及盾构始发过程中，异形钢环的受力最不利部位，从而判断最不利部位的安全性，为盾构顺利始发提供数据支撑。

模型边界条件设置，计算土体的底面约束竖直方向 z 的位移，计算土体的侧面约束侧向 x、y 方向的位移，地表为自由面。(1) 新建盾构施工期间，不考虑地震等特殊工况；(2) 假定新建结构为线弹性材料；(3) 假定新建结构及土体之间符合变形协调原则；(4) 本评估分析的前提是施工处于良好控制状态，且施工过程中地层加固效果与设计要求相匹配。土体采用实体单元，钢环

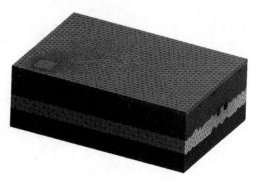

图 23-16　模型图

采用板单元进行模拟。

建立始发过程三维模型，模型图如图 23-16 所示。盾构机始发过程中，结合施工工况，施工过程可分为五个工序，见表 23-2。

异形延伸钢环始发模拟不同工序情况表　　　　　　　　　　　　　　表 23-2

工序	施工工序
工序一	初始应力状态
工序二	既有结构生成
工序三	异形钢环安装
工序四	钢套筒内部回填
工序五	盾构始发

异形钢环安装完成后及盾构始发施工完成后，钢环结构的最大拉、压、剪应力如图 23-17所示。

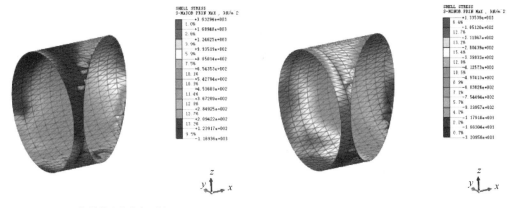

(a) 初始状态拉应力云图　　　　　　　　　　　(b) 初始状态压应力云图

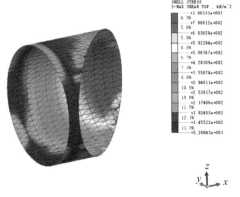

(c) 初始状态剪应力云图

图 23-17　初始状态应力云图

根据施工工序，对盾构内部充填材料后将盾构机推入进行始发施工，始发过程中刀盘切入地层后异形钢环应力云图如图 23-18 所示。

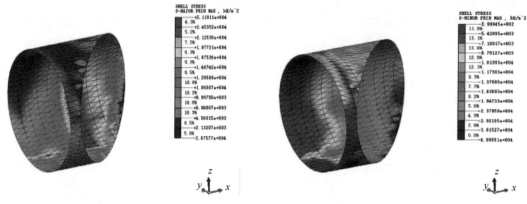

(a) 盾构始发时拉应力云图　　　　　　　　　　　(b) 盾构始发时压应力云图

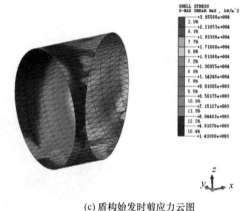

(c) 盾构始发时剪应力云图

图 23-18　盾构始发时钢环应力云图

盾构始发前后异形钢环受力变化情况见表 23-3。

异形钢环受力变化情况　　　　　　　　　　　　　　表 23-3

工序	拉应力（MPa）	压应力（MPa）	剪应力（MPa）
始发前	3.63	3.21	1.06
始发过程	51.19	68.96	39.55

盾构始发前后钢环的拉、压、剪应力均有大幅增加，拉应力增加部位主要集中在钢环较长一侧下部圆弧的外部，压应力增加部位主要位于刀盘作用部位的钢环内测，剪应力增加部位主要集中在钢环与新建暗挖结构接触部位及其周边区域。

拉、压、剪应力增量较大，但未超出钢材的抗拉、抗压及抗剪强度设计值，通过对应力增大区域部位的分析，钢环与结构连接部位采用焊接，焊接部位由于受力不均匀容易产生应力集中是本工程施工过程控制的重难点。施工过程中建议对焊接部位采取满焊形式进行始发施工，焊接时保证连接质量，以保证施工过程中剪应力无异常增大而引起剪应力超限和连接部位破坏。

2. 盾构侧向补偿始发沉降监测分析

通过对学西区间盾构右线补偿始发期间上方地面沉降监测统计分析发现，刀盘到达前，测点最大隆起 0.89mm；盾构掘进及盾尾脱出最大沉降为 -6.39mm，此阶段沉降明显；后续最大沉降为 -0.49mm，趋于平稳。沉降历时曲线如图 23-19 所示。

选取盾构右线补偿始发截面上方测点绘制横断面沉降曲线，可看出监测点在补偿较大区域沉降较大，比补偿较小区域地层沉降大 2.75mm，如图 23-20 所示。

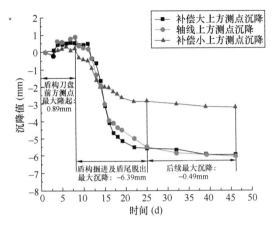

图 23-19　盾构始发阶段典型沉降曲线图

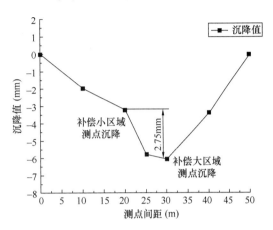

图 23-20　补偿始发部位沉降槽曲线图

23.5　结语

本章基于北京地铁昌平线南延工程学院桥站—西土城站区间工程背景，对狭小空间下采用盾构整体始发技术方案进行了对比，并对比选方案中技术难点进行了分析，对侧向补偿始发重点部位进行了模拟计算及监测分析，得出以下结论：

（1）由盾构始发井、盾构侧向始发通道、出土井、盾构出土通道、反向隧道、异形延伸钢环组合的盾构侧向补偿始发方案，解决了盾构正线上方无始发条件的难题，且该方案较比对方案兼顾了经济性、工期、安全性及工效要求，实现了侧向始发方案的优化。

（2）通过将盾构平移通道由横向平移转换为轴向平移，减小了平移通道断面，平移通道由垂直于正线角度调整为斜角，使盾构始发井既能作为盾构机吊装口，还能作为后续管片等材料的下井口，大大提高了盾构施工期间材料及渣土垂直运输的效率。

（3）补偿始发措施解决了不均衡切削始发的问题，异形延伸钢环通过数值计算及监测证明满足安全性要求，同时盾构参数监控表明异性延伸钢环起到了盾构掌子面提前建立土压平衡的作用，并可保障在地下水丰富的地层下顺利始发，有较强的风险控制效果。

（4）盾构井与出土井通过通道连接，井位设置可以灵活调整，盾构管片存放场地和渣土池可以分开。区间正线与盾构井通过通道连接，对征地位置范围内的重要管线及建（构）筑物也可灵活避让。

第 24 章　基于 BIM-GIS 的轨道交通资产管理

24.1　引言

随着城市轨道交通系统的不断扩张和复杂化，对于轨道交通资产的有效管理成为确保交通系统可持续运营的关键，卓越的资产管理方式不仅为乘客提供优质服务，同时能不断优化资产寿命、生产力和成本效益。城市轨道交通资产管理范围涵盖：设施设备、不动产、市政配套设施、备品备件、工器具、办公物资、劳保用品、消防器材等实物资产以及著作、专利、商标、特许权等无形资产。其具有数量大、种类多、价值高、建设和生命周期长、使用地点分散、变动频繁等特点。由于资产贯穿轨道交通的全生命周期，各阶段对于资产的定义和管控维度不一致，导致资产管理衔接难，数据完整性无法保障。因此，需要建立一种新的轨道交通资产管理体系，能够涵盖轨道交通全生命周期，有效地对轨道交通资产进行管理。

24.2　关键技术

24.2.1　BIM-GIS 技术

BIM-GIS 技术的快速发展，带来了新的技术思路。借助 BIM-GIS，可以更直观、更精确地对轨道交通资产进行可视化追踪管理。在轨道交通工程生命周期初期创建三维模型，在模型中关联资产信息，随着工程的进行，不断地对信息进行维护，以此来实现对于资产的管理控制和历史信息查询。同时，GIS 的引入可以对资产进行定位，能够显示出资产间的空间关系，更有助于对于资产的管理。将 BIM 和 GIS 技术相结合，可实现对轨道交通工程相关信息进行数字化描述，形成全生命周期的工程大数据集合。基于 BIM-GIS 的轨道交通工程资产管理平台将以 BIM-GIS 系统为支撑、资产数据为核心，利用资产清册数据、资产维护记录和三维可视化技术进行基于 BIM-GIS 的资产管理的建设。

24.2.2　资产分类与编码体系

为实现各个业务部门间的高效衔接，建立多渠道、多类别、多单匹配的资产标准化编码体系，定义资产的类别、分类和编码规则。同时，为了能更好地将 BIM-GIS 模型与资产关联，建立位置编码体系，来标识资产的空间位置。

1. 分类编码

为实现资产的有效管理，方便对资产进行记录和追踪，建立三码合一的五级编码体系，以实现资产的唯一标识编码。该编码体系针对线路所有设施设备进行制定分类与编码。

分类编码为 5 级体系，第一级为大类，按照专业共计分为 23 个，第二级为小类，第三级为大组，第四级为小组，第五级为规格型号。前四级为分类信息，每级由 2 位数字标识，第五级为规格型号，由 4 位数字标识。五级结构中第三级是资产级，第四级为部件级。如果第四级编码值为 00，则该编码表示资产，如果第四级编码值为数字，则该编码表示组成部件。资产分类编码规则如图 24-1 所示。

2. 位置编码

资产管理中涉及设备安放的具体位置，因此建立位置编码体系来记录标识物资位置。位置编码分为房间和车辆两种类型。房间位置编码为 5 级体系，第一级为线路代码，第二级为区域代码，即位置类型，具体分为车站、区间、OCC、主变电所、停车场、全线、车辆段、电客车及工程车，第三级为建（构）筑物代码，第四级为楼层代码，第五级为房间代码，如图 24-2 所示。

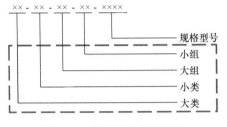

图 24-1　资产分类编码规则

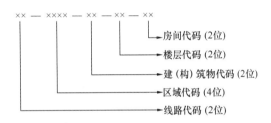

图 24-2　房间位置编码规则

车辆位置编码为 6 级体系，第一级为线路代码，第二级为车辆代码，第三级为车节代码，第四级为部位代码，第五级为位端代码，第六级为位侧代码，如图 24-3 所示。按照位置代码规则对资产进行编码，通过位置代码可以准确定位资产所在位置。

3. 标识码管理

为解决现场实物与信息化清册之间的一致性问题，需使用标识码对资产实物进行标识。标识码信息主要包含三大部分：一是轨道交通工程名称，二是二维码图案，三是基本信息，由 5 个部分组成，包括设施设备编码（资产分类编码）、设施设备名称、设计编号、规格型号和位置编码。标识码在进行资产移交时进行打印粘贴，并在现场扫码进行信息确认，方便之后的设备维修维护和资产清查。标识码样式如图 24-4 所示。

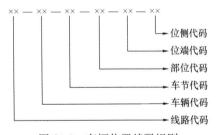

图 24-3　车辆位置编码规则

24.2.3　一体化全生命周期资产管理体系

一体化全生命周期资产管理体系以资产编码体系为基础，构建涵盖从计划、设计、采购、安装到运行、维修、报废等的全生命周期的业务流程，包括合同管理、财务管理、资产移交管理、物资采购、设备维修维护等。每项业务活动都从实物流、价值流和信息流进行串联，实现"三流合一"，如图 24-5 所示。实物流是对资产实体的建造以及使用的业务过程进行管理，包含新线规划管理、工程项目管理系统和设备维护维修系统。价值流从成本价值的角度来管控资产的全生命周期，包括概算管理、合同管理、资产移交、财务决算

图 24-4 标识码样式示意图

和固定资产管理系统，实现资产保值增值。信息流对资产全过程的设备履历、清单、文档进行归集，记录资产管理的每个环节的实物与价值信息。

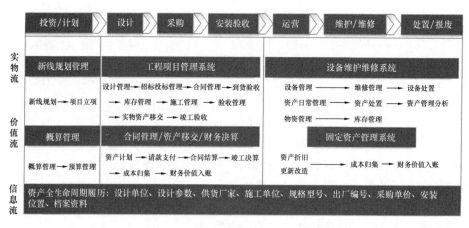

图 24-5 一体化全生命周期资产管理体系

对于不同类型的资产设计不同的资产管理流程，如图 24-6 所示。建设层次结构清晰的项目合同清单。对于非消耗类实物资产，通过合同清单匹配固定资产分类目录，形成满

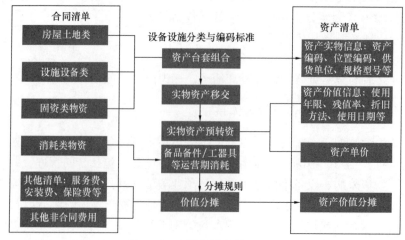

图 24-6 一体化资产管理流程

足财务需求的固定资产信息，包括名称、价值等，之后进行资产移交、预转资，形成资产价值信息。对于不产生具体实物的合同内容（服务类等）和消耗类实物资产，在执行完毕后，根据合同清单对应的资产目录分类、特定的分摊规则将其价值分摊到对应的实物资产中。

24.3　案例研究

北京新机场线轨道交通工程 BIM 数据集成与数字化交付平台是为实现建设阶段的资产标准化、精细化管理，有效提高建设期资产管理能力，收集、分析、提供建设期的资产管理决策辅助数据，实现资产全程信息化监管而搭建开发的一个基于 BIM-GIS 的轨道交通资产管理系统。

该平台是一个 BIM 与 GIS 结合的，为地铁建设的全生命周期提供辅助决策的数据管理系统。本章以此为例说明 BIM-GIS 在轨道交通工程资产管理中的应用。

24.3.1　资产清册

资产清册是实现资产管理信息化的基础。资产清册将设备主要信息按照固定格式的表格进行导入，系统自动读取信息并保存，根据设备编号形成设备组织结构关系，以树形结构清晰展示资产与从属部件。资产清册为北京新机场线轨道交通工程 BIM 数据集成与数字化交付平台提供数据基础，完成原始数据的收集。

24.3.2　资产移交

建设单位主管工程师按专业、站点制定资产移交计划，并组织参建单位、运营单位进行现场核验，负责移交的主管领导审核移交计划，运营单位根据现场核验扫码的结果进行线上审核接收。

24.3.3　资产可视化

资产可视化是通过资产二、三维联动功能，实现 BIM 可视化，直观展示资产的安装位置与组成详情。在 BIM 建模时按照资产编码规则将模型进行拆分至部件级，并在每个部件的属性中加入资产分类编码与位置编码。在 BIM 模型中，根据资产分类编码，查询该资产的二维台账信息；在二维资产台账中，通过资产分类编码，定位显示三维 BIM 模型，实现二、三维联动。

BIM 可视化将 BIM 三维模型在三维场景中加载，通过资产的分类编码和位置编码加载模型结构树。分类结构树在资产结构树中按照专业、系统、设备类型分类；位置结构树可以查看指定房间内的资产布置，并在二维表格中查看设施设备列表。通过结构树可以对模型中各构件的显隐进行控制。在结构树中找到需要查看的资产进行双击，可自动在模型中定位并突出显示该资产。在模型中点击该资产，显示该资产在资产清册中的相关信息，包括资产的基本信息、管理信息、设备设施信息、年限信息、安装位置信息、合同信息等。资产三维可视化如图 24-7 所示。

在三维场景中，支持上传附件功能，模型相关附件分为十类，包括技术规格、设备图

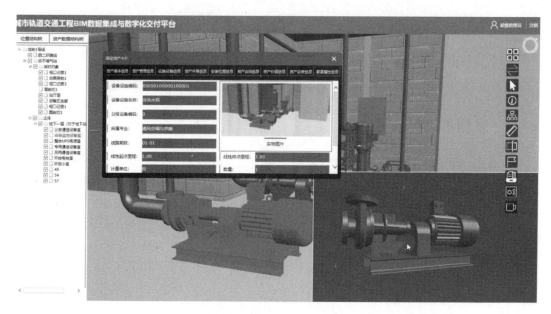

图 24-7 资产三维可视化

纸、产品构件信息表、参数汇总表、产品构件模型、设备图片、设备说明书、验收文件、售后服务书及其他。点击选择构建后，显示上传文件窗口，可以进行文件上传和已上传的文件浏览、查看、删除等操作，如图 24-8 所示。

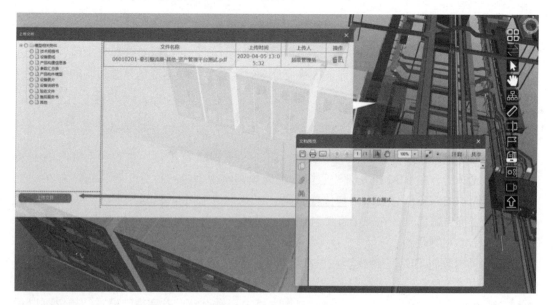

图 24-8 资产附件上传

在三维场景中，可以查看实物资产台账，点击台账中的资产记录，可以在三维场景中自动定位到该条记录所对应的资产，并显示该资产的基本信息，实现更加直观、便捷地对资产进行管理与查看，如图 24-9 所示。

图 24-9　资产台账

24.4　结语

本章介绍了轨道交通工程资产管理体系的现状与问题，提出了一种资产分类编码方法，并基于该方法和 BIM-GIS 技术建立了一个一体化全生命周期轨道交通资产管理体系，可以提高资产管理效率，对于轨道交通工程资产管理意义重大。编码体系的建立有着重要意义。

轨道交通工程资产管理与三维可视化技术相结合，能够更加直观、形象地展示资产信息及其空间位置，协助管理人员对资产进行更好的查询与管理。

第 4 篇　运维改造篇

第 25 章　轨道交通运营成本管控路径探索

25.1　引言

近年来，城轨运营规模持续高速增长，截至 2023 年底，中国大陆地区共有 59 个城市开通了城市轨道交通，运营线路总长度为 11224.54km。其绿色、便捷、快速的服务缓解了城市的压力，其社会效益显著，但是建设投资大、运营维护成本高、票价低廉、运营收入单一，运营票务收入难以覆盖运营成本的问题日益突出，因此探索企业成本控制路径，对实现企业可持续发展具有重要的实践意义。

25.2　轨道交通成本控制现状与困境

困境一，规划时间较早，建成运营后与城市发展定位不匹配，设计标准无法满足实际运营需求。城市轨道交通兴建初期，规划和审批的流程较长，开始建设后建设时间短则几年，长则十几年。因此在前期规划时，对远期的技术应用、城市综合发展等需要强大的预判能力，否则容易出现"建成即落后"的现象，并且建成后城市轨道交通路线无法调整。同时由于设计滞后，可能会带来线网运营效率低、乘客体验差等不良影响。

困境二，城市轨道交通运营成本高，但经济效益有限。人工成本费用、设施设备维修维护费、水电气等能耗使用费、保洁安保费用等构成了城市轨道交通运营期间的主要成本费用，其发生额与城市轨道交通线路长度、车站密集程度、乘客运送数量、开通运营年限等情况息息相关。而城市轨道交通运营收入主要来源于票务收入。作为准公共产品，城市轨道交通社会效益要大于经济效益，一般情况下定价是在政府的指导下，以公众接受和认可程度为主要定价原则，因此经济收益具有一定的局限性。以某地铁为例，运营成本由 2018 年的 3.87 亿元，增至 2023 年的 9.68 亿元，而受疫情及便民惠民乘车活动影响，运营收入（含票款和经营收入）较小，运营亏损逐年增加。由于 2020—2022 年疫情影响，便民惠民优惠活动的实施，票款收入下降明显，同期运营收支比降至 25% 以下。

困境三，系统能耗指标优化空间有限。城市轨道交通主要依靠电力运行，包括列车牵引用电、车站/场段动力照明用电、设备用电等，这就造成运营企业能耗成本较高，特别是用电成本居高不下。线路建成投用后，目前行业内牵引能耗主要依靠调整列车运行模式来进行优化，若想要通过其他改造手段实现降耗，则权衡改造投入和未来收益变得尤为重要。

25.3　轨道交通成本控制路径

25.3.1　人工成本控制

1. 强化专业技能，打造"一岗多能"用人理念

加强复合型专业人才培养，让员工具备精一、会二、学三的能力要求，通过内部培训、职责融合、岗位轮岗、技术练兵等多种形式，营造"一岗多能、效率优先"的用人氛围，打破内部专业界限，逐步提升员工履职层次和产出水平。石家庄地铁开展电调与环调融合、场调与信号楼融合、工程车驾驶与检修融合、工艺设备操作与维修融合、房建与结构融合、暖通给水排水与低压动照融合、屏蔽门与电梯融合、自动化专业（BAS、FAS、ISCS）融合、票务岗位（无效票、库存、配送、编码）融合、站务岗位配置优化等工作，降低了一线工班设置数量及配员标准，每公里人员配比不断下降，2023 年保持在约 55 人次/km。

2. 降低招选成本，科学实施人才储备

城市轨道交通运营服务直接面向乘客，属于劳动密集型产业，服务质量与员工综合素质息息相关。在人员选聘方面需要建立一套完备的人才招聘、选拔、培训、测评体系，以此来优化地铁人力资源，提升员工的整体水平，提高个人和组织的工作绩效，降低企业"选、用、预、留"成本。

25.3.2　能耗成本控制

1. 差异化管控措施，降低动照能耗

针对通风空调系统，制定不同季节、不同月份差异化管控措施。石家庄地铁自 2023 年 9 月 13 日起，地铁站内大系统通风时间缩短 1.5h，制冷系统开启时间缩短 5h。针对日均客运量低于 2000 人次的车站，关闭一台大系统空调机组、一台回排风机。措施实施后，空调季日节电量约 5.9 万度，非空调季日节电量约 1.43 万度；自 2023 年 11 月 15 日开始，大系统通风时长由 14h 调整为 4.5h；自 2023 年 12 月 15 日起至寒潮结束，临时关闭车站大系统通风，并严格监控设备房环境温度，当环境温度低于设备房温度标准时，及时申请关闭小系统通风，日节电量 3.16 万度，2023 年节电量约 252.89 万度，节约电费约 159.32 万元。

2. 研究控车策略，降低牵引能耗

优化 ATO 牵引控车策略。通过调整 ATO 在牵引阶段、巡航阶段及制动阶段的控车模式，制定不同的列车牵引制动系统控制方案，如增加列车在区间的惰性时间、减少列车牵引与制动模式的切换频率、充分利用下坡提高列车势能。石家庄地铁通过调整，每车公里牵引能耗值可由 1.99 千瓦时/车公里降至 1.91 千瓦时/车公里，降低率约为 4%。

优化司机操作流程，减少非载客时间段内照明及空调的开启时间，降低牵引能耗。如将列车从整备作业开始到列车载客运行，列车上照明与空调均处于开启状态，调整为列车投入服务前 5min，开启客室照明及全列车空调。石家庄地铁通过 1、2、3 号线不同列车实测数据，每年可节约电费约 26 万元。

3. 运用节能技术，助力节能降耗

以石家庄为例，西兆通车辆段引进光伏发电技术，每年可提供约 100 万度零排放绿色电；地铁 2 号线上线使用中压能馈系统，每年可节省电量约 300 万度；地铁 1 号线一期 4 个车站、二期 6 个车站、2 号线一期 15 个车站的制冷系统整体采用地下蒸发冷凝设备，减少城市占地面积约 4899m^2；地铁 2 号线一期及 3 号线二期采用节能控制系统，使得空调冷冻水系统和公共区通风空调系统进行联动控制，风水系统能够更为高效地运行。

4. 进行技术改造，提高资源利用

推进 LED 照明灯具改造项目。石家庄地铁 1 号线一期 14 座车站共计 5000 余套应急灯具 LED 改造完成后，照明灯具使用寿命由 8000h 增至 80000h，全寿命周期内节电量约 298 万度，节约电费约 187.74 万元。同时，减少了备件费用、危废处理费用支出，降低了人工维护成本。自主优化自动售票机乘客显示屏，自动售票机乘客显示屏由优化前的常亮状态优化为自动熄屏，即运营结束至开站前（00：00—05：00）时段内，自动售票机无操作 5min 后，乘客显示屏自动进入待机黑屏休眠模式，待机功耗可降至 5W，每日节电量约 164.5 度，年节电量约 6 万度，年节约电费约 3.78 万元。自 2021 年 8 月 14 日启用自动熄屏功能以来，共计节电量 9.79 万度，节约电费约 6.17 万元。

5. 加强日常管理，降低运营能耗

通过加强节能的日常管理，最大限度体现节能效果，有效降低能耗成本。在管理手段方面，石家庄地铁一是健全能源管理制度，制定节能策略和工作目标，编制节能工作计划；二是制定《能源管理办法》《环控调度手册》等各项节能规章制度，对车站、办公区域供暖季、空调季空调温度设定进行严格规定，对车站公共区、设备区、办公区照明及环控设备运行方式进行详细规定等。如车站公共区照明在低峰时段开启节能模式；夏季制冷最低温度不得低于 26℃，冬季制热最高不得高于 20℃；电扶梯设备在首班车前 10min 开启，末班车后 5min 关闭；安装视频监控的房间，在无人时开一组照明灯；未安装视频监控的房间，关闭全部照明等。

25.3.3 安保保洁成本控制

1. 智慧安检投入，促进安检成本降低

现阶段，城市轨道交通安检要求愈发严格，而传统轨道交通安检系统效率低下、成本较高、人员操作依赖度高。智慧安检通过传统 X 光机结合人工智能判图新技术，可以解决传统安检效率低、成本高、人员业务水平不足等缺陷，通过建立乘客安检档案体系，有效解决了乘客隔栏递物的安全隐患，大力提升了安检智能化水平。通过理论测算，对比传统安检，智慧安检可节约安保成本约 30%。

2. 采用场段物业化，降低安保保洁费用

场段安保物业化管理后，将场段安保、保洁、绿化、公寓管理等场段后勤项目全部纳入委外范围，以物业管理的形式进行外包服务。通过物业化管理，可以实现核减场段安保保洁人员、降低相关成本。其次在招标时可按照岗位进行招标，物业化后，优势在于现场管理部门不用去核对人员详情，确保岗位数达标即可，降低了合同履约风险。以某地铁为例，在岗位需求不变的情况下，安保人员薪资均价约 3300 元/人/月，相较原有安保人员综合单价约 3375 元/人/月，每人每月费用减少了 2.3%，且安保、保洁整合为 1 个合同标，相较原有 2 个合同标，委外单位管理层人员减少了 50%。自场段逐步物业化后，安保、保洁服务水平也有了较大提升，一是委外资源整合提高了现场联动效率，有利于合同履约；二是减轻了企业相关工作量，减少了人力成本投入。

25.3.4　备品备件成本控制

1. 国产化替代

进口备品备件价格往往高于国产备品备件，且采购周期长，容易受国际政治环境的影响出现缺件状态。若进行国产化替代，不仅在价格和货期方面有很大的降幅，也有利于我国本土企业的发展。例如，石家庄地铁 1 号线空调滤棉，由德国海飞音品牌替换成沈阳卓兆的国产滤料，采购成本降低至 23 元/m^2，每年可节约 8.67 万元。地铁 2、3 号线电客车受电弓碳滑板，由奥地利品牌替换成北京万高、苏州东南佳国产品牌后，每根碳滑板的采购成本可降低近 59%，以年度预计采购 2060 根碳滑板计算，国产化后可节约 558.1 万元。

2. 建立备品备件指标体系

根据性质、专业等，对生产使用物资备品进行分类，明确物资的定义、适用范围、采购方式等，建立物资备品管理的统一标准，便于各专业对备品备件进行分类管理和统计以确保实现快速、准确、全面完成新线筹备消耗性物资的采购和备货，同时避免了过度采购、过度储备而造成物资呆滞和积压。

3. 筹建本地仓储中心

同机车厂进行深入合作，通过建立配件仓储中心，对电客车日常修及中架、大修必换配件提前进行动态储备，根据电客车维修计划安排，按需下单后到货使用，有效缩短了采购周期，提高了使用效率，降低了物资储备库存。对于临时紧急故障类配件可从机车厂仓库现有库存中调配，加快了应急响应效率。

25.3.5　维护维修成本控制

1. 推行自主维修

成立各专业维修小组，针对各专业故障件及工具开展自主维修工作。石家庄地铁目前已成立了 AFC 自主维修班组、机电通号维修小组、车辆故障件维修班组、轨道机修小组等。以 AFC 自主维修班组为例，目前已实现模块类、电子板卡类、机械等故障部件的自主维修，成立至今共接修故障件 1736 件，自主修复 1510 件，自主修复率达 87%，相比新件采购，共计节约费用 806.7 万元。机电通号维修小组自 2022 年 10 月成立至今，共接收故障件 1361 件，成功修复故障件 648 个，故障修复率达 47.6%，相比新件采购，共计节约费用 252.17 万元。

2. 合理确定零部件更换周期

地铁设施设备在自主维修过程中会消耗大量的零部件，各类零部件成本费用占到运营修理委外费用的近四分之一，设施设备维保部门可结合设备运行状态，在确保安全的前提下适当延长部件的使用周期，对企业做好"降本增效"将起到积极的推进作用。如石家庄地铁 1 号线转向架轴箱弹簧，维修手册建议使用寿命为 8 年，车辆架修周期为 5 年，大修周期为 10 年。石家庄地铁组织专业技术人员对运行满 5 年的轴箱弹簧进行状态分析，经研究分析弹簧性能及状态良好，蠕变系数符合工艺要求，因此实验性地将 1 号线部分列车的轴箱弹簧更换周期延长至 10 年。目前，延长更换周期的轴箱弹簧性能及状态均良好，经核算可将单列车的成本费用降低三十余万元。

25.3.6　预算成本控制

财务部门积极探索财务管理模型，运用因素分析方法、作业成本方法等，将运营成本分类逐项分解，分析运营成本的作业动因，如线路长度、电客车数、运营里程、段场数量等，进而形成多维度、多视角、多层次的财务数据，有针对性地找出管理中存在的短板，采取措施。将地铁运营企业的各项运营成本进行逐层分解，将成本控制目标划分到最小核算单位，加强预算管理在运营生产过程中跟踪预算执行情况，及时发现实际与预算的差异，并在分析原因后采取相应的有效措施来调整差异，对控制不力导致的差异，及时提出预警，采取成本管控前置的措施及时纠偏，消除不利因素的影响，为预算计划的有效执行保驾护航。

25.4　结语

成本控制对轨道交通企业的发展至关重要，这并不仅是一种理念，更是一种需要在实践中不断探索和实践的过程，通过人工成本、能耗成本、安保保洁成本、备品备件成本、维护维修成本、预算成本等多方面的有效控制，最大限度降低运营成本，推动轨道交通企业高质量发展。

第 26 章 基于正线停车与灵活编组的创新运营组织体系研究

26.1 引言

城轨项目普遍存在运营组织效率偏低、场段设施复杂及建设成本较高、段场征地困难等问题；同时市域（郊）铁路与城市轨道交通"多网融合"问题及市域铁路、部分城轨线路客流分布不均匀造成的运力和能耗浪费及运营成本增加等问题也有待解决。本章将融合正线停车技术和灵活编组技术，从轨道交通设计、建设、运营的全生命周期开展技术研究，填补国内正线停车技术研究空白，为市域铁路及轨道交通建设提供参考，引领行业技术革新和绿色城轨落地实施。

26.2 绪论

26.2.1 研究背景

中国城市轨道交通协会分别于 2020 年和 2022 年提出了《中国城市轨道交通智慧城轨发展纲要》与《中国城市轨道交通绿色城轨发展行动方案》。《中国城市轨道交通智慧城轨发展纲要》提出了城轨未来发展方向和"1-8-1-1"的布局结构，即"铺画一张智慧城轨发展蓝图、创建八个智能体系、建立一个城轨云与大数据平台、制定一套智慧城轨技术标准体系"。其中八个智能体系建设中的智能运输组织体系提出"在实现车辆、供电、信号和轨道桥隧智能运维的前提下，开展正线停车，取消或减少列车专用停车场，大幅降低土地占用。"《中国城市轨道交通绿色城轨发展行动方案》提出以"绿色转型为主线，清洁能源为方向，节能降碳为重点，智慧赋能，创新驱动，开展六大绿色城轨行动，实现碳达峰、碳中和、建设绿色城轨"为总体思路，在建设绿色城轨过程中实现碳达峰、碳中和，在实现碳达峰、碳中和过程中建设绿色城轨，统筹铺画设计"1-6-6-1-N"的绿色城轨发展的"一张蓝图"。其中六大绿色城轨行动中的节能降碳增效行动中提出"研究推广节能运营模式。研究城轨交通乘客出行规律，重点研究高峰期和平峰期客流的时间、空间分布规律，以安全运行、高效运营和优质服务为前提，实施网络化运能运量的精准匹配，降低列车的空驶率，提高列车的满载率和乘客便捷舒适体验。采用多交路运营组织技术，优化列车行车组织方式。采取重联编组、虚拟编组或混合编组等灵活编组方式以及夜间利用正线停车。"

市域（郊）铁路与城市轨道交通"两网融合"是发展的趋势。但是市域（郊）铁路面临客流分布不均、能源浪费、建设资源浪费、与城市轨道交通接泊不畅等问题。

26.2.2　研究目标

依托市域（郊）铁路工程开展正线停车与灵活编组运营组织体系研究，形成一整套运营组织体系技术方案，研究内容和研究成果旨在填补国内正线停车技术研究空白，缩小常规段场停车规模，创新信号、车辆正线停车关键技术，实现正线收、发车运营模式下显著提升运营服务效率。在线灵活编组技术，将实现列车在正线车站、存车线等不同地点自动连挂解编，实现新建线路与既有线路、不同速度等级的列车共线运行，连挂时间更短。正线停车与灵活编组运营组织体系研究成果为市域铁路及轨道交通建设提供样板参考，引领行业技术革新和绿色城轨落地实施。

26.3　国内外调研情况

26.3.1　正线停车

1. 莱茵-鲁尔快线

德国的莱茵-鲁尔快线，可运用车辆 84 列，由于原场段规模不够，研究通过智能运输与智能运维技术，实现了根据运营需求和车辆设备检修需求进行正线停车，由此减小段场规模（初步了解 12 列位列检股道，6 列位维护股道以及 1 列位不落轮镟修股道），降低运营成本（图 26-1）。

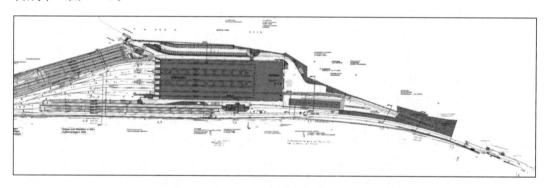

图 26-1　场段示意图

2. 绍兴市地铁 2 号线一期工程

绍兴市地铁 2 号线一期工程，起点位于镜湖新区越西路站，终点位于袍江新区越兴路站，主要沿洋江路走行；共设车站 9 座（镜湖站由 1 号线代建），其中换乘站 4 座，平均站间距为 1.29km。设袍江车辆段一座；设主变电所两座，包括奥体主变电所（与地铁 1 号线共享）及新建袍江两湖主变电所（与地铁 5 号线共享）。

但在一期工程建设过程中，为配合城市发展的需要，绍兴市城市轨道交通线网规划进行了修编，从集约利用土地资源、加快工程建设进度、节约工程投资等方面取消了袍江车辆段，导致一期工程没有车辆基地，只能在正线停车。

地铁 2 号线一期工程不再建设袍江车辆段，为满足地铁 2 号线一期工程运营的基本需求，将原袍江车辆段功能分散至正线车站及地铁 1 号线万绣路车辆基地。地铁 2 号线正线增加配线及相应的工艺设备，承担一期工程车辆的双周/三月检、停车列检任务。

增加海南路站土建规模，在车站站台层南北两侧各增设一条双列位停车列检线，共设四个独立的停车列检区，其中东北区域为双周三月检，其余均为停车列检区域（图 26-2）。

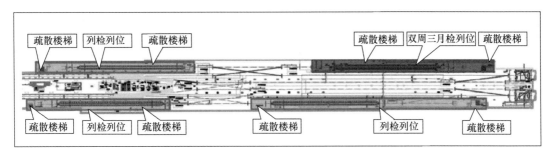

图 26-2　海南路站列检库布置示意图

为满足近期运营需求，车站东端配线上方站厅层，设置了运营所需设备用房、工艺用房。

绍兴市地铁 2 号线一期工程是由于规划调整取消车辆段后采用的正线停车运输组织方案，定位上也是属于过渡期运营方案，主要引起了行车组织（配线）、土建、各设备系统的变化，要求后续项目加快推进，以实现正常运营。

26.3.2　灵活编组

1. 上海地铁 16 号线

上海地铁 16 号线全长 59.334km，其中地下线长 6.734km，高架线长 52.6km；共设车站 13 座，其中地下站 3 座，高架站 10 座；列车采用 4 动 2 拖 6 节编组 A 型列车（图 26-3）。

2. 上海地铁崇明线（在建）

线路全长约 42.9km，全线共设车站 8 座。列车辆：120km/h，6 节编组→3＋3 灵活编组，远期最大开行：24 对/h。解挂区域示意图如图 26-4 所示。

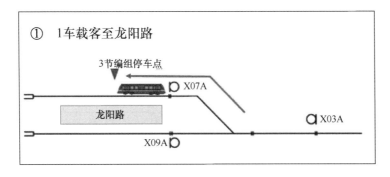

图 26-3　灵活编组示意图（一）

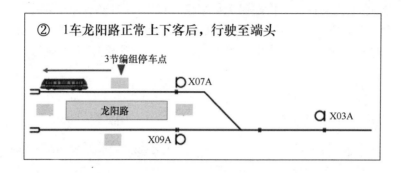

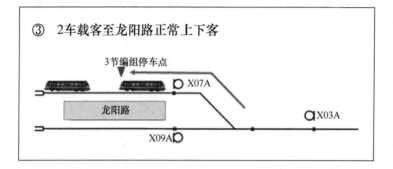

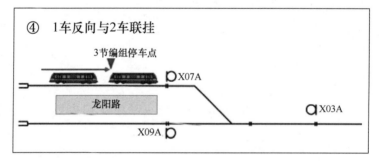

图 26-3 灵活编组示意图（二）

◆ 崇明线解挂区域选择。

所有的辅助线：金吉路站、凌空北路站、长兴岛站、陈家镇站、裕安站等。

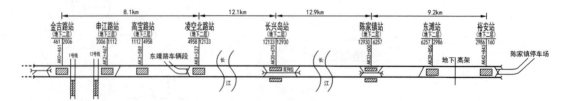

◆ 拟采用信号控车方式全自动联挂、解编，联挂后系统预计3min内完成重构。

图 26-4 解挂区域示意图

26.3.3　小结

上海地铁 16 号线，采用 3+3 列车在线灵活编组运营模式，实现了高峰时段采用 6 辆编组高密度运行，平峰时段再将其在线拆解成 2 列 3 辆编组进行低密度运行的方式。这种在列车运行服务过程中进行车组改变，大幅降低了列车空载率，进一步节约了能耗，使列车释放出更大的运营效率。

26.4　运营组织管理体系研究

26.4.1　正线停车运营组织管理体系研究

1. 正线停车运营组织管理体系研究概述

本体系文件通过开展行业内调研、与既有运营管理模式对比分析，根据运营场景，结合技术方案及试验演练，建立了适合正线停车模式下的运营管理制度体系。体系文件制修订共计 167 项规章制度，其中安全管理类 52 项、行车管理类 11 项、客运服务类 17 项、维护维修类 34 项、操作办法类 42 项、应急处置类 11 项。

（1）安全管理类

涵盖劳动安全、安全检查、安全教育培训和考核、危险品管理、生产管理、危险作业安全管理等，主要包括《安全生产责任制管理规定》《安全组织体系管理制度》《特种作业人员安全管理制度》《生产安全事故事件报告调查处理及责任追究管理制度》《车辆中心危险作业安全管理制度》等。

（2）行车管理类

涵盖行车管理办法、车辆基地及车站行车工作细则、调度工作规则和检修施工管理办法等，主要包括《行车组织规则》《运营施工作业管理规定》《综合监控调度规则》《段场行车通用管理制度》《电客车驾驶管理制度》《电气倒闸操作票管理规则》等。

（3）客运服务类

主要包括客运和车站管理标准两大类管理规定，其中客运类规定包括《客运服务标准规定》《乘客遗失物品管理规定》《乘客伤害事件处置规定》和《车站客运管理制度》等。

（4）维护维修类

涵盖各专业设施设备系统检修规程和检修管理制度等，主要包括《电客车列检检修规程》《电客车均衡修检修规程》《区间附属设备检修规程》《AFC 系统检修规程》《轨道设备系统维修规程》《桥梁隧道设备设施维检修规程》《主变电所电力系统检修规程》《环控空调系统检修规程》《轮椅升降平台检修规程》等。

（5）操作办法类

涵盖各岗位操作规程、各专业系统操作手册和故障处理指南等。包括《司乘作业手册》《信号系统设备检修作业指导书》《轨道设备系统作业指导书》《钢轨打磨车作业指导书》《接触网检测装置作业指导书》《低压动照系统作业指导》等。

（6）应急处置类

涵盖突发恶劣天气、突发环境事件、突发设备故障等。包括《供电现场处置方案》

《隧道严重渗漏水事件现场处置方案》《机电设备故障专项预案》《信号专业现场处置方案》等。

2. 正线停车运营组织管理体系文件

为保障正线停车模式下线路运营、维检修安全高效开展，运营管理制度在安全管理、行车管理、客运服务、维检修管理、操作办法、应急管理等方面进行了适配调整，具体变化及调整内容概括总结如下：

（1）安全管理方面

① 正线停车引起的变化及要求

线路如果按照正线停车的方式常态化运营，需要对电客车出库下线管理进行调整。

② 应对变化及要求进行的调整说明

针对车辆设计对《列车出库下线管理制度》进行调整。

（2）行车管理方面

① 正线停车引起的变化及要求

将正线停车纳入日常行车组织管理，需要对控制中心行调管理职责、行车管理流程、电客车驾驶管理进行调整。

② 应对变化及要求进行的调整说明

a. 针对正线停车带来的夜间列车占用线路的情况，调整内容包括：正常情况下运营前安全条件确认、运营结束后的列车停放组织、正线停送电时机。非正常情况下设备故障处置、恶劣天气下行车组织等规定。

b. 正线停车引起的司机登乘点位变化，需要调整电客车管理流程、岗位职责划分等。

（3）客运服务方面

① 正线停车引起的变化及要求

将正线停车纳入车站日常运营组织管理，一是设备方面变化，车站视频监控设备点位相应增加，引起开站前准备工作内容变化。二是制度变化，针对巡视、结束运营、夜间施工作业等进行管理流程、管理制度、人员管理职责的调整。三是对车站分级评价指标的影响，需考虑增加正线停车会增大日常管理难度，从而影响指标权重。

② 应对变化及要求进行的调整说明

服务管理类需要调整的制度主要包括：《车站分级管理办法》《客运服务管理制度》《车站客运管理制度》《客运中心日常业务管理标准》。如《客运中心日常业务管理标准》从安全管理、应急管理、委外管理和安检管理等方面制定了日常业务管理标准，因此受正线停车影响，需修改点包括：值班员岗位职责；增加正线停车相关岗位职责，如监控正线停车区域、针对司机由端门登车等进行状态确认。

（4）维检修管理方面

① 正线停车引起的变化及要求

地铁线路通过增加智能运维系统/功能，实现巡检、维检修作业优化，辅助实现正线停车功能。如车辆专业需要将日检调整为双日检或四日检，根据车辆设计进行修改，满足正线停车需求和车辆安全运营；供电专业通过应用接触网 6C 功能，利用智能化检测手段对缺陷数据进行静态复测工作，大大减轻了工作量，依靠人工检修的项目相应减少。

② 应对变化及要求进行的调整说明

a. 车辆专业：需要对《电客车双日检检修规程》《电客车均衡修检修规程》文件名、检修内容、组织形式、技术要求等更改。

b. 供电专业：需要对《接触网巡检》《接触网检修规程》检修项目和检修周期进行更改。

（5）操作办法方面

① 正线停车引起的变化及要求

地铁线路通过增加智能运维系统/功能，实现巡检、维检修作业优化，辅助实现正线停车功能。如工务智能运维系统，主要涉及车载轨检巡检设备，为线路的检查类设备，即仅对线路的部分设备进行数据采集及质量状态检查，无法对工务设备开展维修工作，因此涉及工务专业检查类标准需要更新；供电专业应用接触网 6C 功能，可以实现接触网实时在线监测。

② 应对变化及要求进行的调整说明

应用工务专业智能运维设备，可以有效提高检修和数据采集效率，促进工务运维模式从"人工"向"智能＋人工"转变。因此引起《钢轨打磨车安全操作规程》《钢轨探伤车安全操作规程》《轨道检查车安全操作规程》中检查内容、安全要求的调整。运营中心主要针对《行车作业指引》增加运营维护内容。

（6）应急管理方面

① 正线停车引起的变化及要求

地铁线路通过增加智能运维系统/功能，实现巡检、维检修作业优化，辅助实现正线停车功能。如在电客车上加装接触网安全检测监测系统装置，即应用接触网 6C 功能，在电客车运行时进行弓网状态检测，代替接触网检测车，主要实现：柔性接触网悬挂装置、定位装置机器巡视和缺陷智能识别；几何参数动态连续测量记录；弓网燃弧检测，弓网压力、硬点动态检测；接触线磨耗检测。

② 应对变化及要求进行的调整说明

结合各设备智能运维系统，对《柔性接触网断线故障应急处置（接触网）》《轨行区异物应急处置》《大风/霜雪天气接触网专业应急处置》《接触网断电应急处置》《信号专业现场处置方案》进行修改。

26.4.2　灵活编组运营组织管理体系研究

本运营规则对于 CBTC 列车检查作业、出入库作业，列车运行及操纵，不同位置、不同驾驶模式下的连挂、解编作业，非正常情况下的处理与操纵，特殊天气的操作，特殊地段的运行以及电动列车上线运营的技术标准、应急故障处理等进行了规定。

本运营规则作为天津地铁津静线市域铁路 CBTC 运行系统运营所涉规章制度和操作规则编制的指导性依据，主要说明在现有 CBTC 运行系统各种运营场景下运营人员的处置原则及应完成的主要工作内容。

1. 运营总体原则

运营单位应建立健全适应于 CBTC 运行的组织架构、运营管理机制和规章制度体系，保障各部门职责明确、分工合理、衔接紧密、高效运转。

规章制度体系应适用于不同运行模式下的运营场景，并明确 CBTC 以及降级模式下各岗位人员的职责与处置流程。

在信号系统运行正常情况下，重联列车中的后车无需安排司机，仅前车安排1名司机驾驶列车即可，各个岗位相关人员监护列车和车站台情况。

重联车在区间发生故障时，若故障点在后车，可视情况由前车司机通过疏散平台进入后车处理，或者安排排故司机添乘后续列车进入后车处理。

重联车在站台发生故障时，优先安排前车司机进行故障处置，若后车不具备继续联挂运行条件，则需要将故障车（后车）放至避让线或者安排列车下线。

应在保证运营安全的前提下，提高列车运行效率和运营效益，保证运能满足客流需求，增强对客流变化的响应能力，增加系统的灵活度和可用性。即不仅要满足初期、近期和远期客流预测的需求，还应满足突发情况下客流发生瞬间变化的需求。

运营单位应具备强大的维护支持辅助系统，具有重大故障的管理预案和应急处置能力。

当列车发生车辆故障需要列车救援时，控制中心调度员应做好运营指挥工作，控制后续列车清客及救援连挂作业，并安排连挂列车进入停车线或车辆基地。

当列车迫停在区间需要疏散时，控制中心调度员启动乘客疏散工作，由控制中心调度/车站工作人员引导乘客安全快速疏散。

2. 运营管理要求

（1）运营单位应结合灵活编组模式特点及设备设施功能实现情况，建立健全运营组织架构、管理机制和规章制度体系，完善行车组织、安全检查、故障处置及维检修等运营管理工作，保障各部门职责明确、分工合理、衔接紧密、高效运转。

（2）运营规章制度体系应适用于灵活编组功能下的运营场景，明确正常、故障、应急情况下各岗位人员的职责与作业流程。

（3）运营单位宜持续优化灵活编组下的运营管理水平，逐步提高或增加各系统的指标及功能要求。

（4）运营单位统筹协调灵活编组模式下的列车运行计划及施工维检修计划管理。强化灵活编组列车的管理，及时发现可能对运营造成影响的各类情况，做好线路运输组织及应急处置工作。现场运营人员的覆盖程度应能满足应急响应时间的要求。

3. 运营岗位设置及工作职责

1）控制中心

（1）岗位设置

① 控制中心按扇区布局，线路控制中心设置行车调度、综合监控调度岗位。行车调度岗位按线路独立设置，综合监控调度岗位按扇区合并设置。

② 各线路控制中心划分调度组管理，调度组设置值班主任岗位，统管所辖线路运营调度工作。

③ 津静线按1个调度组管理。控制中心由中心分管副经理负责。

④ 控制中心各岗位班制为四班两运转，调度组分为甲、乙、丙、丁四个班组。

（2）工作职责

① 值班主任

a. 全面负责本调度组本班次安全生产、培训、工作任务的整体管理和落实工作，是本班次安全管理的第一责任人。

b. 负责本调度组当班期间列车运行图实施，领导本班次各专业调度员完成行车计划和施工组织任务。

c. 负责指挥协调本组调度员妥善处理各类突发事件，与 TCC 密切配合，及时准确地完成信息报送。

d. 负责本调度组每日填报的运营生产日报数据和重点事件信息的审核。

e. 负责审批本组调度员拟发的调度命令，审批行车计划的临时变更和运营调整方案。

f. 监督本组调度员按《行车通告》计划办理 A 类施工作业，审批权限内的抢修申报。

g. 负责配合开展各级应急演练，组织落实班组级应急演练和实训计划。

h. 负责组织本组人员分析各类安全事件、生产事故，按规定完成分析报告，配合开展调查，为事后分析提供依据。

i. 对在日常工作中出现的有可能影响行车组织工作的各类问题及时提出处理意见和建议，并向分管副经理汇报。

② 行车调度员

a. 负责指挥线路行车工作的开展、行车的计划落实，监控列车运行、调整运行计划，保证列车运行图的有效执行。

b. 负责监控列车在线运营情况、监控与行车相关设备的运转情况。

c. 负责线路突发事件情况下的行车指挥与协调，及时上报值班主任。

d. 负责线路突发事件处置过程中行车调整工作，最大限度减小事件对运营的影响，及时恢复列车正常运行。

e. 负责组织正常及特殊情况下的牵引供电、停送电作业或火灾等事故处理。

f. 负责根据行车工作需要草拟调度命令，经值班主任审批后发布。

g. 负责线路施工作业的审批和把控，按《行车通告》计划办理 A 类施工作业的请点、注销、变更等手续，统计施工作业完成情况等。

h. 负责按规定正确填写行车日志、交接班工作记录等各类工作报表，确保各类数据和信息全面、完整、准确。

i. 负责分析有关安全事件、生产事故，按规定及时填写分析报告，配合开展调查取证工作。

③ 综合监控调度员

a. 负责规定范围内的供电调度指挥工作，负责日常及紧急情况下停送电操作。

b. 负责适时发布调度命令，调整电力系统运行方式，组织电力故障处理，满足行车需要。

c. 负责监视线路的 FAS 运行，及时处置各类火灾报警，正确下发火灾模式。

d. 负责监视线路的 BAS 运行，配合处理列车迫停区间有关工作，正确下发区间阻塞模式。

e. 负责控制中心 FAS/PSCADA/BAS 监控设备运行情况的巡视和故障报修工作。

f. 负责按照《行车通告》和抢修要求，办理供电施工相关作业，下达有关倒闸操作票。

g. 负责组织供电、机电、车站等相关专业。

h. 开展抢修抢险。

i. 负责记录综合监控、供电系统等运营信息，填写各类工作记录。

j. 落实各级应急演练和实训计划，做好班组级任务的档案管理。

k. 负责分析有关安全事件、生产事故，及时填写分析报告，配合开展调查取证工作。

l. 负责影响车站客运服务信息的收集与报告。

2）站务部门

车站人员架构包括值班站长、行车值班员、客运值班员、站务员、综合站务员以及保安员。

（1）基本职责

① 维护公司整体信誉和企业形象，保持高水准的服务质量。

② 当接到（包括车站及周边范围）影响运营安全的信息时，应立即采取措施防止事故并及时上报。

③ 当接到乘客问询时，应积极主动，耐心、妥善地处理乘客问询，如不能有效处理，应立即上报并做好解释工作。

④ 承担上级交办的临时任务，并能做到及时反馈有关情况。

（2）值班站长

值班站长是当班期间车站负责人，全权负责车站运营工作，领导本班组的安全生产，根据需要分配、调整员工工作任务。具体职责包括：

① 负责落实安全生产责任制，履行所管班组安全生产主体责任。

② 负责班组日常生产管理，组织召开班组生产安全会，贯彻传达站区工作精神及要求，确保班组各项生产指标达标。

③ 负责班组人员管理，落实绩效管理等工作。

④ 负责班组业务管理，落实培训考核、隐患排查、监督检查、内业管理等业务工作。

⑤ 负责班组应急管理，根据实际情况启动应急预案，开展培训演练，完善应急处置，并履行本岗位应急职责。

⑥ 负责班组巡视管理，监督各岗位落实巡视职责，确保车站物资备品、设备设施状态良好。

⑦ 负责班组交接班管理，落实工作重点交接、物资备品状态确认。

⑧ 负责配合站区完成生产类事件（客伤、投诉、纠纷）以及安全类事故（事件）的调查分析和责任判定，落实改进措施。

⑨ 负责车站委外（安检员、安全员、保洁员及物业维修人员）的日常管理与监督考核。

⑩ 负责班组文化建设，积极深入了解员工思想动态，采取合理的措施，不断提高员工综合素质。

⑪ 负责协助配合车站周边等相关单位开展工作，和谐车站外部关系。

（3）行车值班员

① 负责落实安全生产责任制，履行本岗位职责。

② 负责严守各项规章制度，掌握行车业务、作业流程，开展车站行车工作。

③ 负责车站行车组织，监控列车运行情况，操作行车设备，严格执行行车调度员的

命令和指示，确保行车安全。

④ 负责监控车控室设备状态，发现故障、报警等情况时，及时上报并进行相应处理。

⑤ 负责监视车站站台、站厅乘客乘降等组织工作，发现问题及时上报并采取相应措施。

⑥ 负责监督跟进车站施工管理、设备设施故障报修管理、门禁卡及钥匙借用管理、备品交接管理，并做好班次交接。

⑦ 负责应急情况下，按照预案规定落实本岗位应急职责，确保车站安全运营。

⑧ 负责按规定填写行车凭证及相关报表记录。

⑨ 负责参与完成车站培训、考核、演练等相关工作。

（4）客运值班员

① 负责落实安全生产责任制，履行本岗位职责。

② 负责严守各项规章制度，掌握客运票务业务、作业流程，开展车站客运工作。

③ 负责车站客运组织工作，监控客运组织及客运设备运行情况，组织客流秩序，确保车站平稳运行。

④ 负责车站票务组织工作，操作票务设备，执行票务结算，确保车站票款及车票安全。

⑤ 负责本岗位巡视工作，监控客运服务设施状态，掌握 AFC 设备初修能力，做好设备的初修或故障上报，并做好记录。

⑥ 负责应急情况下，按照预案规定落实本岗位应急职责，确保车站安全运营。

⑦ 负责车站票务钥匙及备品管理，并做好班次交接。

⑧ 负责按规定填写票务结算凭证及相关报表记录。

⑨ 负责当班期间钱款进出站工作。

⑩ 负责参与完成车站培训、考核、演练等相关工作。

（5）站务员、综合站务员

① 负责落实安全生产责任制，履行本岗位职责。

② 负责严守各项规章制度及服务规范，掌握票务业务、作业流程，开展客服工作，树立良好的窗口服务形象。

③ 负责客服中心内客运工作，解答乘客问询，办理遗失物品登记、爱心伞借还、边门登记查验等工作。

④ 负责客服中心内票务工作，解答票务问询，办理票务业务，确保票款安全、账实相符。

⑤ 负责本岗位巡视工作，监控客服中心附近 AFC 设备、扶梯等客运服务设施运行状况，熟练掌握基础操作，发现问题及时上报。

⑥ 负责应急情况下，按照预案规定落实本岗位应急职责，确保车站安全运营。

⑦ 负责按规定填写票务结算凭证及相关报表记录。

⑧ 负责参与完成车站培训、考核、演练等相关工作。

（6）保安员

① 负责落实安全生产责任制，履行本岗位职责。

② 负责严守各项规章制度及服务规范，掌握作业流程，开展客服工作，树立良好的

服务形象。

③ 负责本岗位巡视工作，监控站台客流情况，扶梯、屏蔽门等运营设备设施状态，熟练掌握基础操作，发现问题及时上报。

④ 负责应急情况下，按照预案规定落实本岗位应急职责，确保车站安全运营。

⑤ 负责参与完成车站培训、考核、演练等相关工作。

3）车辆基地（DCC）

（1）检修调度

① 负责所辖设备设施所有维修作业的调配，组织安排各项生产作业计划（包括列车检修计划的变更和临时性生产任务），并跟踪实施。

② 负责列车日运用计划的编排和跟踪工作，开展出车前及收车后的列车技术交接工作，签发列车运用凭证，监视所有车辆技术状态。

③ 负责列车调试、段场调车、转线作业计划安排。

（2）维修人员

① 负责日常设备的巡检、设备定期检修和保养。

② 负责现场设备的施工清点计划和配合现场调试。

③ 在设备故障的情况下，维修人员进行抢修。

4）乘务人员

（1）司机

① 运营开启前，人工驾驶轨道车至第一个车站，负责完成线路检查工作。

② 车场内列车的调车。

③ 在特殊情况下，配合行调完成救援工作以及列车故障处理。

④ 在车场内由运转值班员或维修调度指挥进行其他相关工作。

⑤ 列车连挂、解编作业。

（2）运转

① 负责编制司机出乘计划以及落实乘务室日常工作。

② 负责监督正线司机行车，指导司机正线列车故障排故，降低事件等级及不良影响。

③ 负责司机出乘前的状态确认。

（3）信号楼值班员

① 负责监督车辆段的施工作业，与施工负责人办理登记、注销手续。

② 负责根据控制中心的调度指令正确办理进路，一人操作，一人监护。

26.5　结语

26.5.1　研究结论

（1）正线停车，有助于提高运营效率，提升运营服务水平，节约用地，有较好的社会和经济效益。

（2）正线停车运输组织方案，应以不增加工程措施，不增加运营管理难度为原则，确定停车位置和数量，并能根据天窗期各种状况确定收车到停车位置、停车位置到早上发车点位，实现正线停车。

（3）信号系统通过增加 ATS 子系统设备和功能，在车载、轨旁、站台布置信号设备（含 SPKS 开关），正线车站配备派班工作站和车辆调度工作站等措施，可实现正线停车需求。

（4）通过增加车辆监控点监控车辆关键系统状态，提升系统、部件及元器件的可靠性以延长车辆检修周期，设置车辆轨旁智能检测设备等措施，可有效支撑正线停车方案的实施。

（5）车辆基地近期停车列检库建设规模可结合正线停车数量适当减少，降低土建投资。基于车辆配备车载在线检测系统，在提高车辆运行品质及可靠性的前提下，对车辆检修周期进行优化，提出逐步过渡至均衡修的理念。在车辆基地设置智能检修设备及智能管控系统，减轻人员工作量，改善工作环境，提高检修效率，通过对车辆各部件的运行数据进行收集、分析，具备故障前预警、检修任务分配、人员调度、物资管控等功能，满足正线停车需求。

（6）通信系统方案满足正线停车对车地无线通信系统的需求。

（7）在基础研究方面，通过对"固定多编组混跑""在线解编连挂"和"虚拟编组"3种灵活编组运营组织技术进行总结，对包含"灵活编组方案关键技术""灵活编组运输组织特点研究"和"灵活编组运营方案优化"在内的理论研究现状进行综述，对国内外如上海、重庆、东京、法兰克福、旧金山等采用和研究灵活编组模式的城市轨道交通系统资料进行收集和梳理，证明灵活编组技术在理论研究和实际运营生产中的可行性和有效性。

（8）在运营组织模式方面，首先明确了灵活编组模式下的运营组织原则和要求；其次针对正常运营场景，研究并设计了运营准备，列车出库，正线连挂和解编，重联列车乘降、折返、清客、回库等情景的组织方案；随后针对运营故障，研究并设计了重联列车车门故障、列车脱钩、连挂失败和解编失败等情况的组织方案；最后针对应急场景，研究并设计了重联列车疏散、火灾、弓网异物和列车故障救援等情景的组织方案。组织方案对各个专业功能分配和岗位职责进行详实规定，为灵活编组模式的应用构建相应的组织管理规范。

（9）在行车方案设计方面，基于津静线与天津地铁 5 号线贯通后的线路条件和技术指标，以灵活编组和多交路结合的模式，针对高峰和平峰时段，共研究和设计了 4 套工作日行车方案和 3 套周末行车方案，从交路设置及间隔、运用车数量、开行列次、运营车公里等角度对比分析出推荐方案。此外，针对 2 种典型的重联列车故障场景，设计相应的列车救援方案。行车方案的研究为灵活编组模式的应用提供了实施层面的指导，丰富了津静线和天津地铁 5 号线互联互通后的运营组织手段。

（10）在信号技术研究方面，通过对 ATP、ATO、ATS 子系统的研究实现列车连挂、连挂后运行、解编等过程中的防护、调度管理和自动控制；对车载通信网络的架构及连接方式进行研究，为各车载子系统、车载有线及无线设备之间的通信提供网络基础；最后为满足灵活编组功能，对车载 CC 与车辆、联锁与站台门系统的接口进行设计调整。信号技术研究为基于灵活编组的运营组织模式提供了安全、高效的应用环境。

26.5.2　经济社会效益

正线停车方案可以有效降低列车空载率，减少列车空载运行里程，将车辆总走行里程减少1％~3％，降低了运行成本。在夜间停放于正线上的车越多，就可以越多减少车辆基地的停车数位，节约土地占用。就津静线首开段工程而言，采用正线停车的运营模式，正线最多可停放3列电客车，在现阶段不单独建设车辆段而利用既有天津地铁5号线车辆段的情况下，可以减少列检库3列位的占用，有效降低了既有天津地铁5号线车辆段列检库的停车压力和运用压力，提高了列车运转的灵活性。正线停车可以提高正线运营服务时间利用率，延长天窗时间，为夜间维修和夜间施工提供了有利条件。正线停车可以有效提高车辆停放的灵活性，为列车运维服务人员提供多种作业模式，为乘客提供更加便捷的乘车服务，提高了运维效率和服务水平。

灵活编组运输组织计划（运营场景文件、运营组织规则、信号及车辆有关技术标准、运营体系文件等），相关成果可移植应用于其他城市轨道交通线路，引领灵活编组技术在多城市、多线路中的普及，丰富轨道交通行业的管理手段，提升管理水平，为城市轨道交通网络与市域（郊）铁路网络的融合发展提供技术支持。在津静线与天津地铁5号线间互联互通运营减少乘客换乘次数的基础上，灵活编组模式的应用有助于线路行车计划与客流需求特征的匹配。进一步结合多交路模式，加快线路中客流集中范围内的列车周转速度，提升关键区段的运力，为乘客节省了出行时间，提升了服务水平和满意度。研究成果还有助于提升运力分配的合理性，相比于采用固定编组的分线运营模式，灵活编组模式的应用提高了列车运能的利用率和满载率，实现了牵引能耗的节省；进一步与多交路模式的组合减少了非高峰时段的上线列车数量和列车走行公里，延长了大修周期，节省了车辆保养与维修费用。

26.5.3　创新点总结

提出了正线停车的原则，在现有设计基础上，不增加工程措施，不增加运营难度。

提出了正线停车数量和位置的基本要求，为夜间收发车提供了基本要求和原则，创立了正线停车后解决轧道问题的运输组织方式。

提出了满足正线停车的最基本的智能运维手段，讨论了全自动驾驶车上运维管理人员的基本技能。

提出了车站增加随车人员房间的要求，并提出基本的房间大小和设备配备要求。

在灵活编组技术应用的线路背景方面，目前较多的现有研究和实际应用案例集中在同一轨道交通系统的线路间。本课题则是面向城市轨道交通与市域（郊）铁路线路互联互通运行的灵活编组技术研究，充分考虑不同线路间软件系统、硬件系统及组织管理方法等方面的特点和兼容性，对运营组织模式、行车方案、信号及车辆技术进行研究。

26.5.4　应用前景

灵活编组的研究成果适用于城市轨道交通中，具备应用在线灵活编组的物理设施条件，且存在时空客流不均衡特征、运力资源浪费的不同轨道交通体系融合线路，未来将首先应用于天津市域（郊）铁路津静线首开段与地铁5号线的互联互通运行。

未来可对于高峰、平峰以及过渡时段行车计划及时刻表优化问题进行深入研究，结合大站快车、多交路、跨线运营等多种新型运营组织模式，进一步提升运行计划的合理性。

截至 2023 年底，天津市轨道交通共有运行线路 10 条，分别为天津轨道交通 1 号线、2 号线、3 号线、4 号线、5 号线、6 号线、6 号线二期、9 号线、10 号线、11 号线东段，总长度为 309.94km，在逐步对既有运营线路智能化改造的基础上，可以实现正线停车。

在未来，天津线网形成 780km 的城市轨道交通线路和总规模约 691km 的市域（郊）线路，均可实现正线停车。

同时，在研究天津轨道交通正线停车的基础上，实现正线停车技术的产业化，可以进一步辐射全国轨道交通的运输组织研究。

第 27 章　地铁保护区自动化变形监测技术
研究与应用

27.1　引言

地铁作为城市公共交通的重要组成部分，其安全稳定运行对于城市的发展和居民的出行至关重要，为此特设立地铁保护区。地铁保护区是指地铁车辆在轨道交通线路上运行必须确保沿线周边环境安全，即沿线周边环境内的各种活动不得对地铁运行安全造成威胁，该空间称作为地铁保护区。根据有关规定，该空间一般在结构周边 50m 范围内。地铁轨行区的几何形位是运营安全的重要指标，地铁隧道变形是结构安全的重要指标，在地铁保护区内施工时，实时监测和分析隧道的几何变形可掌握隧道的结构安全、运营安全及变形规律，及时发现异常情况，为隧道管理及维护提供科学依据，对隧道结构的安全性及后期维护具有重要现实意义。

传统的水准测量、水平位移监测手段需要监测人员在现场作业，由于地铁在运营时封闭线路，禁止人员在运营时间段进行隧道内活动，运营时段无法用常规手段采集变形数据，难以满足要求。采用实时自动化监测系统可实时掌握邻近工程建设过程中对既有线隧道结构形状和道床、轨道状况的影响。

本章以某市地铁保护区工程项目为实例，介绍了项目概况、监测内容、布点原则及监测控制值，分析了地铁自动化监测变形数据，反映了基坑施工对地铁的影响规律，验证了该方法的可行性及可靠性，有效保证了地铁的结构和运营安全。

27.2　自动化监测系统

27.2.1　自动化监测特点

为了随时了解地铁施工状态，对突发事故进行提前预警，保证地铁保护区内新建工程施工的安全和社会稳定，地铁在运营期间应使用无人值守的自动化监测系统。该系统采用现代光电技术、网络通信技术、自动化控制技术、数据库技术，实现了全自动无人值守全天候自动化变形监测，自动化监测可实现如下功能：

（1）实现计算机的远程控制和配置，当数据超限时实现自动报警和消息发送，按既定的程序进行自动观测、数据回传、平差分析、应急处理，实现可视化、数字化分析结果的 24h 不间断运行。

（2）准确测量出地铁隧道结构在三维方向的局部变形和隧道整体的变形值以及变形的准确位置、最大最小值、变形方向和变形速率等，实时显示测量信息。

27.2.2　自动化监测原理

自动监测系统主要由四个单元构成：监测设备、参考系、变形体和控制设备。其中，监测设备由测量机器人、地铁结构变形自动化监测系统软件和监测控制房组成；参考系由布设在稳定区域的基准点组成；变形体由布置在影响范围区域的变形监测点组成；控制设备由工控机及远程控制电脑组成。

基于全站仪的变形自动监测系统，以自动搜索目标的全站仪为测量工具，并配备 L型单棱镜，采用边角网平差的测量方法，测定各变形点的三维坐标。同时将采集的数据通过网络自动传入控制计算机，计算机对所采集的数据进行分析处理，输出变形点的变形及相关信息，便于有关人员及时掌握变形情况。监测网络系统的硬件组成如下：

1. 自动化监测网络系统的硬件

自动化监测网络系统的硬件包括：高精度自动全站仪、目标棱镜、信号通信设备与供电装置、计算机及网络设备等。

2. 信号通信设备与供电装置

信号通信设备与供电装置包括：通信电缆、供电电缆、交直流转换器、串口服务器、电源箱等。

3. 传输设备

传输设备主要包括计算机部分和网络设备。

计算机部分包括主控计算机与分控计算机。主控计算机负责测量整体安排，根据时间、测量次序等指示分控计算机进行操作，同时接收分控计算机发来的测量数据，对各站测量数据进行同一处理计算。分控计算机用来接收主控计算机的指令，直接控制全站仪的操作，每台分控计算机通过串口连接，控制对应的一台全站仪。所有计算机通过控制监视软件共享一台显示器。

网络设备由网络交换机、无线路由器和网卡等组成，主控计算机通过网络设备实现与分控计算机连接与数据的传输。

4. 目标棱镜

目标棱镜设置在基准点和变形点上。目标棱镜一般选择标准圆棱镜或 L 型小棱镜，当目标较近时可以选择 L 型微棱镜，目标较远时采用标准圆棱镜。

27.3　工程应用

27.3.1　项目概况

某市道路提升工程回填项目西起 GL 街向东至 FN 路，长度约 503m，该路现状为四孔箱形框架结构，框架桥上部为铁路设施，本项目采用轻质泡沫混凝土进行回填，将该路框架桥填至地面与 SL 大街平交，填平后道路红线宽度为 60m，回填后道路标高为 72.347～74.440m，回填高度为 0～8.2m。

本工程邻近正在运营的地铁 1 号线 J 站—P 站区间。按照相关法规政策和技术标准，本工程处于地铁保护区范围，需进行安全性影响评估及地铁专项监测。

27.3.2　新建工程与地铁区间相互位置关系

本项目框架桥处，J 站—P 站区间采用顶进法施工，顶进段区间结构断面尺寸为 17.6m×8.65m，设置 1 道中隔墙，隔墙距离顶板 100mm，采用柔性材料封堵，顶板覆土厚度约 0.9m，顶板厚度为 0.8m，底板厚度为 1m，侧墙厚度为 0.8m。顶进段范围最大回填厚度约 1.6m，框架桥处与地铁区间平面关系图如图 27-1 所示，剖面关系图如图 27-2 所示。

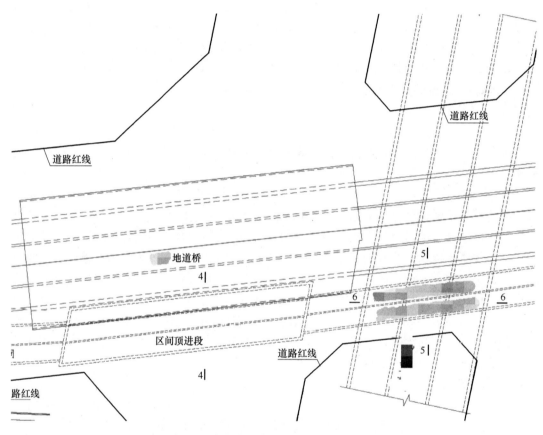

图 27-1　框架桥处与地铁区间平面关系图

27.3.3　监测对象、项目、精度及点位布设

本工程框架桥对应地铁隧道的监测对象主要为 J 站—P 站区间既有地铁隧道结构的监测，具体监测的对象、项目、仪器及精度见表 27-1。

根据《城市轨道交通结构安全保护技术规范》CJJ/T 202—2013 规定及本工程安评报告，本工程框架桥对应地铁隧道的监测点布置原则如下：监测断面间距为 6m，每一断面设 4 个自动化监测点与 1 组轨道几何形位监测点，自动化监测点包括 2 个隧道结构水平/竖向位移测点、1 个道床结构水平/竖向位移测点、1 个隧道拱顶竖向位移测点及 1 组净空收敛测点，人工监测项目包括 1 组轨道几何形位监测与定期人工基准网复测，监测点位平面示意图如图 27-3 所示，监测点位断面示意图如图 27-4 所示。

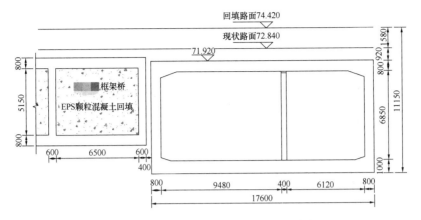

图 27-2　框架桥处与地铁区间剖面关系图（单位：mm）

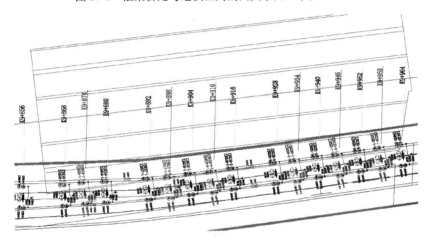

图 27-3　监测点位平面示意图

监测的对象、项目、仪器及精度　　　　　　　　　　　　　　　表 27-1

序号	类别	监测对象	监测项目	监测仪器	监测精度
1	J 站—P 站区间	隧道结构（自动化监测）	隧道结构水平位移	全站仪自动监测系统	0.5″ 0.6mm＋1.0ppm×D
2			隧道结构竖向位移		
3			隧道结构净空收敛		
4			隧道结构拱顶沉降		
5			隧道结构差异沉降		
6		道床结构（自动化监测）	道床结构水平位移		
7			道床结构竖向位移		
8			道床结构差异沉降		
9		轨道结构（人工监测）	轨道几何形位	轨距尺 10m 弦绳	0.1mm
10					
11		基准网人工复核	基准点	全站仪	0.5″ 0.6mm＋1.0ppm×D
		隧道及道床结构	裂缝观测	游标卡尺	0.1mm

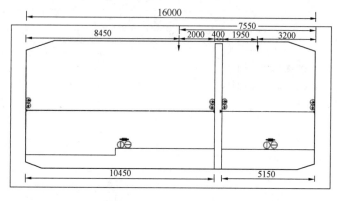

序号	监测项目	项目代号	图例
1	侧墙结构竖向位移	Z/YJGS	
2	侧墙结构水平位移	Z/YJGS	
3	道床结构水平位移	Z/YDCS	
4	道床结构竖向位移	Z/YDCC	
5	隧道结构拱顶沉降	Z/YGDC	
6	隧道结构净空收敛	Z/YSL	

图 27-4　监测点位断面示意图（单位：mm）

27.3.4　监测项目控制值及预警标准

根据安评报告及相关规范，本工程监测控制值见表 27-2。

本项目监测预警等级划分及应对管理措施见表 27 3。

监测控制值　　　　　　　　　　　　　　　　　　表 27-2

序号	监测对象	监测项目	预警值（mm）	控制值（mm）	变形速率（mm/d）
1	隧道结构（自动化监测）	隧道结构水平位移	4.8	8	1
2		隧道结构竖向位移	4.8	8	1
3		隧道结构净空收敛	4.8	8	1
4		隧道结构拱顶沉降	4.8	8	1
5		隧道结构差异沉降	3	5	1
6	道床结构（自动化监测）	道床结构水平位移	2.4	4	1
7		道床结构竖向位移	2.4	4	1
8		道床结构差异沉降	2.4	4	1
9	轨道结构（人工监测）	轨道几何形位	>−2.4 <+3.6	>−4 <+6	—
10	隧道及道床结构	裂缝观测	0.18	0.3	—

监测预警等级划分及应对管理措施　　　　　　表 27-3

监测预警等级	监测比值 G	应对管理措施
A	$G<0.6$	可正常进行外部作业
B	$0.6 \leqslant G<0.8$	监测报警，并采取加密监测点或提高监测频率等措施加强对城市轨道交通结构的监测
C	$0.8 \leqslant G<1.0$	应暂定外部作业，进行过程安全评估工作，各方共同制定相应安全保护措施，并经组织审查后，开展后续工作
D	$G \geqslant 1.0$	启动安全应急预案

注：1. 监测比值 G 为监测项目实测值与结构安全控制指标值的比值。

　　2. 当城市轨道交通结构监测数据显示每天的变化速率值连续 3d 超过 2mm，应将监测预警值等级评定为 C 级，采取相对应的应对管理措施，保障城市轨道交通结构的安全。

27.4　监测数据分析

根据本工程施工进度，按照既定的监测开展监测工作，结合现场施工进度与拱顶沉降监测数据（图 27-5），分析如下：

（1）8 月 10 日至 8 月 28 日期间，现场施工未对地铁既有隧道结构进行扰动，监测数据累计变形量稳定在 ±1mm 以内。

（2）8 月 28 日上午 10 点开始，隧道结构拱顶竖向位移累计值开始增加，到 8 月 29 日 18 点 00 分，累计变形量接近 −6mm，达到 B 类预警，经现场巡查，隧道正上方堆载建筑垃圾，堆载高度达 2m。

（3）8 月 29 日 20 点 00 分左右监测数据出现回弹，累计变形量回弹值为 −5mm 左右，施工现场对建筑垃圾进行移除。

（4）8 月 30 日 20 点 30 分至 9 月 1 日 10 点 00 分，监测数据开始回弹值为 −3mm 左右，经核查，现场施工单位对隧道结构上方路面进行了开挖。

（5）9 月 1 日至 9 月 12 日期间，施工单位对开挖路面采用轻质混凝土进行换填，并在后续铺设水稳层，监测数据开始逐步下沉至 −8mm 左右，达到 D 类预警。

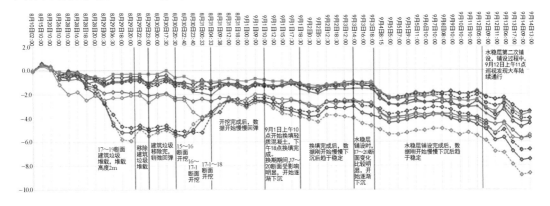

图 27-5　左线拱顶沉降曲线图

27.5 结语

如今随着各地城市化建设的大力发展，地铁保护区施工越来越多，对地铁结构的威胁越来越大，地铁结构的监测更为重要。本章以某地铁保护区工程项目为例，介绍了地铁自动化监测的原理与特点，通过结合自动化监测数据与施工进度分析，验证了自动化监测数据的时效性和稳定性，通过数据分析可以看出，自动化监测手段在地铁保护区施工中的应用，不仅能够保证监测数据的真实性与可靠性，同时因其高效、快速、实时的监测特点，确保了监测数据实时反馈至地铁管理单位及地铁保护区施工单位，对下一步施工具有指导和参考意义。地铁自动化监测技术已成为保障地铁运营安全的重要手段，通过实时上传预警数据反映了外部作业施工对地铁隧道结构的影响规律，有效地保证了地铁的结构和运营安全，在后续地铁保护区结构变形监测中具有较好的推广和应用价值。

第 28 章　津滨轻轨 9 号线信号系统更新改造工程关键技术

28.1　引言

津滨轻轨 9 号线全线共设车站 24 座，其中地下站 5 座，地面车站 1 座，高架车站 18 座。由西向东依次为：天津站、大王庄站、十一经路站、直沽站、东兴路站、中山门站、一号桥站、二号桥站、张贵庄站、新立站、东丽开发区站、小东庄站、军粮城站、钢管公司站、中西村站（预留）、八堡站（预留）、胡家园站、车站北路站（预留）、塘沽站、泰达站、市民广场站、太湖路站、会展中心站、东海路站。

津滨轻轨 9 号线信号系统更新改造工程是将津滨轻轨 9 号线（包括 52.25km 正线、21 座车站、1 处车辆段、1 处停车场、控制中心）的信号系统改造为基于无线通信的移动闭塞系统（CBTC），改造既有 38 列车的车载信号设备。同步实施因信号系统改造引起的动力与照明、通风空调、消防及给水排水、供电、通信、BAS/FAS、站台门等改造。增购 10 列 4 辆编组 B 型车。

28.2　改造需求

28.2.1　智慧化升级需求

《交通强国建设纲要》中明确要求"全面提升城市交通基础设施智能化水平""推进装备技术升级""推广应用交通装备的智能检测监测和运维技术""加速淘汰落后技术和高耗低效交通装备""强化节能减排"，建设智慧化、绿色化城市轨道交通势在必行。

28.2.2　高效无扰改造需求

截至 2023 年 12 月 31 日，中国内地累计有 59 个城市运营城轨线路 11232.65km。其中，2023 年新增城轨运营城市 3 个，新增运营线路 884.55km。轨道交通作为城市居民主要的通勤方式之一，是城市各关键区域间高效连接的有力保障。津滨轻轨 9 号线是连接津城与滨城的唯一公交化线路，开展高效无扰改造是津滨通勤的必要保障措施，是津滨双城高质量发展的需要。

28.2.3　设备自主化需求

信号系统是城市轨道交通线路的核心控制系统，2015—2020 年进入大修改造期。早期的信号系统多为国外进口设备，存在着设备老化、维护无法保障、备品备件缺失或价格过高、系统技术水平远远落后等诸多问题。轨道交通装备行业是国家一直大力支持的战略新兴产业，在《中国制造 2025》《增强制造业核心竞争力》等文件中，均强调要重点开展城市轨道交通装备等先进制造业。信号系统作为轨道交通的核心设备，亦是国家重点支持自主化的设备之一。

28.3　基于全自主国产信号系统的既有运营线路高效零扰不停运改造技术

28.3.1　适用于既有线路的自主化信号系统升级创新技术

1. 技术架构

根据国内 CBTC 系统及 9 号线实际需求，采用优化升级的方式，研制一套符合行业发展趋势、具有先进性的自主化 CBTC 信号系统（图 28-1）。

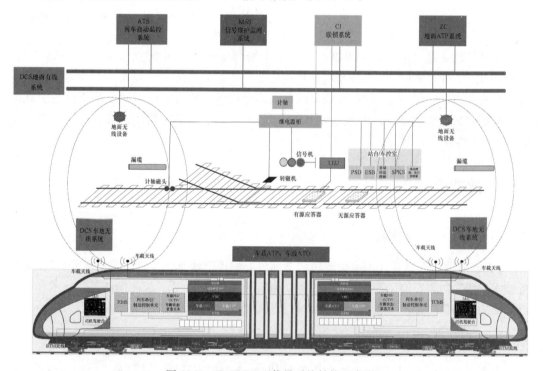

图 28-1　iT-CBTC 型信号系统结构示意图

正线、车辆段及车载设备均采用自主化 CBTC 信号系统，其核心列车防护系统 ATP、自动驾驶系统 ATO、地面联锁系统 CI 及列车运行监控系统 ATS 均将采用国产自主产权的设备，所有系统设备均由国内厂商研发、设计、生产制造和组装。系统主要功能包括：

ATP 子系统确保列车运行安全，提供列车间隔保护、超速防护、车门监督和站台门激活防护等安全防护功能。ATP 系统结构应具有高安全性和可靠性，并符合故障-安全原则。

ATO 子系统在 ATP 安全防护下实现列车自动运行，完成对列车的启动、加速、巡航、惰行、制动和停车的控制，实现列车的自动驾驶，并能够根据 ATS 的指令，实现区间运行时间的调整功能，同时为人机提供相应的显示信息以提示司机实现安全运行。

ATS 子系统主要功能包括：列车自动识别和自动追踪功能，列车运行控制功能，进路自动触发功能，控制权限分配功能，运行计划编制与在线监控调整功能，车组运用计划编制及出入库预告功能，列车运行监视功能，临时限速功能，运行维护功能，仿真培训功能等。

CI 子系统负责处理进路内的道岔、信号机、次级占用检测设备之间的安全联锁关系，接受 ATS 或者操作员的控制指令，对外输出联锁信息，保证进路及行车安全。

iT-CBTC 型信号系统采用先进的列车自动控制技术，通过车地双向通信设备，使地面信号设备可以得到每一列车连续的位置信息，并据此计算出每一列车的移动授权，动态更新发送给列车。列车根据接收到的移动授权和自身的运行状态，计算出列车运行的速度曲线，实现完全防护的列车双向运行模式和列车安全、高速、小间隔、移动追踪运行。提高了轨道交通系统的运行效率，具备更大的运行调整能力。

系统安全性要求见表 28-1。

系统安全性要求　　　　　　　　　　　　　　　　　　　　表 28-1

序号	设备名称	安全完整性
1	CI 子系统	SIL4
2	轨旁 ATP 子系统	SIL4
3	车载 ATP 子系统	SIL4
4	车载 ATO 子系统	SIL2
5	ATS 子系统	SIL2

2. 自主化平台

iT-CBTC 型信号系统基于全自主化的安全计算平台研制，安全计算平台是轨道交通信号系统的基础设备和关键设备，是 ATP、CI 等信号系统的运行平台。

对全自主化嵌入式实时操作系统的网络数据吞吐、IO 读写、任务调度、故障处理等方面在安全计算平台中的应用进行研究和优化，使基于全自主化操作系统的安全计算平台软件获得最佳的性能。

研究更优化的安全计算平台软件架构方式（图 28-2），使安全平台软件对于全自主化操作系统具有更好的接口兼容，使平台软件升级迭代更平稳；研究平台软件对应用程序的API 兼容处理，使平台软件升级不影响应用程序既有调用。

与地铁 9 号线既有信号系统相比，改造后的信号系统的自主化率将有质的提升，全线信号系统自主化率将从既有信号系统的 50% 提升至 100%。

3. 采取的研究方法

针对天津地区信号系统升级改造需求进行深入分析，开展系统功能重新核定分配、软硬件需求分解、系统升级修改、系统测试以及系统认证等一系列工作，由此完成对自主化信号系统的升级研发。相比国内已有自主化信号系统，该信号系统实现了针对天津地区改造需求"量体裁衣"式的精准响应。本项目研究的信号系统将开展一系列科研探索，包括信号系统关键设备远程重启、FAO 车辆与 CBTC 车辆混合运营等多项创新型功能，极大提升了改造后的运营水平。具体方法如下：

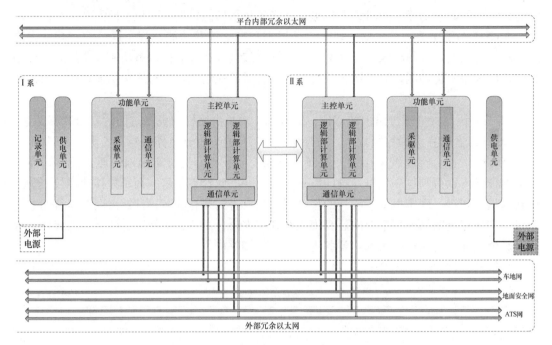

图 28-2　安全计算平台软件架构示意图

需求调研、沟通：参考行业发展趋势，结合天津地区既有线路改造特点，完成系统需求规范编制。

系统总体方案设计与编制：结合业界先进理念、技术，结合未来升级 FAO 的需求，完成系统总体方案设计。

系统设计与实现：根据系统总体方案，基于既有信号系统的研发成果，完成系统架构设计和系统各模块设计与开发。

系统调试、实验室环境建设：完成实验室测试环境建设和系统研发调试。

系统实验室测试验证：完成系统实验室测试用例、测试大纲设计，完成系统实验室测试验证。

系统现场测试验证：完成系统现场测试用例、测试大纲设计，完成系统现场测试验证。

系统上线运行：结合工程实施、工程安全认证，实现系统的上线运行。

28.3.2　高效无扰不停运系统升级技术

为达到高效无扰不停运升级的目标，分别在车辆改造替换及地面信号系统倒切方面制定了专项实施方案。

1. 车载倒切技术方案

车辆改造替换方面，目前地铁 9 号线既有列车共 38 列，每日早晚高峰在线运营车辆 28 列。为做到无扰不停运升级，计划新采购 10 列，并逐步改造 14 列既有列车，剩余的 24 列既有列车参与升级改造期间的日常运营。为保持日常高峰时段 28 列在线列车的运营能力，将先期完成改造的 4 列车加装列车辅助防碰撞系统，在升级改造期间的早晚高峰时段，切除新系统使用辅助防碰撞系统，与剩余的 24 列旧系统列车共同运营，以此保持高峰时段既有运营间隔、不降低运营能力，达到乘客对升级改造无感知的目的。

通过双系统改造方案对新旧系统进行无扰切换，在将既有车完全改造为 CBTC 系统车的基础上，保留安萨尔多车载设备机柜电器柜安装位置，新系统车载设备机柜安装在驾驶室新驾驶台逃生过道上，ADU 通过临时支架安装在新驾驶台 MMI 安装孔的位置，新系统 MMI 通过临时支架安装在新驾驶台右上方，通过倒切装置实现新旧系统设备与列车接口连接，实现一列车可在两种不同的地面信号系统环境下运行的实施方案（图 28-3）。双系统方案中，由于 TWC 天线与 BTM 天线安装位置冲突，所以将 TWC 天线后移，安装在防碰撞系统的 RFID 天线的位置，仅保留 ATP 功能，不使用 ATO 功能。

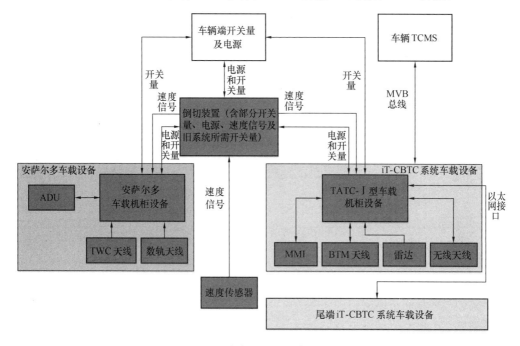

图 28-3　车载双系统设备结构图

2. 地面倒切技术方案

地面系统倒切方面，新系统的设计、施工、安装按照不影响既有系统运行的原则，使其相对独立于既有系统，仅对转辙机采用倒切控制装置、对站台紧急关闭按钮采用原位替换，其余室内外设备均需重新设计施工安装。在升级改造期间，日常运营时间内使用既有系统，对新系统进行断电；在夜间停运后，保持既有系统供电状态，对新系统进行上电，并对转辙机控制电路进行倒切，即可进行新系统的现场调试测试工作，在新系统每日调试完成后及时倒切恢复转辙机控制电路，并对新系统进行断电，实现了地面系统安装、调试对日常运营的无扰、不停运的目标。

结合津滨轻轨 9 号线正线转辙机的实际情况，新信号系统设置 ZDJ9 组合和临时 ZD6 组合，临时 ZD6 组合设置在倒切柜中，便于后期拆卸。通过倒切开关切换新/旧系统对既有 ZD6 转辙机的控制，以及对 ZD6 转辙机和换新 ZDJ9 转辙机的切换控制。在新信号系统投入使用前，白天运营时既有信号系统通过倒切开关控制既有 ZD6 转辙机，夜间调试时新信号系统通过临时 ZD6 组合和倒切开关控制既有 ZD6 转辙机；在新信号系统投入使用且室外新 ZDJ9 转辙机尚未安装到位时，新信号系统通过临时 ZD6 组合和倒切开关控制既有 ZD6 转辙机，当室外新 ZDJ9 转辙机完成安装后，新信号系统通过 ZDJ9 组合控制换新 ZDJ9 转辙机。正线转辙机倒切示意图如图 28-4 所示。

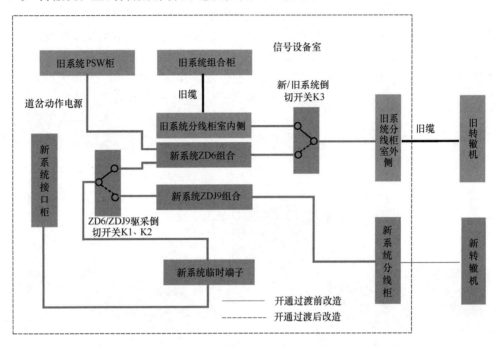

图 28-4　正线转辙机倒切示意图

3. 采取的研究方法

充分调研既有线路信号系统升级改造的工程管理特点和工程管理需求，研制一套信息化及应急管理平台。通过以太网技术、大数据分析为核心，建设项目管理信息化系统，以项目管理信息化、进度管理信息化、人员管理信息化、质量管理信息化、安全风险管理信息化模块为基础，实现对总承包项目的精细化和全局化管控。针对升级改造项目，以工程实施进度为主线，梳理出改造项目的关键节点，打造项目管理流程的标准化数据体系。实现施工进度的上报（轻便化）、统计、管理各环节的标准化、流程化、数字化，打造人机料高效管理、质量管理标准化、安全风险可控的信息管理平台。

28.3.3　研究成果

1. 全线配备一条完整的自主化国产信号系统

包括：7 个 ZC（正线 4 个、车辆段 1 个、停车场 1 个、试车线 1 个），1 套 ATS 控制中心设备，13 套 ATS 站控级设备（含正线 10 套、辆段 1 套、停车场 1 套、试车线 1 套），13 套 CI 站控级设备（含正线 10 套、辆段 1 套、停车场 1 套、试车线 1 套）；全线最终完成 38 列既有列车改造，以及 10 列新增列车生产安装。全线信号系统国产化率将从既有信号系统的 50% 提升至 100%。

2. 制定一套完善的高效无扰不停运系统升级改造方案及实施指南

制定完善的高效无扰不停运系统升级改造方案及实施指南，形成一系列具体方案和报告，对未来其他线路改造提供参考。

28.4　自主可控国产化智能运维系统

通过开展基于国产服务器、操作系统和数据库，充分利用大数据、人工智能、物联网等技术，研制一套轨道交通信号智能运维系统的研究和应用，实现对全线信号系统设备（包括 ATS、ATP、ATO、ZC、CI、DCS、转辙机、电源、计轴、信号机等）的运行状态监测及报警、故障智能诊断、智能分析及预警、健康评价和维修管理等功能，并在天津地铁 9 号线信号改造工程实现该国产化信号智能运维系统示范应用，达到降低运维成本、提高运维效率、提升运维安全水平的目标。

28.4.1　研究目标

项目主要研究目标及内容如下：

1. 信号设备监测及报警的研究及应用

基于轨道交通数据采集平台及轨道交通大数据分析平台，研发信号设备监测及报警应用，实现对信号系统所有子系统的设备运行状态、子系统间通信状态、子系统报警信息进行在线监测。

研究采用当前技术先进的多媒体技术，以站场图、通信连接图、设备结构图等方式，综合运用文本、图形、图像、音频、动画等元素对监测信息进行展现。

研究车站级（工区级）、线路级（项目部级）、线网级（中心级）等不同层级用户产生不同级别展示视图的技术，研究对各层级管理者、检修人员、技术人员等不同角色用户关注点不同而需要实现的多维度展示技术，为用户提供一套信息展示丰富的、界面友好的用户终端。

2. 信号设备故障智能诊断的研究及应用

基于轨道交通数据采集平台及轨道交通大数据分析平台，研发信号故障智能诊断应用，实现对信号子系统级设备故障进行智能诊断，实现对信号系统级故障进行综合智能诊断，以使信号维护人员及时、准确定位故障位置并获知故障类型，降低由于未及时发现故障导致的安全风险，缩短故障修复时间。

以子系统故障库为基础，研究对子系统实际运行过程中的监测数据与故障库中的故障特征进行模式匹配的方法，以区分子系统运行过程中的正常状态与故障状态，识别故障类型，定位故障原因，本项目将围绕故障频次较高、检修工作量较大的转辙机设备（道岔缺口）、电源设备、电缆绝缘、车载 ATC 设备开展故障诊断功能研发。

研究信号系统级的故障模型，建立系统级故障库，综合分析系统级故障的发生原因，识别故障类型，定位故障位置，并围绕列车非正常停车情况下的某运营场景，进行系统级故障诊断功能的研发。

3. 信号设备健康评价分析的研究及应用

通过对设备硬件指标参数、设备运行状态、设备运行工况、设备故障情况、设备维修情况等数据的智能分析，实现对关键设备的健康度评价功能。利用设备健康度并结合故障原因，对故障规律进行模拟，分析可能存在的故障概率，辅助设备管理业务，预测设备健康度趋势和设备寿命趋势等系统设备技术指标偏离预告，实现设备全生命周期更新预告。

4. 信号设备智能分析及预警的研究及应用

基于轨道交通数据采集平台及轨道交通大数据分析平台，研发信号智能分析及预警应用，实现对信号系统所有子系统运行状态指标、故障报警等信息进行多维度、即时统计分析。研究大数据可视化技术，对统计分析结果进行多样化展示、呈现，以使信号维护人员快速、直观地获取所关注的统计指标、分析结果，对统计分析结果进行趋势研判，对异常情况进行预警提示，辅助提升其应急指挥效能。

本项目将围绕车载 ATC 设备、计轴设备等的日志信息和监测信息进行智能分析及预警功能的研发。

5. 信号设备智能维保的研究及应用

基于轨道交通数据采集平台及轨道交通大数据分析平台，研发信号设备智能维保应用，结合设备状态监测信息、报警信息及故障诊断信息，实现对设备履历、设备故障、检修规程、维修计划、维修工单、维修记录进行全面电子化、信息化管理。研究智能搜索、知识获取等技术为故障设备提供维修指导，为亚健康设备提供维修建议。智能维保应用系统将较大地降低人工维护工作量，提高检修维护效率。

6. 远程重启功能的研究及应用

当部署在线路各个车站信号设备室的信号设备，如联锁、ZC、ATS 和电源等，发生故障需要重启，或者需要进行人工巡检定期重启作业时，由于需要维护人员亲自前往现场进行相关操作处理，使得作业时间增加，有可能延误了故障处理，增加了人力和时间作业成本。

项目研究既有信号子系统设备的电源重启原理和机制，结合安全运营需求，采用多重校验等安全技术，选择关键信号设备，如联锁和 ZC，设计实现远程重启功能，从而降低维护作业时间，提高维护维修效率。

7. 信创化信号智能运维子系统的研究及应用

在满足信号系统智能运维各项技术指标的前提下，研究信创化信号智能运维软硬件技术路线，研究国产数据库替代方案。

研究满足信号专业的智能运维系统要求，采用大数据、云计算和人工智能等相关技术，设计实现具有对全线所有信号设备和基础信号设备的运行状态进行监测及报警、智能分析、健康评价、故障诊断和维护管理等功能的智能运维系统。

调研国产化服务器、操作系统和数据库市场，选择 2~3 款典型产品进行实验室测试，分析对比不同国产化服务器、操作系统和数据库的性能和稳定性，选择最适合信号智能运维系统的国产化替代方案。

验证信创化方案下，国产服务器、操作系统和数据库对各种大数据和云计算组件、人工智能算法的性能要求是否满足，是否具有良好的可扩展性和兼容性。

8. 辅助工程化调试效率提升应用研究

在信号智能运维系统完成研发之后，可在工程化初期进行部署和验证测试，以提高所监测子系统的调试和测试效率。

　　项目结合天津地铁 9 号线升级改造工程，在信号系统安装部署前期，进行部署和调试。结合各个信号子系统的维护及监测功能和轨旁集中监测子系统的监测功能，提前为线路多站间信号设备调试、列车运行调试等工作提供监测、智能分析等功能，从而极大地提升工程化调试效率。

28.4.2　系统研究思路

　　本项目从工程实际需求出发，开展有关系统定义、软件架构设计、模块实现以及方案的设计研究，通过论证、试验，在天津地铁 9 号线部署应用，进而推广实施（图 28-5）。

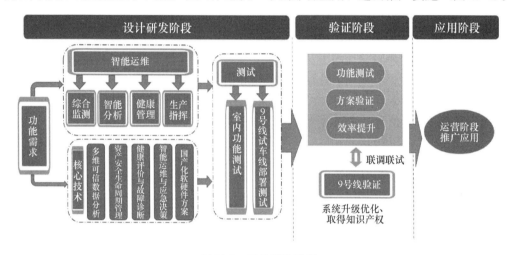

图 28-5　系统研发流程

28.4.3　系统研究方法

　　1. 信号设备监测及报警的研究及应用

　　采用大数据可视化技术，综合运用文本、图形、图像、音频、动画等元素，以图表、曲线、站场图、通信连接图、设备结构图（三维）（图 28-6）等方式，对全线信号系统设备运行状态、输入输出状态、与其他子系统的通信状态、报警提示信息等进行全方位的监测和展示。

　　2. 信号设备智能分析及预警的研究及应用

　　研发实现对信号系统关键子系统设备监测信息、日志信息进行综合分析（图 28-7），对异常变化趋势进行预警提示的功能，辅助信号维护人员快速识别异常情况、定位潜在故障，以制定防范性检修方案。

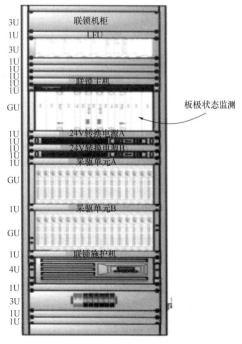

图 28-6　三维模型检测

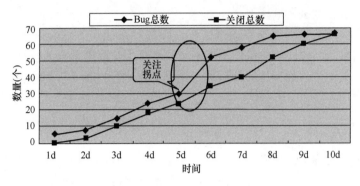

图 28-7　趋势预警分析

3. 信号设备故障智能诊断的研究及应用

采用数据和规则共同驱动的方法建立故障诊断模型（图 28-8），创建包含车载、CI、ZC、ATS、DCS、道岔、电源、计轴、屏蔽门等信号子系统设备的故障诊断模型。

基于大数据分析平台，使用专家系统、根因分析、知识图谱、机器学习等人工智能分析方法识别轨道交通信号系统异常情况，定位故障根源、故障原因和故障类型。

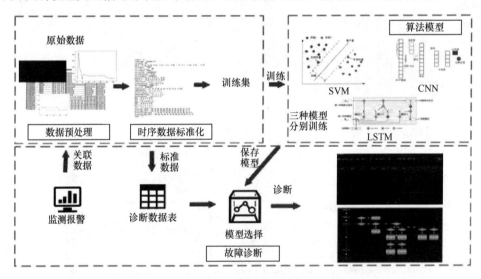

图 28-8　故障诊断模型

4. 信号设备健康评价分析的研究及应用

项目研究车载 VOBC、道岔/转辙机、ZC、联锁等关键信号设备的健康度分析模型（图 28-9），根据设备工作状态变化趋势，结合设备履历信息和健康模型，对设备健康度进行分析评价，并能够直观展示分析评价的结果。

5. 信号设备智能维保的研究及应用

系统实现对设备履历、设备故障、检修规程、维修计划、维修工单、维修记录进行全面电子化、信息化管理（图 28-10）。

有效记录追踪设备出厂、安装、故障、维修、更换、报废等全生命周期中的活动，实现设备全生命周期的管理。

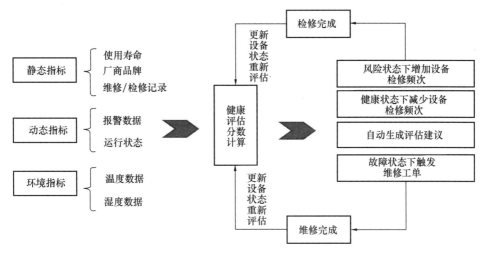

图 28-9　健康度分析模型

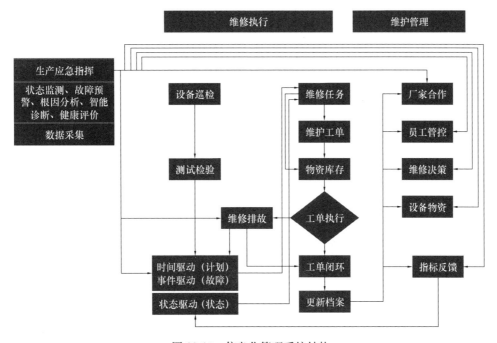

图 28-10　信息化管理系统结构

6. 远程重启功能的研究及应用

项目研究既有信号子系统设备的电源重启原理和机制，结合安全运营需求，采用多重校验等安全技术，设计实现关键信号设备的远程重启功能。

7. 信创化信号智能运维子系统的研究及应用

在满足信号系统智能运维各项技术指标的前提下，研究信创化信号智能运维软硬件技术路线，研究国产数据库替换方案（图 28-11）。

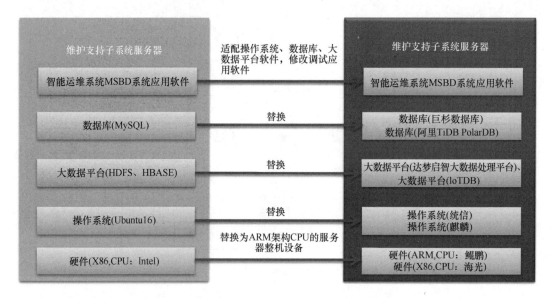

图 28-11　硬件替换方案

28.4.4　项目成果

一套信创化轨道交通信号智能运维系统，包括轨道交通数据采集平台、轨道交通大数据分析平台和智能化应用系统软件及其运行的硬件设备。

一套在天津地铁 9 号线部署应用的信创化信号智能运维系统。

一篇信创化轨道交通信号智能运维系统研制报告，一篇信创化轨道交通信号智能运维系统技术报告，一篇信创化轨道交通信号智能运维系统测试报告。

一项天津地铁信号 CBTC 级系统设备监测技术标准，一项天津地铁信号基础设备监测技术标准。

专利、计算机软件著作权和论文等相关文档。

28.5　基于自主化平台的列车融合控制系统研究

28.5.1　研究目标

TCFS（列车融合控制系统）是一种在将列车布线最小化的前提下实现控制和监视诊断列车运行的先进、完善、高可靠性的列车网络。该网络控制系统主要完成对牵引和制动的列车控制、列车运行信息采集、主要设备状态的监视和列车诊断，从而实现为列车员或司机提供列车操作帮助和为维修任务提供集中支持的目的。

列车融合控制系统，采用全以太网的设计架构，将车载制动内网（CAN 网）融合到车辆控制网，取消了车载制动系统内网，同时实现了控制网与维护网的融合。列车融合控制系统支持透明传输，智能运维数据可采用专有通信协议通信。列车融合控制系统采用通过 SIL2 安全等级认证的软硬件平台产品，将以太网线与司机室人机接口（HMI）融合在一起，便于设备维护和司机操作。主要车载设备的工作数据被连续采集并传输到司机台的显示器上，司机可以轻松了解运行过程中的设备状态。对主要的车载设备随时进行监控，任何故障都会通知司机，并予以记录。这样，便于采取迅速和准确的行动，及早发现故障原因。

28.5.2　基于集约型网络的系统融合技术

1. 多网融合

将车辆控制、运维、走行部在线监测系统内网等融合到车辆控制网，取消了部分子系统内网，同时实现了以太网网络综合承载。支持透明传输，允许信号系统等设备采用专有通信协议通信。本项目采用基于大带宽、高实时的以太网网络构建覆盖全列车的车辆融合网络，车辆网络采用一体化设计，列车级网络采用互为冗余备份的两条百兆以太网，包括车载信号设备的列车主要智能设备统一纳入网络管理。车辆融合控制网络和车载信号设备间信息传输提供透明传输以太网通道，安全设备间传输信息的安全性由安全通信协议保证。

2. IO 融合

目前，车辆信号 IO 采集存在大量重复现象，造成了车辆布线过多、IO 采集资源浪费的现状，本融合方案拟大幅减少信号系统输入/输出（Input/Output，I/O）接口数量，在保证安全的前提下，集约型网络统一驱动采集并通过网络通信实现信息共享，由集约型网络集中检测车辆状态，使得整个系统更易于维护。通过车辆以太网来代替安全继电器、电流环，功能实现方式统一，结构精简。

车辆集约型网络与牵引、制动等系统充分融合，ICCU 作为列车运行控制主机，是列车的运行大脑，承担全列牵引制动管理功能：各车将载荷、速度、可用状态等信息通过以太网汇总至 ICCU，ICCU 根据控车指令，统筹全列状态，计算并分配各车（各架）承担的力。I/O 设备融合多系统的冗余硬线，支持列车电气电路的数字化改造，精简继电器和线缆。

3. 系统融合

从整车功能的实现需求进行梳理分析，可分为列车级功能、车辆级功能和本地驱动级功能。列车级功能如整车牵引力/电制力管理、整车能量负载管理、列车方向管理等；车辆级功能如本车空调逻辑控制、本车车门逻辑控制等；本地驱动级功能如空调压缩机控制、车门电机驱动控制等。

列车融合控制系统融合了以下功能：

（1）列车中央控制单元、牵引、制动系统列车级控制部分逻辑功能融合为列车级控制单元，保留牵引、制动系统等本地控制功能设备。车辆级控制单元融合逻辑控制单元（LCU）、远程输入输出单元（IOM）、逻辑控制单元（LCU）功能，既能实现 IOM 列车各种数字量、模拟量信号的采集和控制信号的输出，也能实现 LCU 采集车辆数字量信号，进行逻辑运算处理将控制指令传输至输出板，直接控制和驱动车辆相关控制回路、低压开关器件、微机单元等外部接口对象。

（2）制动模块仅实现数据采集和指令执行功能；制动功能以及状态开关输出由 TC-MS 中央控制单元统一输出；对于制动力损失，由 TCMS 中央控制单元集中管理与补偿；

针对不同需求仅需对 TCMS 中央控制单元进行适应性调整。

（3）减少牵引变流器对外接口，由 TCMS 中央控制单元统一采集，仅保留紧急牵引、安全切除等重要的硬线信号；减少牵引逆变器与制动系统间的数据交换，由 TCMS 中央控制单元统筹管理，提高电空配合实时性；采用架控牵引控制，牵引变流器功能趋向专一，提高了产品的通用性。

28.5.3　集约型网络效果

基于智能分布式控制单元，实现车辆级的控制逻辑，实现多样化驱动、采集，减少重复 IO，打破"传统本地控制器＋继电器"控制模式，降低电气原理复杂度，简化列车布线。优化解决目前列车多通信网络并存的复杂现状，依托以太网技术，构建列车集约型网络，将牵引、制动等子系统进行多网络的融合，实现数据与信息互联互通、统一管理。

通过将 RIOM 与 LCU 进行融合，对于部分在融合前 RIOM 与 LCU 都需要进行采集的点位，可由 IVCU 进行统一采集并将结果分别传输至对应的板卡进行逻辑处理，能够减少 IO 或 LCU 点位的采集，减少硬线采集点及板卡。部分功能网络系统与硬线均设置控制逻辑并进行冗余备份，一方出现故障时，保证该功能能够正常实现。

集约型网络减少了控车指令的传输环节，提升了列车速度控制精度，避免了牵引制动频繁切换、启停而引起舒适度不佳等问题。

28.6　结语

随着城市轨道交通行业既有线路规模的不断扩展，已经超过了新建线路规模。中国城市轨道交通已经迅速发展了近 20 年，在未来 10 年，有近 85 条线路进入设备更新改造周期。通过对运营经验的不断总结和新需求的提出，将运营需求与技术之间进行高度融合，实现了对整个轨道交通运营服务水平的提升，以及运营管理的降本增效和高质量发展。

第29章　地铁车站公共区照明系统更新
改造方案研究

29.1　引言

29.1.1　地铁能耗分析

城市轨道交通地铁能耗组成，以北京地铁统计数据表明，总耗电量中牵引耗电约占45%～50%，车站设备耗电约占45%～50%（车站通风空调、电扶梯、照明等能耗占车站总能耗的70%～80%）。其中照明系统的能耗又占到总能耗的10%～15%，公共区照明占到车站照明能耗的70%。

29.1.2　项目现状分析

以北京地铁某线路为例，线路全长40.5km，全线共设16个车站。自2002年9月，至今已运营22年，公共区照明设施使用周期较长，现场存在诸多如设备老化（灯具表面陈旧、灯具面罩丢失）、损毁（部分灯具光源损坏）、照度不均匀、配件不一致（灯具种类多，有格栅灯、筒灯、投光灯等）、光源寿命短（光源均为荧光灯，有节能筒灯、T5管、T8管）、维护不便、线路老化等问题。灯具型式过多，灯具的安装位置维修维护不方便，灯具老化，光源裸露，损坏较严重，部分线路也老化较严重。根据《城市轨道交通照明》GB/T 16275—2008中关于地面站、高架站对站厅、站台的照度要求分别为150lx和100lx，本线各站站厅、站台存在照度较低、不均匀等问题，严重影响乘客的乘车安全及舒适度。

29.1.3　必要性

为进一步落实本线路车站公共区照明系统改造的必要性，对本线路各站进行了现场踏勘，并对运营单位反映的问题一一落实。各站公共区的照明设施自本线投入运行后已持续运行了10多年，使用周期较长，现场存在诸多如部分设备超过使用年限、线路及设备老化、型号老旧、备品备件市场上已难以找到的现象，同时为了响应政府所倡导的绿色低碳、节能减排的要求，对本线路公共区照明进行专项改造提升是必要的、迫切的。

29.2　公共区照明系统改造方案研究

29.2.1　主要原则及标准

本次改造本着节能、绿色、环保的原则进行。按照《城市轨道交通照明》GB/T

16275—2008 中对于地面站站厅、站台的要求对相关照明进行改造提升，满足站厅、站台的照度标准。由于 LED 灯具与荧光灯相比有寿命长、节能、故障率较低等特点，本项目将采用 LED 灯具。针对现场照明不均匀、亮度较低的问题，通过合理划分功能区域及设置照明亮度、优化灯具选型、优化灯具布置等，使灯光更舒适、亮度更高、更均匀、更节能，减少维护工作量，降低维护成本，提高运维简便性；对现有的故障率较高、型号老旧的灯具应选用使用寿命更长、防护等级更高、故障率低、配件更少、运行环境要求低、耗电量更低的灯具进行替代。

提升运行过程的安全性能，应从灯具、电气管线、应急照明三个方面进行；增加智能管理，提升管理效率。

29.2.2　改造方案研究

本工程改造的范围为全线 16 个车站站台、站厅的公共区照明线路及灯具。

针对本工程各站的现状，分三个方案进行研究：简单的改造提升、全面的改造提升、系统的智能化改造提升。

1. 方案一：简单的改造提升

针对灯具进行照明功能和维护便捷性的改造。

通过专业的照度计算、照明设计、灯具选型，优化灯具布置，选择发光效率和照明效果更高、控制更灵活的灯具，使灯光更舒适、亮度更高、更均匀、更节能。

建议采用 LED 灯具在原灯位代替现有的灯具，并根据照明需求，少量增加或减少灯具位置、数量。LED 灯具其光源为 LED 芯片，寿命达到 50000～100000h，远超过传统光源（荧光灯、节能灯、金卤灯等）约 2000h 的使用寿命，极大地降低了故障率、提高了使用寿命，运行更加可靠，可有效地降低维修成本；相同亮度时 LED 灯具耗电量更低、节能环保效果更高，极大地降低了运行成本。

LED 灯具的选择应注重性价比，建议选择国产的室内灯具中高端品牌及进口的室内灯具优质品牌，LED 灯具与常用灯具的特性对比见表 29-1。

LED 灯具与常用灯具的特性对比　　　　　　　　　　　　表 29-1

光源类别	光效(lm/W)	寿命(h)	色温(K)	启动时间	耐振性	显色指数	是否含重金属	光源利用率
白炽灯	10～15	1000～2000	2500	瞬时	有电极,较差	95～99	是	利用率低
荧光灯	70～100	3000～10000	2700～6000	60s	有电极,较差	70～85	是	利用率低
高压钠灯	70～100	3000～8000	2050	3～10min	有电极,较差	20～25	是	利用率低
金卤灯	80～140	8000～20000	4000	5～15min	有电极,较差	65～85	是	利用率低
LED 灯	100～150	50000～100000	2700～7000	瞬时	极好	70～90	否	定向发光,利用率高

2. 方案二：全面的改造提升

针对灯具、电气设备、应急照明等进行照明功能、维护便捷性、安全性能的改造提升。

除方案一对灯具改造的内容外，增加对现场电气设备、应急照明的改造提升，按照现行的国家规范，更换、升级老旧电气设备如电缆、电线线路等，排除电气设备破损、老化等隐患，避免发生电气火灾、触电等事故，并对应急照明、安全标识等系统进行改造提升，确保在应急状态下提高安全保障措施。

电缆、电线等的选择应注重安全和功能，建议选择国产优质品牌。应急照明灯具可采用改造后的功能照明灯具兼顾实现应急照明功能，可有效地降低造价。

3. 方案三：系统的智能化改造提升

针对灯具、电气设备、控制系统等进行照明功能、维护便捷性、安全性能、智能化的改造提升，在灯具内部设置控制和反馈单元芯片，在各站增加智能照明系统，实现本线路公共区照明节能控制和实时控制的功能。

智能照明系统能够实现分回路、分场景开关照明和记录系统的实际耗电量等。调光控制系统前端按照现场各功能区域（站厅、楼梯、换乘通道、站台等）的划分设置照明取样设备（亮度传感器），灯具内设控制单元和反馈单元，站内综控室设置中央处理设备和显示装置，若需要可以设置线路的监控主机。

智能照明系统正常运行中，能够在本线各站实现现场照明状态的监控。例如，在各站内中控室的监视器能够显示现场各功能区域的空间平均亮度实际值、自动计算补光值、按照需要自动开启和调节现场各功能区域空间不同的亮度、实时显示各个灯具的状态（电流、电压、内部温度、累计运行时间等）、记录系统的实际耗电量、根据运行参数预警灯具故障、发生故障后自动识别和报警并能够自动发送至设定的手机号码，在各站内综控室的监视器上能够分别显示各站内照明系统的上述状态，便于对地铁照明系统的正常运行维护、快速及时维修、降低维护成本、提高安全性能。

本线路公共区照明改造提升方案一、二、三对比分析详见表 29-2。

方案对比　　　　　　　　　　　　　表 29-2

序号	项目	方案一	方案二	方案三	备注
1	改造的内容	灯具替换和优化安装位置	① 灯具替换和优化安装位置。 ② 电气设备及管线改造。 ③ 应急照明灯具改造	① 灯具替换和优化安装位置。 ② 电气设备及管线改造。 ③ 应急照明灯具改造。 ④ 增加智能控制系统（有线通信）	① 灯具替换和优化安装位置。 ② 电气设备及管线改造。 ③ 应急照明灯具改造。 ④ 增加智能控制系统（无线通信）	
2	施工作业的方式	仅替换现有灯具和少量增加、减少灯具位置数量，改移部分灯具位置，施工范围较小	替换、增减灯具；重新安装现有电力管线、配电箱（若需要）；重新安装应急照明系统等，施工范围较大	替换、增减灯具；重新安装现有电力管线、配电箱、应急照明系统；增加控制设备、采样设备、反馈设备及控制管线，施工范围覆盖全部照明区域	替换、增减灯具；重新安装现有电力管线、配电箱、应急照明系统；增加控制设备、采样设备、反馈设备，施工范围覆盖全部照明区域	

续表

序号	项目	方案一	方案二	方案三		备注
3	是否对站内装饰物拆除、恢复	对站内天花、墙面等需局部拆除、恢复	对站内天花、墙面等需局部拆除、恢复	综控室增加智能照明主机；对站内天花、墙面等需敷设控制线缆及采样反馈设备的部位全部拆除、恢复。控制线缆覆盖每一套灯具	综控室增加智能照明主机；对站内天花、墙面等需敷设控制线缆及采样反馈设备的部位局部拆除、恢复。控制线缆仅覆盖无线收发器	
4	每天的施工时间及施工设施	每天地铁停运期间（23：00—5：00）施工，无施工设施遗留现场	每天地铁停运期间（23：00—5：00）施工，围挡等设施遗留现场	每天地铁停运期间（23：00—5：00）施工，围挡等设施遗留现场	每天地铁停运期间（23：00—5：00）施工，围挡等设施遗留现场	
5	对地铁现状的影响	施工设施随修随用，随完随收，影响较小	局部、短时间、少量架设围挡，在围挡内施工，对地铁有影响	局部、长时间、大量架设围挡，在围挡内施工，对地铁影响较大	局部、短时间、大量架设围挡，在围挡内施工，对地铁影响稍大	
6	实施周期	每个地铁站的改造施工周期约30d（施工人数约30人）	每个地铁站的改造施工周期约30d（施工人数约50人）	每个地铁站的改造施工周期约50d（施工人数约50人）	每个地铁站的改造施工周期约30d（施工人数约50人）	
7	工作量及实施难度	工作量较小，施工难度低	工作量较大，施工难度较高	工作量非常大，施工难度非常高、系统调试难度较高	工作量较大，施工难度较高、系统调试难度较高	
8	造价水平	仅为灯具费用，整体造价较低	灯具、电缆、部分电缆管费用，整体造价较低	灯具、电气管线、控制设备、控制管线的费用，整体造价较高	灯具、电气管线、控制设备、少量控制管线的费用，整体造价较高	

综上所述，推荐按照方案三实施。

29.3 预期使用效果

在按照方案三进行改造后，预计的使用效果主要体现在以下几个方面：

智能低碳节能：智能照明系统能够根据地铁车站内的光线、人员活动以及列车运行状态等实时数据自动调节灯具的开关、亮度和色温。在高峰期间，系统会自动增加灯具的亮度，提高乘客的出行体验；而在非高峰期间，则会适当降低亮度，节约能源。这种智能化的调节方式有效地减少了能源的浪费，据统计数据显示，采用智能照明控制系统后，地铁站内的能耗下降了约30％～40％。

提高乘客体验：智能照明系统不仅关注节能，还注重照明舒适度。通过选用符合人体工学的光源和色温，系统能够营造出舒适的乘车环境，降低乘客的疲劳感。乘客可以在这样的环境中更舒适地等待列车，从而增加了他们对地铁公司的满意度和信任度。

故障预警与维护：智能化的照明系统建立了完善的故障预警机制，能够实时监测照明设备的运行状态。一旦发现异常，系统会及时通知维护人员进行检修，确保系统的稳定运行。这不仅提高了管理效率，还方便了维护人员及时发现和解决问题。

远程监控与管理：管理人员可以通过手机或电脑等设备随时查看地铁站内的照明情况，并远程控制灯具的开关和亮度。这种远程监控和管理的方式极大地提高了管理的便捷性，使得管理人员能够随时掌握照明系统的运行情况，并进行相应的调整。

综上所述，地铁车站公共区照明系统智能化改造后预计能够显著提升节能效果、提高乘客体验、加强故障预警与维护以及实现远程监控与管理，为地铁站的安全、节能和舒适提供有力保障。

29.4　推广应用经验

本线路地铁车站公共区照明系统智能化改造后，不仅优化了本线路车站公共区的照明环境，还为后续线路的改造提供了宝贵的经验和推广借鉴。

首先，在技术应用方面，后续线路可以直接借鉴前期改造中所采用的智能照明控制技术、传感器部署方案以及故障预警机制等。这些经过实践检验的技术和方案，能够确保后续线路的照明系统更加稳定、高效和节能。

其次，在设备选型方面，前期改造的经验告诉我们，应选择性能稳定、质量可靠、易于维护的照明设备和智能控制系统。这不仅可以降低后续线路的维护成本，还可以提高照明系统的整体性能和使用寿命。

再次，在改造过程中，还需要充分考虑与既有线路的兼容性和协调性。通过借鉴前期改造的经验，后续线路可以更好地实现与既有线路的照明系统无缝对接，确保整个地铁线路照明环境的一致性和协调性。

最后，在推广方面，地铁车站公共区照明系统智能化改造的成功经验可以向其他城市轨道交通系统、公共交通设施以及商业区等广泛推广。这不仅有助于提升整个城市交通系统的照明品质和能效水平，还可以为相关产业带来更大的市场空间和发展机遇。

综上所述，地铁车站公共区照明系统智能化改造后为后续线路的改造提供了丰富的经验和推广借鉴。通过借鉴这些经验，后续线路可以更好地实现照明系统的智能化、高效化和节能化，为乘客提供更加舒适、安全的出行环境。

29.5　结语

本章以北京地铁某既有线路车站公共区照明系统更新改造工程为例，详细分析了既有线路公共区照明存在的问题，通过对改造方案在改造内容、施工作业方式、对地铁现状的影响、实施周期及实施难易程度、造价水平等方面的详细对比，验证了车站公共区照明系统智能化改造的必要性和可行性。

通过预期使用效果可以看出，智能化照明系统提供了多种控制方式，使得照明系统能够根据地铁车站的实际需求进行灵活调整。此外，智能化系统还可以实现场景控制、联动控制等高级功能，进一步提升了照明系统的灵活性和可控性。智能化照明系统通过对照明的自动化控制，可以有效减少人为干预，避免忘记关灯等情况的发生。同时，智能化照明系统还可以根据地铁车站的运营需求进行定时控制或亮度感应控制，从而最大限度地节约能源。此外，智能化系统还可以对照明设备进行集中监控和管理，方便运营管理人员实时了解照明设备的运行状态，及时进行维护和更换，提高了管理效率。

地铁车站公共区照明系统智能化具有诸多优点，包括提升照明效果和品质、具有灵活多样的控制方式、提高管理和节能效率以及提升地铁车站的整体智能化水平等。这些优点使得智能化照明系统成为地铁车站照明系统升级和改造的重要方向之一，也为新线建设时公共区照明系统的设计提供了技术支撑。

第30章 地铁运营线路区间联络通道泵房排水管做法及渗漏治理技术

30.1 引言

在地铁隧道区间中，区间隧道排水泵房常与联络通道合建，设置于线路坡度的最低点，用于排除隧道中的消防废水、冲洗废水和结构渗漏水。区间隧道正线通过排水管将废水导入泵房中，在排水管处产生的渗漏问题会影响泵房排水功能的正常发挥，还会对结构造成腐蚀，产生安全隐患。因此，需要对排水管处的渗漏问题进行及时治理。

排水管道现有的修复技术主要分为开挖修复技术和非开挖修复技术。在开挖修复方面，李方政等通过液氮冻结技术对排水口位置土层进行局部冻结加固后开挖土体，在原排水管内套不锈钢管并充填弹性环氧树脂。非开挖修复技术主要用于油、气管线的维护及排水管道的修复，分为整体修复技术和局部修复技术。由于泵房中排水管多采用内径200mm的球墨铸铁管，整体修复技术中的水泥基聚合物喷涂法，以及局部修复技术中的点状原位固化法、短管内衬法不适用于内径很小的泵房排水管。由于泵房中可作业空间小，紫外光原位固化法、CIPP水翻固化法和机械制螺旋缠绕法等整体修复技术难以实施。各类现行修复技术均难以在泵房排水管中有效实施。

因此，有必要针对地铁隧道中排水管的设计和施工情况以及实际的渗漏情况，研究提出合理的治理方案。

30.2 排水管设计与施工现状

对排水管相关设计资料及实际施工情况进行调研，按照排水管设置位置可将排水管做法划分为排水管与联络通道底板分离、排水管与联络通道底板邻近以及排水管包在联络通道底板初期支护内三种类型。这些方案在实际应用中各有优缺点，在发生渗漏问题时的开裂部位与治理难度也有所不同。本节将对这三种类型逐一进行分析。

30.2.1 排水管与联络通道底板分离

设计方案如图30-1所示，该泵房的主要特点为：

（1）联络通道相较区间正线靠上，轨面较高，与联络通道内底平，有利于正线开洞受力。

（2）排水管位置与联络通道位置关系分离，虽然在施工时可以单独施工排水管，不与联络通道结构相冲突，但也存在由于排水管未嵌入混凝土中导致的自身刚度小、易开裂的缺陷。

（3）排水管设计采用双层管，内管为DN200球墨铸铁管，外管为DN350镀锌钢套管，两层管间采用C15混凝土填充。外管及混凝土对内管有一定保护作用，但混凝土实施难度较大，很难起到作用。

（4）联络通道与正线之间可能会设置变形缝，如设置排水管更易由于差异沉降而发生开裂。即使未设置，也会存在因排水管应力集中而导致开裂的风险。

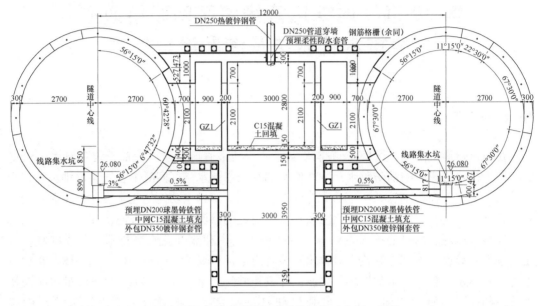

图 30-1　排水管与联络通道底板分离的结构示意图（单位：mm）

排水管土建施工过程中一般先在完成的泵房侧墙上留较大直径的后浇圆洞，由暗挖泵房初期支护向正线方向地层内钻孔，钻过盾构管片；再在钻孔内埋设外套管，浇筑泵房侧墙圆洞内混凝土；最后机电施工单位设置球墨铸铁内管，并完成外套管与内管之间的混凝土填充。

30.2.2　排水管与联络通道底板邻近

设计方案如图 30-2 所示，该泵房的主要特点为：

（1）联络通道相较区间正线靠下，轨面较低，与联络通道内底平。

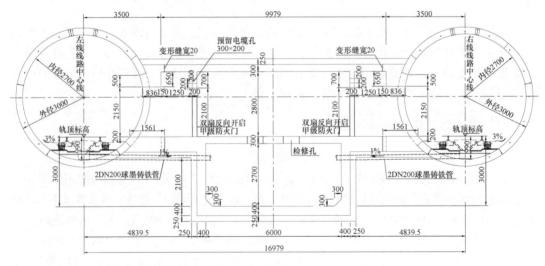

图 30-2　排水管与联络通道底板邻近的结构示意图（单位：mm）

（2）排水管设置位置与联络通道底板位置邻近，与联络通道结构相冲突，排水管施工难度较高。

（3）排水管采用单层 DN200 球墨铸铁管，或设置外套管。

（4）在联络通道的两端设置变形缝，让附属结构受力更加合理，但存在导致排水管因差异沉降而开裂的风险。

排水管土建施工过程中一般先在开挖到联络通道仰拱下方土中抽槽埋入外套管，管片处进行水钻开孔；然后机电施工单位设置球墨铸铁内管，并完成外套管与内管之间的混凝土填充。

30.2.3　排水管包在联络通道底板初期支护内

设计方案如图 30-3 所示，该泵房的主要特点为：

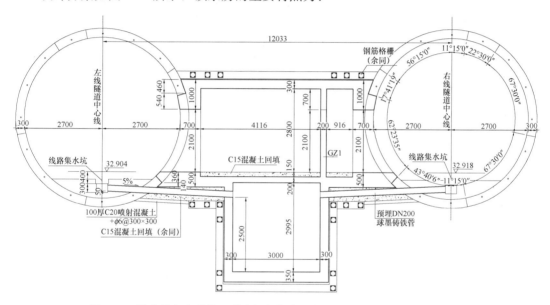

图 30-3　排水管包在联络通道底板初期支护内的结构示意图（单位：mm）

（1）联络通道位置相较区间正线居中，与联络通道内底平。

（2）排水管在联络通道初期支护与二次衬砌之间的回填层内，可以受到素混凝土保护。

（3）排水管采用单层 DN200 球墨铸铁管。

（4）联络通道两端未设置变形缝，排水管不易因差异沉降而开裂，但存在排水管因应力集中而开裂的风险。

除将排水管设置在初期支护与二次衬砌之间的方案，也有部分区间隧道将排水管埋设在联络通道二次衬砌内，可以受到二次衬砌的保护。

30.3　排水管渗漏病害治理

排水管设计采用的方案不同，土建施工工艺也有所不同，现场出现的渗漏问题也存在差异，运营维护难度增大。为保证对病害进行针对性的有效治理，需要通过现场核查的方法，详细了解各处泵房排水管的渗漏具体情况，总结出渗漏病害的类型，以便提出针对性的治理方案。对以上三类泵房排水管结合 3 个案例开展现场核查，发现均存在较为严重的渗漏现象。

30.3.1 案例 1 现场核查

如图 30-4 和图 30-5 所示，泵房外侧道床集水坑内无明水，但通过内窥镜查看排水管时发现管内存在涌流水，说明排水管发生破损，水流从管外部流入管中。破损处为直径约 13cm、深 20cm 的孔洞。孔洞形成的原因为排水管与正线管片接口位置的封堵受损。

图 30-4　泵房外侧道床集水坑　　　　图 30-5　泵房排水管内涌流水

30.3.2 案例 2 现场核查

如图 30-6 所示，泵房侧墙处排水管涌流水，而泵房外侧道床集水坑无明水，说明与案例 1 类似，排水管发生破损，水流为外部涌入。但通过内窥镜查看排水管时发现，排水管与周边后浇圆洞结合不密实，存在明显空腔，水流从空腔破损处涌入，排水管内无明水，如图 30-7 所示。通过超声波检测技术分别对道床和泵房处排水管周边混凝土密实度进行检测，发现存在如图 30-8 和图 30-9 所示的不密实区域。

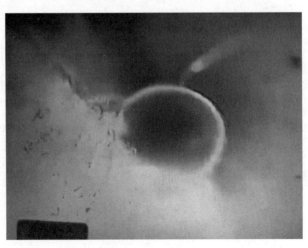

图 30-6　泵房排水管涌流水　　　　图 30-7　内窥镜查看排水管渗漏情况

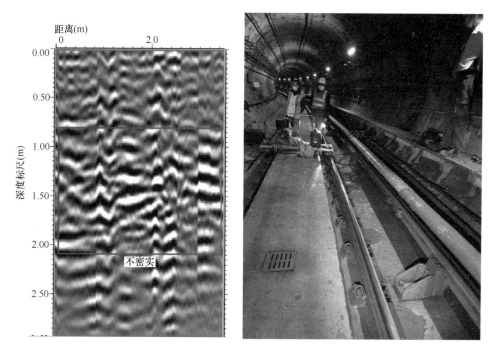

图 30-8　超声波检测道床处排水管周边混凝土密实度

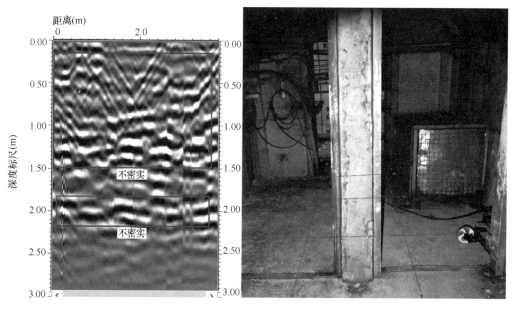

图 30-9　超声波检测泵房处排水管周边混凝土密实度

30.3.3　案例 3 现场核查

如图 30-10 所示，泵房侧墙处右线两根排水管水量均较大，但在泵房外侧道床检测时集水坑内无明水（图 30-11），说明排水管内部发生破损，外部水源涌入导致渗漏水。

图 30-10　泵房侧墙处右线两根排水管涌流水　　　图 30-11　泵房外侧道床集水坑无明水

30.4　排水管病害的主要类型

根据上述现场核查结果，可将排水管病害的类型按渗漏区域划分为 3 类，分别为邻近泵房处渗漏、排水管中部渗漏以及邻近区间正线处渗漏。

1. 邻近泵房处渗漏

主要表现为泵房侧墙排水管周边较大直径的后浇圆洞施工缝渗漏。由于该类病害不涉及排水管本身的缺陷，故可以采用钻孔注入化学浆液的方法对施工缝空隙进行封堵。

2. 排水管中部渗漏

主要表现为排水管中部断裂，致使地层中的水由排水管断裂位置大量流入泵房。断裂原因可能为：

（1）由于变形缝两侧正线结构与泵房间发生差异沉降，导致排水管被剪断。

（2）排水管被腐蚀破坏。

（3）未设置变形缝，正线结构与泵房由于差异沉降产生应力集中，导致排水管破坏。

3. 邻近区间正线处渗漏

主要表现为中心沟侧墙排水管附近有较大渗漏点流入中心沟，实际是排水管与正线管片接口位置发生渗漏，原因是排水管与管片结构之间的封堵失效。

排水管中部渗漏及邻近区间正线处渗漏都是由于排水管本身发生破损，需要对破损处进行修复，但现行修复方法存在作业空间需求大、管径要求高、作业时间不满足地铁施工窗口期等问题，因此需要构建一种针对排水管渗漏治理的新方案。

30.4.1　排水管渗漏治理方案

治理方案将泵房内设为工作区，首先采用专用封堵装置对排水管道进行封堵，再从泵房内打孔向漏水点处地层注浆，接下来采用超细水泥浆反复、多次加固漏水管裂缝外部地层，直至将泵房与管片三角区域地层加固完成，实现堵水目的，最后去除排水管内封堵装置。注浆过程中应密切关注道床情况，开始注浆时采用小压力少量多次注浆，之后逐渐加大注浆压力，确保浆液不进入结构内部。在条件允许时（满足原设计消防排水量要求），采用比原排水管管径小一号的紫铜管替代渗漏排水管。

30.4.2　排水管道封堵

由于排水管与泵房和区间正线集水坑相连，为避免地层注浆时浆液堵住排水管道或涌入区间内部，需要先对排水管进行临时封堵。由于本工程存在的这些特性，拟采用如图 30-12 所示的注浆封孔装置对管道涌水部位进行封堵。封孔装置可将注浆区域精准控制在涌水区域，避免浆液沿排水管进入轨道区间，保证地层注浆的可控性和加固效果，降低施工风险。

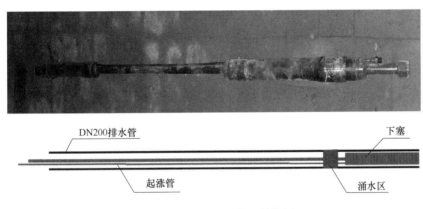

图 30-12　注浆封孔装置结构图

1. 地层注浆

由于漏水险情可能导致出土出砂较为严重，地层损失可能带来沉降、坍塌等安全隐患，除对排水管涌水处进行注浆加固外，还应对三角区域及相关区域进行回填式注浆来固化地层，以补充地层损失和封闭地下水，如图 30-13 所示。

2. 注浆具体技术要求

（1）施工前应检测地层空洞范围，依此确定注浆加固范围。

（2）在泵房侧墙以涌水点为中心均匀布置泄压孔和注浆孔，按梅花形均匀布置，注浆管应尽量远离盾构管片。注浆孔钻进前先锚固孔口防突涌装置，注浆孔钻孔孔径为 50mm，钻孔至设计深度后，第一遍注浆采用钻杆后退式注浆，后退分段长度不宜大于 1m，第二遍注浆采用前进式分段注浆工艺，分段长度不宜大于 1m。具体钻孔及注浆顺序要求如图 30-14 所示。

① 先打设 1～5 号注浆孔及 1～3 号泄压孔，对 1～5 号注浆孔应反复注浆，每孔应注浆两次以上。

② 待 1～5 号孔注浆完成后，打设 6～9 号注浆孔，对各注浆孔应反复注浆，每孔应注浆两次以上。

③ 待 1～9 号孔注浆完成后，对泄压孔进行注浆。

（3）浆液拟采用以超细水泥单液浆为主，辅助超细水泥-水玻璃双液浆或丙烯酸盐浆

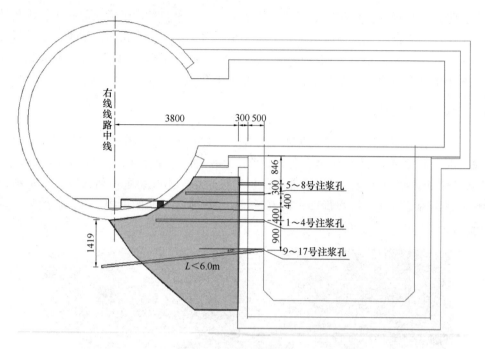

图 30-13　地层回填式注浆示意图（单位：mm）

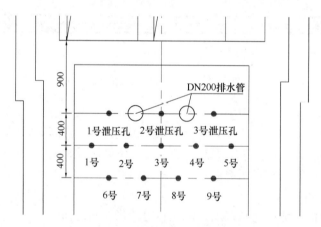

图 30-14　钻孔及注浆顺序示意图（单位：mm）

液封堵；超细水泥单液浆水灰比 W：C＝1～1.5：1，超细水泥单液浆与水玻璃的体积比 C：S＝1：1；水玻璃波美度为 38°Bé，细度模数为 2.5。考虑既有结构的安全性，注浆宜采用低流量、低压力，拉长注浆施工时间，拟定注浆压力不大于 0.2MPa。注浆过程中应密切关注注浆压力及注浆量，注浆量参照累计出砂量及地层孔隙等进行综合预估，且应对既有线进行监测，避免对既有线结构和轨道产生影响。

（4）注浆完成后，注浆孔本身采用 C45 微膨胀水泥填充密实。钻孔侧的侧墙表面，先打磨处理，采用 1.5kg/m² 水泥基渗透结晶防水涂料抹面，同时采用 1cm 厚聚合物水泥砂浆抹面处理。

30.5　结语

（1）设计将泵房排水管直接设置在地层中的做法值得商榷，极易导致排水管因结构差异沉降发生断裂，后期维护难度很大且难以根治。解决方案可将排水管包在初期支护或二次衬砌中（最好是二次衬砌），或采用区间正线内置式泵房解决。

（2）现场泵房排水管的位置及施工特征差异明显：在位置特征方面，独立于联络通道结构的排水管施工难度较低，容易受损；邻近联络通道底板的排水管施工难度较高；设置在回填层内的排水管可受到保护，破损风险低。在联络通道与区间结构变形缝设置方面，未设置变形缝易受应力集中开裂，设置变形缝易受差异沉降而导致开裂。在排水管保护方面，混凝土的填充与保护措施的差异会影响排水管的稳定性。在实际工程中应综合考量以上因素，确保排水管的正常运行。

（3）引发排水管渗漏的主要原因为：邻近泵房处排水管渗漏是由于泵房侧墙排水管周边施工缝渗漏；排水管中部渗漏是由排水管断裂导致，可能是由于变形缝两侧结构差异引起的沉降、腐蚀破坏或未设置变形缝等原因；邻近区间正线处渗漏主要是由于排水管与正线管片接口位置发生渗漏，可能是由于原管与管片结构之间的封堵失效所致。

（4）基于排水管渗漏病害的发生机理，结合工程实例经验，本章提出了在排水管内部设置封堵装置的前提下，采用管外钻孔注浆的非开挖治理方法解决泵房排水管渗漏的难题，治理方法具有一定的创新性，可为类似工程提供参考。

参 考 文 献

[1] 中国城市规划设计研究院. 河北雄安新区规划纲要[R]. 北京：中国城市规划设计研究院，2018.

[2] 中国城市规划设计研究院. 河北雄安新区总体规划(2018—2035 年)[R]. 北京：中国城市规划设计研究院，2019.

[3] 中国城市规划设计研究院. 河北雄安新区综合交通规划[R]. 北京：中国城市规划设计研究院，2019.

[4] 杨珂. 都市圈多层次轨道交通系统规划研究[D]. 北京：北京交通大学，2017.

[5] 顾保南，寇俊. 特大城市多层次轨道交通网络整合问题思考[J]. 城市交通，2017，05(15)：59-63.

[6] 田葆栓. 多层次多模式多制式城市轨道交通：融合、协调、创新发展——多制式城市轨道交通协调发展论坛综述[J]. 铁道车辆，2018，56(5)：32-33.

[7] 陈小鸿，周翔，乔瑛瑶. 多层次轨道交通网络与多尺度空间协同优化——以上海都市圈为例[J]. 城市交通，2017，15(1)：20-30.

[8] 李岸隽. 区域轨道交通复合网络协同布局理论与方法[D]. 成都：西南交通大学，2022.

[9] 邹文博. 高速铁路、区域轨道交通和城市轨道交通的融合发展对区域经济一体化的影响[J]. 城市轨道交通研究，2023，26(9)：175-179.

[10] 邸振，肖妍星，戚建国，等. 考虑时间窗的地铁客货协同运输优化[J]. 铁道科学与工程学报，2022，19(12)：3569-3580.

[11] 王强，何艺鸣. 基于地铁物流的结合式客货共线运输模式探讨[J]. 地下空间与工程学报，2021，17(4)：998-1007.

[12] KELLY J, MARINVO M. Innovative interior designs for urban freight distribution using light rail systems[J]. Urban Rail Transit，2017，3(4)：238.

[13] PIETRZAK K, PIETRZAK O, MONTWILL A. Light Freight Railway (LFR) as an innovative solution for Sustainable Urban Freight Transport [J]. Sustainable Cities and Society，2021，66：102663.

[14] VAN DUIN R, WIEGMANS B, TAVASSZY L, et al. Evaluating new participative city logistics concepts：The case of cargo hitching[J]. Transportation Research Procedia，2019，39：565.

[15] 中华人民共和国生态环境部. 2020 年中国移动源环境管理年报—第 1 部分机动车排放情况[J]. 环境保护，2020，48(16)：47-50.

[16] 徐行方，刘薇. 轨道交通物流运输模式及其可行性探讨[J]. 交通与运输，2021，37(1)：71-74.

[17] 胡俊. 城市轨道交通运营成本研究[D]. 北京：北京交通大学，2007.

[18] 梁青槐，林一泓，王恒，等. 国内外地铁线路改造案例剖析及启示[J]. 都市快轨交通，2020，33(5)：80-87＋129.

[19] 住房和城乡建设部城市交通基础设施监测与治理实验室，中国城市规划设计研究院. 2021 年度中国主要城市通勤监测报告[R]. 北京：中国城市规划设计研究院，2021.

[20] 北京市轨道交通指挥中心. 北京市轨道交通路网 2021 年度运营报告[R]. 北京：北京市轨道交通指挥中心，2021.

[21] 中华人民共和国住房和城乡建设部. 地铁设计规范：GB 50157—2013[S]. 北京：中国建筑工业出版社，2013.

[22] 中华人民共和国住房和城乡建设部. 地铁限界标准：CJJ/T 96—2018[S]. 北京：中国建筑工业出版社，2018.

[23] 北京市质量技术监督局. 城市轨道交通工程设计规范：DB11/995—2013[S]. 北京：北京市城乡规划标准化办公室，2013.

[24] 苗沁，潘琢. 城市轨道交通列车停站时间研究[J]. 城市轨道交通研究，2017，20(6)：37-40.

[25] 城市轨道交通列车通信与运行控制国家工程实验室. 城市轨道交通列车运行速度控制导则[M]. 北京，2017.

[26] 中华人民共和国住房和城乡建设部. 地铁设计规范：GB 50157 — 2013[S]. 北京：中国建筑工业出版社，2013.

[27] 王琦，梅棋，张世勇，等. 北京地铁 10 号线车站管线综合吊架设计与应用. 铁路标准设计，2008(12)：52-54.

[28] 中国建设标准设计研究院. 地铁工程抗震支吊架设计与安装：17T206[S]. 北京：中国建设标准设计研究院，2017.

[29] 中国建设标准设计研究院. 地铁装配式管道支吊架设计与安装：19T202[S]. 北京：中国建设标准设计研究院，2019.

[30] 中华人民共和国住房和城乡建设部. 建筑机电工程抗震设计规范：GB 50981—2014[S]. 北京：中国建筑工业出版社，2014.

[31] 中华人民共和国住房和城乡建设部. 地铁设计防火标准：GB 51298—2018[S]. 北京：中国计划出版社，2018.

[32] 张红标. 关于建设工程工程量清单计价规范的探讨[J]. 工程造价管理，2018(6)：24-29.

[33] 杨沛敏. 我国城市轨道交通规划建设现状分析及发展方向思考[J]. 城市轨道交通研究，2019，22(12)：13-17.

[34] 中国城市轨道交通协会. 城市轨道交通云平台构建技术规范：T/CAMET 1102—2020[S]. 北京：中国铁道出版社有限公司. 2020.

[35] 中国城市轨道交通协会. 中国城市轨道交通智慧城轨发展纲要[G]. 北京，2020.

[36] 林湛. 智能城轨总体框架研究[J]. 铁路计算机应用，2020，29(11)：1-8.

[37] 吴雁军，光志瑞，李明华，等. 基于"湖仓一体"技术的城轨大数据平台设计与升级改造实践[J]. 都市快轨交通，2024，37(1)：54-62.

[38] 李中浩. 建设标准化的城市轨道交通云和大数据平台[J]. 城市轨道交通研究，2021，24(6)：3.

[39] 贾福宁. 轨道交通运营大数据[M]. 北京：北京交通大学出版社，2020.

[40] 陈莉莉，狄颖琪. 云数融合的城轨大数据平台方案研究[J]. 自动化仪表，2023，44(7)：107-110.

[41] 张文韬，卢剑鸿，姜彦璘. 智慧城轨发展现状分析及建议[J]. 现代城市轨道交通，2021(1)：108-111.

[42] 薛邵华，陈培文. 对智慧城轨云技术的探析[C]//第六届智慧城市与轨道交通国际峰会. 济南，2019：32-36.

[43] 施仲衡. 加强城市轨道交通工程建设和运营安全管理[J]. 都市快轨交通，2017(1)：1-3.

[44] 罗富荣. 北京地铁建设安全风险技术管理体系的研究[J]. 现代城市轨道交通，2008(6)：28-30.

[45] 孙长军，任雪峰，张顶立. 北京市轨道交通建设安全风险管控[J]. 都市快轨交通，2015，28(3)：49-53.

[46] 包叙定. "十三五"城轨交通发展形势及未来发展趋势分析[J]. 都市快轨交通，2018，31(1)：

4-11.

[47] 刘淼，唐明明．城市轨道交通工程施工风险管控与隐患排查治理双机制实践[J]．都市快轨交通，2018，31(6)：24-30.

[48] 何海健，郝志宏，李松梅．北京地区深层地铁车站土建可实施性研究[J]．地下空间与工程学报，2017，13(1)：176-183.

[49] 王树芳，李捷，刘元章，等．南水北调对北京地下水涵养的影响[J]．中国水利，2019(7)：26-30.

[50] 钱七虎，戎晓力．中国地下工程安全风险管理的现状、问题及相关建议[J]．岩石力学与工程学报，2008，27(4)：649-655.

[51] 杨树才．城市轨道交通工程建设安全风险控制技术标准应用研究[J]．现代隧道技术，2014，51(2)：16-22.

[52] 黄少群，龙红德，曾庆国．深圳地铁 5 号线施工远程监控管理系统应用研究[J]．铁道技术监督，2010，38(4)：39-42.

[53] 杨长城，王宁，余磊．地铁施工动态安全风险管控信息系统的构建[J]．安全与环境工程，2017，24(5)：115-119.

[54] 关耀．盾构隧道施工风险与规避对策[J]．山东交通科技，2015(5)：130-131.

[55] 苗立新，齐修东，邹超．冻结法在盾构接收端头土体加固中的应用[J]．铁道工程学报，2011，28(9)：105-109.

[56] 朱俊涛，孙盼盼，刘媛莹，等．富水粉砂地层杯形水平冻结法端头加固技术[J]．施工技术，2020，49(10)：95-98.

[57] 王宝佳，黄国涛，杨泽洲，等．富水砂层盾构钢套筒接收施工技术[J]．施工技术，2020，49(7)：88-92.

[58] 祝和意，贾良，冯欢欢．郑州轨道交通 2 号线盾构法施工钢套筒接收技术[J]．施工技术，2016，45(15)：122-127＋140.

[59] 温良涛．软弱富水砂层地质条件下土压平衡盾构接收施工技术[J]．探矿工程(岩土钻掘工程)，2019，46(6)：88-93.

[60] 刘开扬，彭文韬，苏长毅，等．高承压水头土压平衡盾构水下接收技术[J]．施工技术，2020，49(19)：75-78＋82.

[61] 徐延召．泥水盾构水下到达(过站)施工技术[J]．隧道建设，2012，32(S2)：88-92.

[62] 安宏斌，怀平生，白晓岭，等．无端头加固条件下土压平衡盾构水下接收施工技术[J]．隧道建设(中英文)，2019，39(10)：1697-1703.

[63] 王文灿．冻结法和水平注浆在天津地铁盾构接收中的组合应用[J]．现代隧道技术，2013，50(3)：183-190.

[64] 陈松．RJP 高压旋喷法及冻结法在盾构接收端头的组合运用[J]．隧道建设(中英文)，2018，38(6)：1037-1043.

[65] 贲志江，杨平，陈长江，等．地铁过江隧道大型泥水盾构的水中接收技术[J]．南京林业大学学报(自然科学版)，2015，39(1)：119-124.

[66] 徐锦斌，王锋，傅聪，等．水泥系与垂直冻结法在武汉地铁盾构接收中的组合应用[J]．隧道建设(中英文)，2019，39(S2)：358-365.

[67] 刘玉林，刘天祥．富水砂层地质条件下盾构接收技术[J]．施工技术，2012，41(S1)：255-258.

[68] 高瑞，岳红波，梁聪，等．封闭环境下冻结法辅助钢套筒盾构施工关键技术研究[J]．施工技术，2021，50(4)：57-60.

[69] 邢慧堂．超大型泥水盾构水中接收施工技术[J]．铁道建筑，2010(8)：62-65.

[70] 朱云浩. 地铁车站施工工人不安全行为防范措施分析[J]. 运输经理世界，2022(13)：127-129.

[71] 夏润禾，乔晓延，吴洪群. 地铁车站施工工人不安全行为致因分析及防范研究[J]. 隧道建设（中英文），2021，41(6)：1024-1031.

[72] 赵挺生，张森，刘文，等. 地铁施工工人不安全行为研究[J]. 中国安全科学学报，2017，27(9)：27-32.

[73] 佟瑞鹏，范冰倩，孙宁昊，等. 地铁施工作业人员不安全行为靶向干预方法[J]. 中国安全科学学报，2022，32(6)：10-16.

[74] 李亚楠，殷胜利，路禹轩. 地铁施工作业人员不安全行为影响因素与监控方法[J]. 建筑安全，2022，37(1)：49-54.

[75] 卜星玮，曾波存，万飞明，等. 狭小空间条件下盾构分体始发施工技术研究[J]. 隧道建设（中英文），2018，38(S2)：292-297.

[76] 王德超，孙连勇，吴镇，等. 济南地铁某区间风井盾构分体始发方案比选[J]. 中国科技论文，2018，13(19)：2228-2232.

[77] 王刚. 北京地铁8号线鼓楼大街站—什刹海站区间盾构冬季下穿平瓦房区分体始发施工技术[J]. 隧道建设，2013，33(12)：859-865.

[78] 钟志全. 狭窄空间土压平衡盾构分体始发施工技术——以新加坡地铁C715项目盾构隧道为例[J]. 隧道建设（中英文），2020，40(8)：1197-1202.

[79] 刘金峰. 武汉轨道交通6号线马钟区间盾构机分体始发施工技术[J]. 石家庄铁路职业技术学院学报，2015，14(1)：45-53.

[80] 张志鹏，方江华，张智宏. 小半径隧道中盾构分体始发施工技术[C]//2011中国盾构技术学术研讨会论文集. 北京：北京盾构专业委员会，2011.

[81] 邵翔宇，刘兵科，马云新，等. 小半径曲线隧道内盾构分体始发技术研究[J]. 市政技术，2008，26(6)：487.

[82] 仝海龙. 盾构侧向平移及始发（接收）施工技术[J]. 铁道建筑技术，2020(9)：122-126.

[83] 赵康林，朱朋金，肖利星，等. "TBM侧向平移＋弧形出渣导洞"始发方案在青岛地铁中的应用[J]. 建筑技术开发，2020，47(7)：45-47.

[84] 李爱民，李宏安，李斌. 暗挖单通道组合结构实现双线盾构侧向始发设计方案研究[J]. 隧道建设（中英文），2021，41(7)：1188-1196.

[85] 周逸凯. 土压平衡盾构始发钢套筒受力变形特征与土体扰动分析[D]. 北京：北京交通大学，2018.

[86] 赵刚. 城市轨道交通资产管理信息系统建设研究[J]. 城市轨道交通研究，2022，25(4)：6-9.

[87] 顾耘天. 城市轨道交通行业资产管理探析[J]. 改革与开放，2022(12)：27-32.

[88] 何国华. 城市轨道交通企业资产管理存在的问题及对策[J]. 财经界，2022(22)：69-71.

[89] 李兆森，杨军辉. 基于BIM的城市轨道交通资产数字化移交研究[J]. 现代城市轨道交通，2020(1)：90-93.

[90] 于洋. 大型企业资产管理信息化探讨——以轨道交通行业为例[J]. 铁路工程技术与经济，2017，32(5)：41-43.

[91] 赵刚，蒋丽芸. 基于全寿命周期的轨道交通资产账卡物一致性管理及应用[J]. 交通与运输，2021，34(S1)：245-248.

[92] 许进. 城市轨道交通运营成本分析与控制[J]. 城市轨道交通研究，2013，16(5)：21-26＋32.

[93] 陈杰平. 对地铁运营成本控制的探索[J]. 现代经济信息，2019(6)：163-164.

[94] 吴平凯. 轨道交通运营成本定额管理探索[J]. 中国设备工程，2020(11)：73-75.

[95] 刘永中. 地铁隧道测量机器人自动化变形监测研究与应用[J]. 铁道勘察，2008，28(4)：1-3.

[96] 张成平, 张顶立, 骆建军. 地铁车站下穿既有线隧道施工中的远程监测系统[J]. 岩土力学, 2009, 30(6): 1861-1866.

[97] 王如路, 刘建航. 上海地铁监护实践[J]. 地下工程与隧道, 2004(1): 369-375.

[98] 付丽丽, 叶亚林. 自动化监测技术在地铁隧道中的应用[J]. 城市勘测, 2012(6): 143-147.

[99] 杨帆, 赵剑, 刘子明. 自动化实时监测在地铁隧道中的应用及分析[J]. 岩土工程学报, 2012, 34(S1): 162-166.

[100] 费婷. 短管内衬法在城市管道修复中的设计与分析[J]. 城市道桥与防洪, 2019(6): 175-177.

[101] 王伟. 城市排水管网短管内衬法快速修复施工技术应用研究[J]. 市政技术, 2018, 36(2): 129-131.

[102] 吴甜, 刘奇. 紫外光原位固化法非开挖技术在管道修复中的应用[J]. 水利水电技术(中英文), 2021, 52(S2): 143-147.

[103] 张彦彦, 吴欢, 何田. CIPP 水翻固化法在污水管道非开挖修复中的应用[J]. 工程技术研究, 2021, 6(22): 113-114.

[104] 朱言运, 何云飞, 赵志宾. 机械制螺旋缠绕非开挖修复技术在变形塑料管道中的应用[J]. 城市勘测, 2023(S1): 161-163.

[105] 陈洁. 地铁车站照明智能化方案解析[J]. 电子世界, 2019, 48(6): 86-87.

[106] 方晓晨. 地铁动力与照明系统设计[J]. 铁道运营技术, 2016, 22(2): 58-60.

[107] 李方政, 王圣公, 王胜利, 等. 上海地铁 8 号线隧道区间泵房排水管液氮冻结修复技术[C]//地下工程施工与风险防范技术——2007 第三届上海国际隧道工程研讨会文集. 上海, 2007: 7.

[108] 赵士雄. 排水管道非开挖修复技术探讨与应用[J]. 工程技术研究, 2023, 8(11): 69-71.

[109] 徐仰勇. 常温点状原位固化法在排水管道中的应用[J]. 城镇供水, 2023(6): 19-23.